U0161233

特高压交流
电气设备现场试验

国网湖北省电力有限公司电力科学研究院　组编

陈隽　主编

中国电力出版社
CHINA ELECTRIC POWER PRESS

内 容 提 要

为推进特高压电气设备现场试验新技术和新装备的应用，满足特高压交流输电工程高质量建设和精益运维检修的需求，国网湖北省电力有限公司电力科学研究院组编了《特高压交流电气设备现场试验》一书。

全书共 10 章，介绍了我国特高压交流电气设备现场试验技术、试验装备、技术标准、工程应用的最新进展，内容涵盖特高压交流变压器、开关设备、交流输电线路等关键电气设备。

本书可供从事电力试验、建设、运维、制造等相关工作的技术人员以及高校师生参考使用。

图书在版编目（CIP）数据

特高压交流电气设备现场试验 / 国网湖北省电力有限公司电力科学研究院组编；陈隽主编. —北京：中国电力出版社，2023.11
　ISBN 978-7-5198-8282-2

Ⅰ．①特… Ⅱ．①国…②陈… Ⅲ．①高压电器–电气设备–现场试验 Ⅳ．①TM51

中国国家版本馆 CIP 数据核字（2023）第 209876 号

出版发行：中国电力出版社
地　　址：北京市东城区北京站西街 19 号（邮政编码 100005）
网　　址：http://www.cepp.sgcc.com.cn
责任编辑：罗　艳（010-63412315）
责任校对：黄　蓓　郝军燕
装帧设计：张俊霞
责任印制：石　雷

印　　刷：三河市万龙印装有限公司
版　　次：2023 年 11 月第一版
印　　次：2023 年 11 月北京第一次印刷
开　　本：710 毫米×1000 毫米　16 开本
印　　张：18.75
字　　数：312 千字
印　　数：0001—1500 册
定　　价：128.00 元

编 委 会

前　言

　　随着我国超、特高压输电工程的全面建设，电气一次设备的电压等级、容量、体积和质量日益增加，同时现场组装式大型变压器、超长距离气体绝缘线路（GIL）等封闭气体绝缘一次设备也得到广泛应用，这对超、特高压一次设备的现场试验和运维检修提出了更高的要求；考虑到传统高压试验装置体积、现场装配、运输等条件的制约，特高压一次设备某些现场的交接试验甚至难以开展。

　　针对这些工程难题，电力领域的科研机构、仪器装备生产厂家开展了大量的科学技术研究和装备研制工作，并在工程现场应用中进行迭代升级，取得了丰硕的成果。例如，基于油浸式电抗器的特高压气体绝缘封闭组合电器（GIS）整装式绝缘试验平台、大容量高压变频电源和空负载试验成套装置、变压器低频短路电流干燥装置、气体绝缘直流高压发生器成套试验装置、气体绝缘冲击电压发生器成套试验装置等均在特高压工程中得到了广泛应用。这些新型试验装置或基于新的试验原理，或在尺寸结构及性能指标上有明显提升，并具备整装化、机动化优势，降低了试验装置的运输安装难度，简化了现场试验作业流程，且基于"用机器替代人"而降低了作业风险，大大提高了工作效率。

　　一些新的试验方法和技术也得到了研究和开发，如针对变压器等绕组类设备开展的介质谱响应油浸纸绝缘新型评估技术、特高压交流主体变压器调压补偿变压器联合局部放电测量技术、基于声学成像的全站电气设备故障诊断技术、基于脉冲电压法和红外成像法的悬式绝缘子零值检测技术、基于回路直阻法的输电线路接地点定位技术。这些新方法、新技术拓展了试验领域，为及时发现设备缺陷或故障提供了保障。

　　通过工程实践，不断总结提升。据不完全统计，通过各类组织发布的涉及高压电气设备试验技术的基础性、通用性和设备类相关技术标准达 190 余项，但仍不能完全满足现场试验的需求。随着特高压交流输电技术的发展和试验技术、试验装备的进步，近年来国内对特高压电气设备现场试验技术标准进行了修改和补充完善，着重对现场试验新技术、新方法、新装备制定了相关技术标准，推动了标准化工作的发展。

本书出版的宗旨是通过总结近年来特高压交流电气设备现场试验技术、试验装备和试验标准的进展，为满足特高压交流输变电工程高质量建设和精益运维检修需求提供支撑，更好地推进特高压交流电气设备现场试验新技术和新装备在电力行业中的应用，从而提高电网安全运行水平和设备运行可靠性。

本书共 10 章，主要包括特高压交流变压器、电抗器、开关设备、输电线路、绝缘子等电气设备的现场试验新技术、新装备、标准解读等方面的技术内容。本书内容主要从以下几个方面进行阐述：在技术研究方面，基于技术原理及特点，重点介绍了相关设备现场试验的关键技术及实施要点；在试验装备研制方面，重点介绍了相关试验装备的研制难点和关键技术点；在标准解读方面，重点介绍了该类设备现场试验技术标准的变迁和关键技术条款；在技术应用方面，基于工程应用，重点介绍了相关技术和装备的应用效果等。本书将使读者对这十五年发展起来的特高压交流电气设备现场试验的技术、装备、标准有一个整体了解。

本书编写人员长期从事电力行业研究、试验、建设、运维及制造等工作，具有丰富的工作经验。本书既注重基本概念的阐述，又辅之以大量工程应用实例，图文并茂、深入浅出地讲解了特高压交流电气设备现场试验新技术、新装备及其应用情况。本书可供从事电力试验、建设、运维、制造等相关工作的技术人员以及高校师生参考使用。

由于作者水平有限，书中难免存在疏漏之处，恳请读者提出批评和建议。

编　者

2023 年 10 月

目　录

第1章
特高压交流变压器高压空载和负载试验技术

1.1 概　　述

空载试验和负载试验是变压器的例行试验，空载损耗、空载电流、负载损耗和短路阻抗是变压器运行的重要参数，两项试验对于检验设备的质量具有重要意义。

空载试验包括空载损耗和空载电流测量，试验的主要目的是，测量验证变压器的空载损耗和空载电流是否达到国家标准或者技术协议的要求，通过比较试验值与设计值或历史测试值的差异来发现产品磁路中的局部缺陷或整体缺陷。负载试验包括负载损耗和短路阻抗测量，试验的主要目的是，测量验证变压器的负载损耗和短路阻抗是否满足有关标准及技术协议要求，通过比较试验值与设计值或历史测试值的差异来发现产品设计或制造中绕组及载流回路中是否存在缺陷。

对于每一台变压器，出厂时必须逐台进行空载试验和负载试验。然而对于特高压交流变压器，这两项试验所需的试验设备容量较大，在现场难以开展，因此交接试验或预防性试验相关现场试验标准对这两项试验的要求一般适当降低。例如，空载试验可以使用低于额定电压的试验电压进行测量，并与制造厂提供的测量值进行比对，而负载试验则可以简化为在较低电流下测量短路阻抗。

然而，当变压器进行绕组、铁心的维修，或者采用解体运输方式在现场重新组装绕组和铁心时，使用降低要求的替代试验显然无法满足测试变压器性能和运行特性、检测变压器磁路或载流回路缺陷的目的。因此，在现场开展特高压交流变压器空载试验和负载试验时，解决现场试验的关键技术难点并研制满足现场试验要求的试验装备具有重要意义。

近年来，随着特高压交流变压器现场开展空载试验和负载试验需求的增加，试验技术和试验装备得到了快速升级和突破，并已成功应用于特高压工程。本章从现场开展特高压交流变压器的试验方法、试验技术、试验装备研制等方面，结合现场工程应用的典型案例，全面介绍了这两项试验现场实施的关键技术要点，并针对性地给出了关键点的标准依据，可为类似的现场试验提供指导。

1.2 关 键 技 术

1.2.1 试验回路

特高压空载试验回路见图 1-1。被试变压器从低压侧加压，高压侧和中压侧开路。

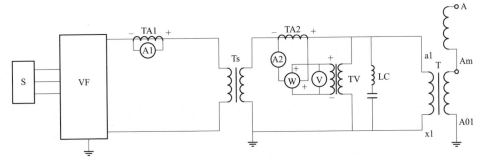

图1-1 特高压交流变压器现场空载试验接线

S—10kV 电源；VF—变频电源；Ts—升压变压器；LC—滤波补偿装置；T—被试变压器；TA—电流互感器；

TV—电压互感器；A—电流表或功率分析仪的电流测量；V—电压表或功率分析仪的电压测量；

W—功率表或功率分析仪的功率测量；a1、x1—特高压交流变压器低压侧绕组首、尾端；

A01、Am、A—特高压交流变压器高中压侧绕组的尾端、中压侧出线端、高压侧出线端

负载试验接线回路见图 1-2，在特高压交流变压器绕组的高压侧或中压侧线端施加电流，低压侧绕组短路并接地。在升压变压器的高压侧，并联合适容量的无功补偿电容器。

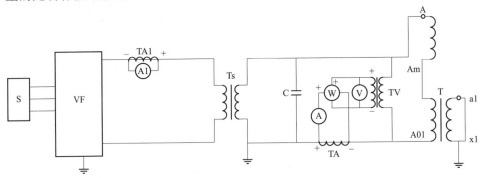

图1-2 负载试验接线

S—10kV 电源；VF—变频电源；Ts—升压变压器；C—补偿电容器；T—被试变压器；TA—电流互感器；

TV—电压互感器；A—电流表或功率分析仪的电流测量；V—电压表或功率分析仪的电压测量；

W—功率表或功率分析仪的功率测量；a1、x1—特高压交流变压器低压侧绕组首、尾端；

A01、Am、A—特高压交流变压器高中压侧绕组的尾端、中压侧出线端、高压侧出线端

1.2.2 试验电源的选择

由于空载试验过程施加电压高、无功电流大、持续时间长、电能质量要求严，需要提供稳定可靠的工频试验电源，另外考虑到现场试验条件的局限性，还要兼顾经济性和便捷性。电力变压器试验常用的交流试验电源有同步发电机组和调压器。

1. 同步发电机组

主要由同步电动机和发电机组成，经中间变压器升压后作为被试变压器的试验电源。同步发电机组可以零起升压，其输出电压达 6kV 及以上。同步发电机组的电压调节方便，输出电压波形与负载特性相关。

同步发电机组是三相电源，在特高压交流变压器（单相）空载试验时只使用一相电源，因此对于同等容量的被试品，发电机组所需的容量要比单相电源大得多；同时，同步发电机带单相负载时，三相电流不平衡造成磁通不对称，产生负序电流，易引起发电机转子表层过热；另外，电压上升至 $1.1U_N$ 的过程中，试验电流从容性过渡到感性，容易造成发电机自激。

同步发电机组一次投资高，运行维护工作量大，操作复杂，不能移动使用。

2. 调压器

调压器的输出电压能连续调节，最高可调至额定输出电压的 110%，经中间变压器升压后可作为被试变压器的试验电源，输出电压可达 10kV。

大容量调压器为三相电源，带单相负载时与发电机组同样存在磁通不对称的问题。同时，调压器励磁阻抗呈非线性，输出电压谐波含量较大，抗冲击能力差，不能长期过载运行，波形受电网电能质量影响；而且成本较高，运行维护工作量大。

3. 高压变频电源

结合特高压交流变压器关键性能参数现场试验的技术要求，通过性能指标、可靠性、运维方式、研制成本等方面的技术经济比较，本书提出利用高压大功率变频调压电源作为试验电源的技术思路。

变频调压电源可分为低压变频电源和高压变频电源。低压变频电源可用于变压器空载试验。但是最大单台容量 450kW，即使两台并联也只能达到 900kW，不能满足特高压交流变压器的试验要求。高压变频电源采用多电平脉冲宽度调制（PWM）方式将大容量功率单元级串实现 10kV 变频调压，容量可达兆伏安，且输出电压谐波含量低，波形畸变率小。高压变频电源可输出三相电压或仅输出单相电压，电压和频率能独立调节，能长时间持续运行，可靠性高，便于运输和维护，成本较低。

高压大功率变频调压电源可以实现特高压交流变压器关键性能参数试验要求的足够大容量。与发电机组和调压器相比，高压大功率变频调压电源解决了带单相负载不平衡的问题，而且能够在升压过程中调节电源频率、控制电压波形，提高了试验的有效性和可控性。

1.2.3　空载试验补偿方式

根据 GB/T 1094.1—2013《电力变压器　第 1 部分：总则》和 GB/T 16927.1—2011《高电压试验技术　第 1 部分：一般定义及试验要求》的要求，进行空载试验时要保证波形校正系数 d（平均值电压表读数 U' 和有效值电压表读数 U 的相对偏差，即 $d = (U'-U)/U'$）的绝对值小于等于 3%，同时电压总谐波有效值小于等于基波有效值的 5%（即 THD≤5%）。

特高压交流变压器的铁心磁感应强度选择较高，一般大于 1.80T，因此在接近 1.0 倍额定电压下铁心开始出现饱和，产生谐波电流（主要是 3、5、7、9 次等奇次谐波）；随着电压的逐步提高，铁心的饱和程度加大，空载电流中的谐波分量呈快速增大趋势，并通过试验回路阻抗产生压降，造成空载电压波形畸变；在 1.1 倍额定电压下，空载电流中的工频基波分量增加较小，而谐波分量占绝大部分。此时，空载电压的波形校正系数 d 和总谐波有效值 THD 大幅增加。

传统的空载试验方法主要是采取高压电容与变压器励磁绕组并联，补偿铁心饱和后空载电流中较大的感性无功分量。此时，高压电容对空载电流中感性工频基波分量的补偿有一定效果，但对空载电流中的谐波分量有放大作用。

这主要是在铁心饱和的情况下，电容器与试验电源的等效电抗形成并联电路，被试变压器为谐波源 H，产生谐波电流 $\dot{I}_h$；试验电源则可看成感性负载 X_S，通过谐波电流 $\dot{I}_S$；补偿电容器 C，通过的谐波电流为 $\dot{I}_C$，等效电路见图 1-3。有

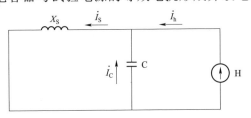

图 1-3　谐波电流下电容补偿等效电路

$$\dot{I}_S = \dot{I}_h + \dot{I}_C \qquad (1-1)$$

谐波电流 I_S 在试验电源阻抗 X_S 产生的压降为

$$\Delta U_S = I_S X_S \qquad (1-2)$$

可见电容器对流入试验电源的谐波有放大作用，ΔU_S 增大是造成电压波形畸变的主要原因，因此纯电容补偿不适用于空载试验波形的控制要求，这也说明现有的试验方法存在重大技术缺陷。

针对特高压交流变压器空载励磁特性，经过技术分析，提出采用高压滤波器的技术方法，既可以补偿基波，又可分流低频谐波，等效电路见图1-4，有

$$\dot{I}_S = \dot{I}_h - \dot{I}_f \qquad (1-3)$$

式中　$\dot{I}_f$——高压滤波之路的电流。

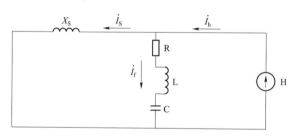

图1-4　谐波电流下滤波器等效电路

如图1-5所示，从滤波器阻抗-谐波次数和相位-谐波次数的关系看，次数为 n 的谐波被滤除；低于 n 次的谐波呈容性，补偿基波；高于 n 次的谐波呈感性，被分流（抑制），因此 ΔU_S（$\Delta U_S = I_S X_S$）大幅下降。因此，滤波器可以减少流入试验电源的谐波电流，同时降低谐波电压；对于工频来说，滤波器呈容性，可以补偿被试变压器的感性无功。

1.2.4　空载试验用滤波补偿装置选型方法

高压滤波器由固定电容器和可调电感组成，本节以 3 次谐波滤波器的选型方法为例进行介绍，5 次谐波滤波器的选型方法及原理与之一致，不再赘述。

首先确定所述高压 3 次谐波滤波器的电阻 R_3、电感 L_3 和电容 C_3。3 次谐波滤波器的电阻、电感、电容部分计算如下

$$\frac{3Z_K}{R_3 + 3Z_K} I_3 R_3 = U_3 < 3\% \times U_0 \qquad (1-4)$$

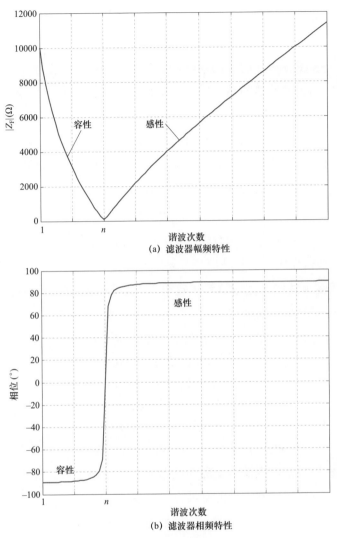

图 1-5　滤波器特性

$$Q = \frac{\omega_0 L_3}{R_3} \tag{1-5}$$

$$3\omega_0 L_3 = \frac{1}{3\omega_0 C_3} \tag{1-6}$$

式中　U_0——被试变压器试验电压的基波分量（V）；

$\quad\quad Z_K$——被试变压器阻抗（Ω）；

$\quad\quad R_3$——可调电感的电阻（Ω）；

$\quad\quad L_3$——可调电感（H）；

C_3——固定电容（F）；

U_3——高压 3 次谐波滤波器承受的 3 次谐波电压（V）；

I_3——被试变压器的 3 次谐波电流分量，由制造厂提供（A）；

Q——高压滤波器的品质因数，所述 Q 的取值范围是 [40，100]，一般取值 50。

其次，确定所述固定电容器和可调电感的额定电流 I_N。固定电容器和可调电感串联使用，因此二者额定电流一致，其包含基波电流分量和 3 次谐波电流分量。固定电容器和可调电感的额定电流 I_N 计算如下

$$I_N = \sqrt{I_0^2 + I_3^2} \qquad (1-7)$$

$$I_0 = U_0/(1/\omega_0 C_3 - \omega_0 L_3) = 9/8\,\omega_0 C_3 U_0 \qquad (1-8)$$

式中　I_0——被试变压器的基波电流分量（A）。

最后，确定所述固定电容器的额定电压 U_{CN} 和可调电感的额定电压 U_{LN}。固定电容器和可调电感所承受的电压包含基波分量和 3 次谐波分量。固定电容器的额定电压 U_{CN} 和可调电感的额定电压 U_{LN} 计算如下

$$U_{C3.0} = 1/9\,U_{L3.0} = 1/8\,U_0 \qquad (1-9)$$

$$U_{C3.3} = U_{L3.0} = 3\omega_0 C_3 L_3 \qquad (1-10)$$

$$U_{CN} > U_{C3.3} + U_{C3.0} \qquad (1-11)$$

$$U_{LN} > U_{L3.3} + U_{L3.0} \qquad (1-12)$$

式中　$U_{C3.0}$——固定电容器承受的基波电压分量（V）；

$U_{C3.3}$——固定电容器承受的 3 次谐波电压分量（V）；

$U_{L3.0}$——可调电感承受的基波电压分量（V）；

$U_{L3.3}$——可调电感承受的 3 次谐波电压分量（V）。

1.3　试　验　装　备

1.3.1　高压变频电源

高压大功率变频调压电源采用 16 个功率单元 H 桥级联方式组成 10kV 单相交流电压输出方式，输入由 10kV 三相交流电经移相变压器提供。移相变压器输出绕组每相 8 个抽头，给每个功率单元整流环节提供独立的交流输入。如图 1—6 所示，高压大功率变频调压电源主要包括移相变压器、大功率单元和控制系统。

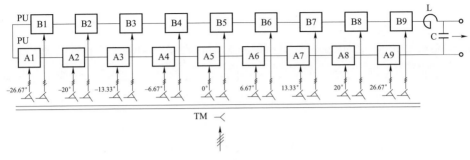

图 1-6　单相变频电源结构

高压变频电源系统为可移动的集装箱整体安装结构。本体可直接操作，也可采用光纤连接远程控制器进行操作。

集装箱内部由输入 10kV 开关柜、输入移相变压器、功率单元、输出 10kV 开关柜、输出 LC 滤波器、保护系统、制热系统、散热系统、控制系统等组成。

需输入两路电源供电。一路为高压主电源（10kV、三相），另一路为低压辅助电源。输出为单相高压 0～10kV 可调，频率为 0～120Hz 可调。

高压变频电源系统框图如图 1-7 所示。

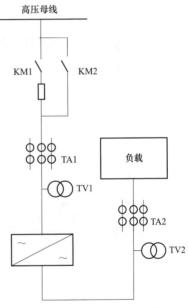

图 1-7　高压变频电源系统框图

1. 载波移相 SPWM 调制

脉冲宽度调制（pulse width modulation，PWM）就是对脉冲的宽度进行调制的技术，即通过对一系列脉冲的宽度进行调制，来等效地获得所需要的波形（含形状和幅值）。PWM 技术在逆变电路中的应用最为广泛，对逆变电路的影响也最为深刻。现在大量应用的逆变电路中，绝大部分都是 PWM 型逆变电路。可以说，PWM 控制技术正是有赖于在逆变电路中的应用才发展得比较成熟，才确定了在电力电子技术中的重要地位。近年来，PWM 技术在整流电路中也开始应用，并显示出了突出的优越性。

载波移相 SPWM，全称为载波移相正弦脉宽调制（carrier phase-shifted

SPWM，CPS-SPWM），是在自然采样 SPWM 技术与多重化技术的基础上形成的调制技术，是级联型多电平变换器中常用的调制方法。其主要思想是 N 个串联的 H 桥单元（功率单元）均采用低开关频率的 SPWM，具有相同的调制波，但是各单元的三角载波依次相差 $360°/N$，通过单元的电压叠加形成多电平的 SPWM 波形，此技术可以在较低的器件开关频率下实现等效的高开关频率的效果，使 SPWM 技术可以应用于大功率场合，并能提高装置容量，减少谐波输出。

载波移相 SPWM 包含 2 个部分，载波移相与 SPWM。SPWM 是针对单个 H 桥逆变单元的控制策略，载波移相针对多单元级联的电压叠加。

（1）正弦脉宽调制（SPWM）。H 桥逆变器的简化电路如图 1-8 所示。它包括两个桥臂，每个桥臂由两个绝缘栅双极晶体管（insulate-gate bipolar transistor，IGBT）串联构成。逆变器直流母线电压 U_d 固定不变，输出的交流电压 U_o 可由单极性或双极性调制方法进行调节，施加在负载两端。

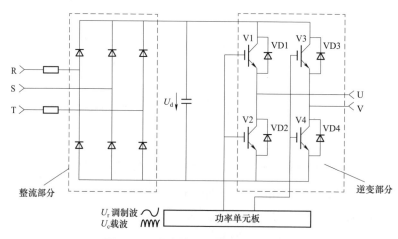

图 1-8　功率单元主回路（标准型）

单极性 PWM 调制的特点：在一个开关周期内两只功率管以较高的开关频率互补开关，保证可以得到理想的正弦输出电压；另两只功率管以较低的输出电压基波频率工作，从而在很大程度上减小了开关损耗。但又不是固定其中一个桥臂始终为低频（输出基频），另一个桥臂始终为高频（载波频率），而是每半个输出电压周期切换工作，即同一个桥臂在前半个周期工作在低频，后半个周期则工作在高频，这样可以使两个桥臂的功率管工作状态均衡。选用同样的功率管时，使其使用寿命均衡，可有利于增加可靠性。

双极性 PWM 调制的特点：4 个功率管都工作在较高频率（载波频率），虽然能得到正弦输出电压波形，但其代价是产生了较大的开关损耗。

本项目所采用的是单极性 PWM 调制方法。下面以单个单元为例，对单极性 PWM 调制进行简要说明。

图 1-9 中，U_r 为正弦调制波，U_c 为高频载波。直流母线电压为 U_d，V1、V2、V3、V4 为 4 支 IGBT，连接方式为 H 桥型。VD1、VD2、VD3 与 VD4 分别为反并联二极管。

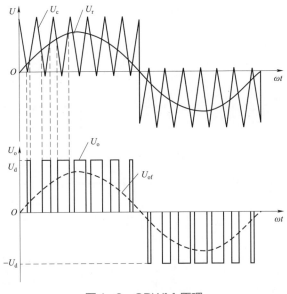

图 1-9　SPWM 原理

U_r 与 U_c 实时进行比较，分为正负半周控制。

U_r 正半周，V1 保持通，V2 保持断。

- 当 $U_r > U_c$ 时，控制 V4 通，V3 断，$U_o = U_d$；
- 当 $U_r < U_c$ 时，控制 V4 断，V3 通，$U_o = 0$。

U_r 负半周，V1 保持断，V2 保持通。

- 当 $U_r < U_c$ 时，控制 V3 通，V4 断，$U_o = -U_d$；
- 当 $U_r > U_c$ 时，控制 V3 断，V4 通，$U_o = 0$。

根据 U_r 与 U_c 比较的结果控制 IGBT 导通顺序，得到脉宽变化的、正负交变的 PWM 输出电压波形 U_o。经过低通滤波就可以得到最终输出的正弦电压波形 U_{of}。

（2）载波移相。以单相 4 级 H 桥单元级联为例，每个单元首尾相连，形成级联模式，如图 1-10 所示。载波移相原理如图 1-11 所示，各个 H 桥单元调制

波同为 U_r，但各 H 桥单元载波 U_{c1}、U_{c2}、U_{c3}、U_{c4} 相位互相差 90°，由此 H 桥单元 Unit1～Unit4 经过 SPWM 调制后产生带有相位差的 PWM 波形，经过串联叠加后，产生等效的高频高压的输出电压 U_o。串联 H 桥输出电压的电平数 M 计算如下

$$M = 2N+1 \qquad\qquad (1-13)$$

式中　N——一相中 H 桥单元的数目。

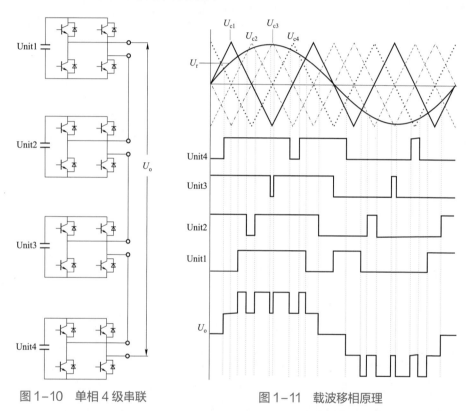

图 1-10　单相 4 级串联　　　　　图 1-11　载波移相原理

　　例如，18 级 H 桥单元串联，则得到输出电压的电平数为 37。

　　2. 移相变压器

　　输入变压器采用干式移相整流变压器，是一种专门为中高压变频器提供多相整流电源的装置，具有防潮、耐热、阻燃、防腐蚀、机械强度高、局部放电小等优点。两种主流类型的干式变压器：一种是以树脂绝缘为代表的树脂浇注式干式变压器（ORDT），另一种是以 NOMEX 纸绝缘为代表的浸漆式干式变压器（OVDT）。后者以 C 级绝缘材料 NOMEX 纸作为绝缘介质，具有更高的可靠性和环保特性，而且具有更好的经济性，本项目选用的即为 OVDT 类型的干式变压器。

　　干式移相整流变压器采用延边三角形的移相原理，通过多个不同的移相角二次绕组，可以组成等效相数为 9、12、15、18、24、27 相等整流变压器。

　　根据绕组连接方式不同，移相方式可以分为顺延与逆延两种，对应二次侧电压为超前或滞后一次电压。以移相角度 α 为例，顺延移相变压器的移相连接图及相量图见图 1-12 与图 1-13。一次绕组为星形连接，二次绕组则由两部分线圈 N2、N3 组成，按照图 1-12

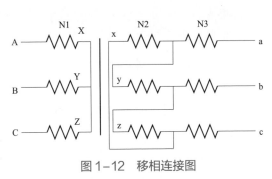

图 1-12　移相连接图

中的方式连接成延边三角形，三相输入电压 $\dot{U}_{A}$、$\dot{U}_{B}$、$\dot{U}_{C}$ 依次相差 120°，由图 1-13 移相相量图分析得到，二次线电压 $\dot{U}_{ab}$ 超前一次电压 $\dot{U}_{AB}$ 的角度为 α，由此实现了二次侧电压移相功能。

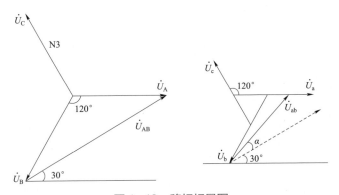

图 1-13　移相相量图

　　变压器的一次侧直接入高压电网，其二次侧有多个三相绕组，移相角度分别为 0°、θ、…、$(60°-\theta)$。当变频电源每相由 n 个 H 桥单元串联时，每相就由 n 个绕组构成，$\theta=60°/n$，实现了输入的多重化，形成 $6n$ 脉波整流，例如，每相由 9 级单元组成，则形成 54 脉波整流。这样，如果各 H 桥单元功率平衡，电流幅值相同，理论上一次侧输入电流中不含有 $6n\pm1$ 以下各次谐波，并可提高功率因数，一般不需再配备无功补偿和谐波滤波装置。

　　总结起来，移相变压器作为整流回路不可缺少的组成部分，主要有三项功能：一是将输入高压变成低压，从而可以由低压电力电子器件直接逆变；二是实现整流器与电网间的电气隔离;三是通过一次侧、二次侧线电压的相位偏移以消除谐波,减少变频电源对电网的干扰。

移相变压器主要参数如下。

(1)额定容量:6000kVA。

(2)一次侧额定输入线电压:10kV(1±10%),要求在此电压范围内都能满足容量工作。

(3)二次侧额定输出线电压:主绕组 0.69kV×9×2,辅助电源绕组 380V(30kVA、中性点引出)。

(4)空载输出电压允许偏差为 −2%~+2.5%,输出电压不平衡度(不平衡度是指每小组空载输出三相电压不平衡度)不大于 2%。

(5)额定频率:50Hz(基波频率:50Hz;谐波:5 次 20%,7 次 14%,11 次 9%,13 次 7%)。

(6)阻抗电压:6%~8%。

(7)效率:≥97.5%。

(8)局部放电:≤10pC。

(9)一次侧共有 3 组抽头:分别为 95%、100%及 105%额定电压。

(10)绝缘等级:H 级。

(11)冷却方式:风冷。

(12)额定电流下绕组平均温升:125K。

(13)脉波数:54 脉波。

3. 结构设计

总体结构小型化是满足户外运输与使用的必要特性。变频电源需要满足户外运行条件,必然要设计成集装箱式结构。

在部分边远地区,大型起重机与重型汽车资源很少,只能找到中小型运输车辆,所以,如果变频电源设计为整体集装箱式,就会产生找不到大型运输车辆、耽误调试时间、增加费用等问题。因此采用分离式集装箱设计,功率单元与控制柜配置在一个集装箱中,变压器配置在另一个集装箱中。如此设计,两台集装箱的体积变为一半,质量也变为了原来的一半,方便了运输,节省了时间与费用。

分离式集装箱变频电源具备超越于室内变频电源的重大优势,是变频电源具有移动性、灵活性、便捷性的重要创新设计。变频电源结构设计如图 1−14 所示,整体变频电源结构如图 1−15 所示。

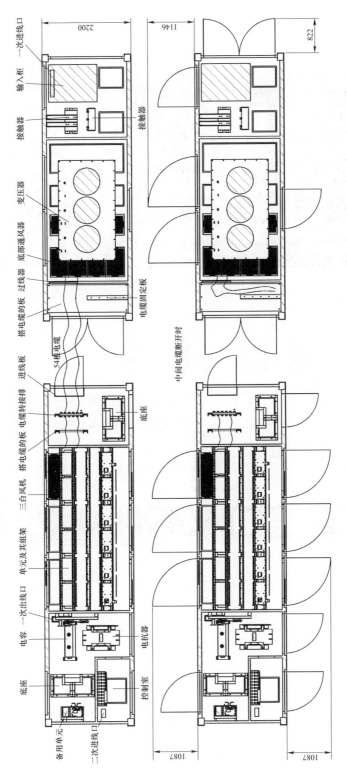

图 1-14 变频电源结构设计（单位：mm）

(a) 变频电源控制与功率集装箱

(b) 变频电源变压器集装箱

图 1-15　变频电源结构

　　由于变频电源受到集装箱空间限制，其功率单元的结构设计与常规功率单元有很大不同，设计成了分体功率单元，结构如图 1-16 所示。功率单元分成了三个部分：左侧是整流部分，连接三相交流电；中间部分是直流电容组，正负极由复合母排连接；右侧是逆变部分，包括 IGBT 与控制板卡。分体并不意味着毫无联系，正常工作时，三部分之间的同一极性复合母排是通过螺钉紧固在一起的。分体功率单元解决了狭小空间的配置问题，但代价是增加了单元设计的复杂性，内部配件结构复杂，单元生产周期延长，单元组装与拆卸也很烦琐，使得单元维护工作量增加，维护时间延长很多。所以无论是人力成本、技术成本还是时间成本，都与一体化设计相差很多。

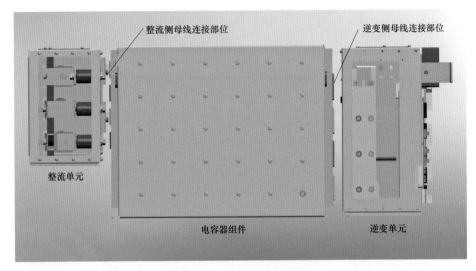

图1-16　分体功率单元

1.3.2　高压滤波器与补偿电容

高压滤波器参数设计主要考虑滤波器额定电压、3次谐波滤波器额定容量、5次谐波滤波器额定容量对电压波形和升压变压器输出功率的影响。设计目标是波形指标达到$|d|<3\%$且 THD$<5\%$的要求，同时滤波器容量和升压变压器输出功率尽量最小。

1．额定电压

滤波器的额定电压应按照最大试验电压选取。考虑空载试验中电压有效值一般比平均值电压表的有效值读数大，取一定的安全裕量，选择额定电压为130kV。

2．3次谐波滤波器额定容量

在$1.1U_N$下仿真研究了3次谐波滤波器的容量与电压波形校正系数d、波形畸变率 THD 和升压变压器输出功率S_b的关系。选择升压变压器容量分别为3、

4、5、6、10.5MVA 时的仿真结果，如图 1－17～图 1－19 所示。

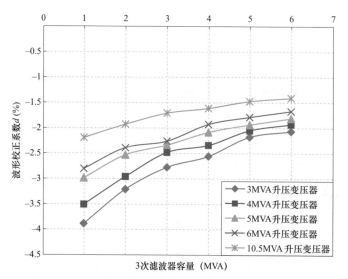

图 1-17　3 次谐波滤波器容量与波形校正系数 d 的关系

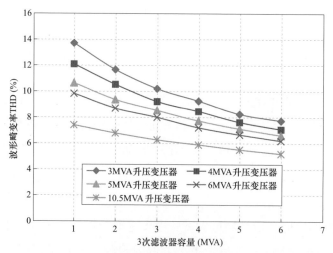

图 1-18　3 次谐波滤波器容量与波形畸变率 THD 的关系

从图 1－17～图 1－19 曲线图可以看出：

（1）滤波器容量与电压波形校正系数 d（绝对值）和波形畸变率 THD 均呈单调递减的关系。

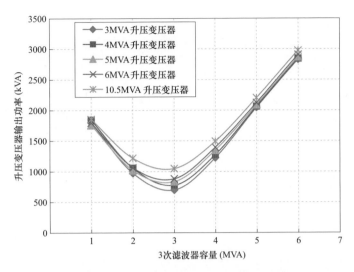

图 1-19　3 次谐波滤波器容量与升压变压器输出功率 S_b 的关系

（2）滤波器容量与升压变压器输出功率 S_b 呈 V 形曲线关系，当滤波器容量约为 3MVA 时 S_b 有极小值。

因此，在保证滤波效果的情况下，3 次谐波滤波器应选择 3MVA 的容量，这样可以最大限度减小对试验电源和升压变压器容量的要求。

3. 5 次谐波滤波器额定容量

根据图 1-17～图 1-19 可以看出，升压变压器容量越大，电压波形校正系数 d（绝对值）和波形畸变率 THD 越小；当 3 次谐波滤波器容量选 3MVA 时，波形校正系数 d 的绝对值满足小于等于±3%的要求，但电压波形畸变率 THD 较大，即使 3 次谐波滤波器容量选 6MVA、升压变压器容量选择 10.5MVA，仍达不到 THD 小于 5%的要求。因此，为了减小电压波形畸变率，还应增加 5 次谐波滤波器。

仿真研究了增加 5 次谐波滤波器后波形畸变率 THD 随 5 次谐波滤波器容量的变化关系。仿真条件是 3 次谐波滤波器选用 3MVA 容量，升压变压器容量分别选用 3、4、5、6、10.5MVA，结果如图 1-20 所示。

可见，增加了 5 次谐波滤波器后，波形畸变率 THD 明显减小。当升压变压器容量为 4MVA、3 次谐波滤波器容量为 3MVA，增加 5 次谐波滤波器的容量为

2MVA，前后对比，总的波形畸变率 THD 由 9.18%下降到 4.17%。因此，5 次谐波滤波器的容量建议不小于 2MVA。

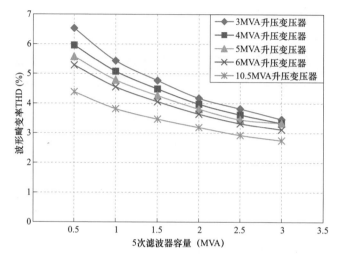

图 1-20　5 次谐波滤波器容量与波形畸变率 THD 的关系

4. 滤波电容塔与补偿电容塔的共用设计

滤波电容塔工作电流小、电压高，而补偿电容塔则是工作电压低、电流大；且滤波电容塔只需在空载试验中用到，负载试验中不需要用到。根据以上特点，可以通过将相同型号的电容串联以达到滤波电容塔的要求，更改接线为并联方式以达到低电压、大电流的补偿电容塔的要求。通过电容器的分时复用，可有效节约补偿容量，达到一塔多用的目的。

设计 3 次谐波滤波器和 5 次谐波滤波器：需要设计 2 种共 4 个电容塔，3 次谐波滤波器对应的电容塔记为 C_3，5 次谐波滤波器对应的电容塔记为 C_5，假设取 $C_3 = C_5 = 0.31\mu F$。滤波电容塔 C_3 和 C_5 可以通过临时改变接线，配合补偿电容塔使用，起到小容量调节的作用。所有电容塔都应该能方便运输，因此运输高度不超过 2.9m。所有电容塔都应该方便现场安装和接线，因此尽量做成整体吊装式，接线时只需要接主要连接线，各个分电容之间的连接线应事先紧固连接好，现场不必反复拆装。特别是滤波用的电容器有击穿、烧毁的可能，较危险，应该设置可靠的保护装置。

滤波电容塔采用 24 台 311kvar/11.55kV 的电容器组成，用作滤波器电容时串联应用；用作补偿电容器时则按每层 6 台串联、4 层并联的方式形成 69.3kV/7.5Mvar 的无功补偿能力。

整个电容安装在钢柱框架上，作为滤波器电容使用时，为解决高电压带来的绝缘问题，需要在每层之间加装 70kV 的绝缘支柱；而作为补偿电容塔使用时，电容的出线套管绝缘足以支撑 80kV 左右的电压，绝缘支柱则不需要用到，可固定于电容塔的底板上，便于整体运输。

纯粹用于补偿的电容塔则不需要层间支柱绝缘子，只需要四只支撑底座的绝缘子。

5. 可控电抗器

可控电抗器是为了配合滤波电容塔的电容器组使用的，电容塔的电容量通过串并联构成，各个电容器的实际电容量和标称电容量存在差异，因此需要通过对 LC 滤波器中的电感进行小范围调节才能使实际组成的滤波器工作在预期的谐振频率上。

电抗器的技术参数要求如表 1-1 所示。

表 1-1 电抗器的技术参数要求

电抗器	额定电压 （kV）	额定电流 （A）	额定电感量 （H）	电感直流电阻 （Ω）	额定频率 （Hz）
3 次高压滤波器可调电抗器	120	25	3.622	<55	150
5 次高压滤波器可调电抗器	70	20	1.304	<35	250

电感值的线性度也要保证，在从 5% 额定电压到 110% 额定电压时，电感值的偏差不超过 1%；电抗器应在 ±3% 及更大范围内连续可调，调节精度不小于 0.2%，总高度不超过 2.2m。

设计目标中的滤波电感用于与电容（委托其他单位设计制造）串联构成谐波滤波器，其谐振频率是滤波器性能的重要指标，因此要求电感量必须精确控制，或者调节性能优越，最终控制目标是谐振频率的偏差要小，所以电感调节范围越大越好，调节精度越小越好，两台电感量偏差越小越好。

采用调感线圈的方法实现电感可调，外线圈与绝缘筒固定，内线圈通过三相异步电动机举升调节高度，从而调节两个线圈互感，实现调感。设计图如图 1-21 所示。

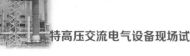

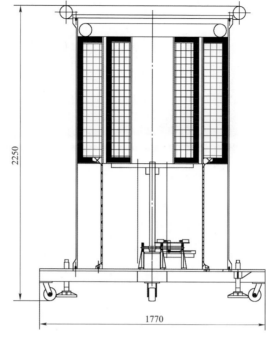

图 1-21　可调电抗器设计图（单位：mm）

实测电感量最小 3.73H，最大 3.51H；线圈电阻 12.068Ω。达到技术要求的规定值。

1.4　标　准　解　读

有多项现行标准提及了特高压交流变压器现场空载试验及负载试验，包括产品标准、交接试验标准、预防性试验标准和试验方法标准，梳理如下，供读者使用参考。

（1）GB/T 1094.1—2013《电力变压器　第 1 部分：总则》是采用国际标准 IEC 60076-1:2011《电力变压器　第 1 部分：总则》并结合国内情况修改的国家标准，标准的第一部分总则对电力变压器的使用条件、技术要求、联结组标号、铭牌、安全环境要求、偏差和试验等进行了一般性规定。其中 11.4 条规定了短路阻抗和负载损耗测量，并规定宜施加等于相应额定电流（分接电流）的分接电流，但不应低于该电流的 50%，这条规定决定了特高压交流变压器的负载试验需要非常大的试验容量，主要是无功补偿容量，在现场实施相对困难。11.5

条规定了空载损耗和空载电流测量，在例行试验和型式试验中，除了额定电压下的测量外，还应在 90%和 110%额定（或相应的分接）电压下进行。变压器电压达到 110%额定电压时，铁心进入饱和区，为了防止铁心饱和引起试验电压的不稳定从而影响测量准确性，标准还对试验电压波形进行了规定。给出了采用平均值电压读数和均方根之电压表读数来表示波形质量的计算方法，并根据波形的质量来修正空载损耗的测量值。

（2）GB/T 24843—2018《1000kV 单相油浸式自耦电力变压器技术规范》规定了 1000kV 单相油浸式自耦电力变压器的性能参数、结构要求、试验及标志、包装和运输等方面的要求。7.2 条、7.3 条和 7.4 条分别规定了主体变压器、调压补偿变压器和整体的试验，其中例行试验项目均包括了空载损耗、空载电流、负载损耗和短路阻抗的测量，并要求主体变压器相比于普通变压器增加了长时空载试验和 1.1 倍过电流试验。试验方法依据 GB/T 1094《电力变压器》系列标准的规定。7.5.5 条补充了长时空载试验的要求，在绝缘强度试验后，应对变压器施加 100%或 110%的额定电压，启动正常运行时的全部油泵，分别运行 12h 或 24h，然后进行与初次测量条件相同下的 100%和 110%额定电压的空载损耗和空载电流测量。测量结果应与初次测量值基本相同。试验前后应进行油中溶解气体分析，油中应无乙炔，总烃含量应无明显变化，并且应无明显的局部放电信号。7.5.6 条补充了 1.1 倍过电流试验，对于不进行温升试验的变压器，应进行高、中压绕组 1.1 倍额定电流、持续 8h 的过电流试验，试验前后绝缘油中溶解气体分析应无异常变化。

（3）GB/T 50832—2013《1000kV 系统电气装置安装工程电气设备交接试验标准》3.0.1 条规定了 1000kV 变压器交接试验的主体变压器和调压补偿变压器均应开展低电压空载试验和小电流下的短路阻抗试验。这种低电压下的空载试验严格意义上不算是空载试验，且该试验结果受铁心剩磁状态影响大，因此 3.0.13 条要求低电压空载试验宜在直流电阻试验前进行，且仅作为一种辅助检查手段提出，要求空载损耗和空载电流与例行试验相同测试值相比以及三相之间没有明显差异，但并未给出明确的合格标准。

（4）GB/T 24846—2018《1000kV 交流电气设备预防性试验规程》规定了1000kV 交流电气设备预防性试验的项目、周期、方法和判断标准。其中，表 1规定了主体变压器试验项目、周期和要求，要求大修后或必要时开展空载电流、空载损耗和短路阻抗的测量，空载试验应在额定电压下进行，测量结果与上次相比，不应有明显差异。短路阻抗测量试验电流可用额定值或较低电流值（如制造厂提供了较低电流下的测量值，可在相同电流下进行比较），初值差不超过±3%。表 2 规定了调压补偿变压器试验项目、周期和要求，对空载和负载试验的规定与主体变压器基本一致，但短路阻抗未规定具体合格标准，只要求与前次试验值相比无明显变化。

（5）JB/T 501—2021《电力变压器试验导则》规定了电力变压器例行试验、型式试验和特殊试验的程序及方法。该标准对变压器的各项试验规定得比较详细，不但介绍了试验目的、一般要求、试验接线和设备仪器，而且针对一些特殊型号的变压器试验的特殊要求，以及对特殊试验条件下的试验数据处理方法、折算方法也进行了规定，具有重要的参考价值。标准第 13 章和第 14 章分别规定了空载损耗及空载电流的测量试验和短路阻抗及负载损耗的测量试验。

（6）DL/T 2001—2019《换流变压器空载、负载和温升现场试验导则》是电力行业标准，规定了换流变压器现场空载试验、负载试验和温升试验的方法、设备及合格标准。特高压交流与换流变压器的空载试验和负载试验主要在试验参数上存在一些差异，但试验方法及试验设备都可以参考。标准第 6 章和第 7 章分别介绍了空载试验和负载试验的试验方法、现场条件、试验接线、试验注意事项、试验设备、试验数据处理和试验合格依据等内容。标准首次推荐了在现场采用高压变频电源和高压滤波器进行空载试验的方法；结合研究成果和工程经验，还提出了空载试验用滤波补偿装置选型方法和现场负载试验补偿电容典型设计。

1.5 工 程 应 用

特高压交流变压器一般只有在采用解体式运输或者现场修复等特殊情况才需要在现场进行空载或负载试验，虽然这项试验对于上述情况的意义重大，但是实际工程应用的情况并不多。500kV 单相变压器和 1000kV 变压器在试验方法上几乎一致，此处以 500kV 变压器为例进行介绍。

1.5.1 试验对象

（1）产品型号：DFP-400000/500TH。

（2）联结组别：Ii0。

（3）额定容量：400MVA。

（4）额定电压：$[525/\sqrt{3}kV(1\pm2\times2.5\%)]/24kV$。

（5）额定电流：1320A/16667A。

（6）额定频率：50Hz。

（7）空载电流：0.041%。

（8）空载损耗：131.8kW。

（9）短路阻抗：额定分接下，16.12%。

（10）负载损耗：额定分接下，650.3kW。

（11）冷却方式：强迫导向油循环风冷（ODAF）。

（12）出厂日期：2014年1月16日。

1.5.2 长时空载

1. 试验要求及合格标准

在额定分接下，高压绕组开路，从低压侧施加1.1倍额定电压，测量空载损耗和空载电流，持续24h。

试验结束后取油样进行油色谱分析，无异常则试验通过。

2. 试验接线

试验采用10kV高压变频电源作为试验电源，通过两台10kV/66kV低压串联高压并联的升压变压器，将50Hz近似正弦的电压（电压波形符合GB/T 16927.1—2011《高电压试验技术 第1部分：一般定义及试验要求》的要求）施加到低压绕组上，高压绕组开路且尾端接地，接线如图1-22所示。

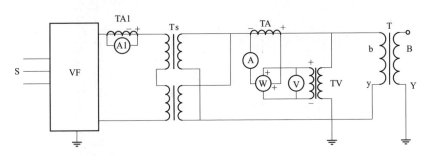

图1-22 变压器空载试验接线

S—10kV三相交流电源；VF—高压变频电源；Ts—升压变压器（2台）；TA—电流互感器；

TV—电压互感器；W、V、A—功率分析仪的功率、电压、电流测量；T—被试变压器

3. 试验结果

对绕组施加 1.1 倍额定电压，进行空载试验，自 2015 年 1 月 22 日 18:18～23 日 18:18，持续 24h，试验前后油色谱分析无异常。

本试验未使用高压滤波器控制电压，如图 1-23 所示，1.1 倍额定电压时，电压波形校正系数为-2.98%，符合不超过 3%的标准要求。与出厂试验的-8.3%相比，具有更强的试验能力。

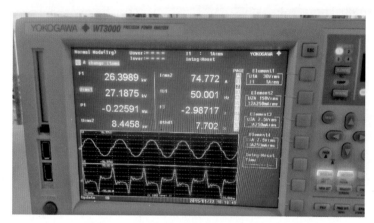

图 1-23　空载试验数据

其持续 24h 的连续试验，考核了系统本身的稳定性。在试验过程中，对高压变频电源进行了温升的检测，结果如图 1-24 所示。结果显示高压变频电源在进行大容量变压器长时试验过程中，自身温升稳定，最高温升不超过 50K。

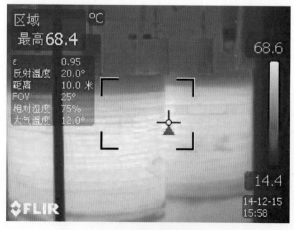

（a）滤波电抗器

图 1-24　高压变频电源红外监测（一）

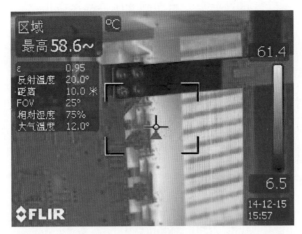

（b）功率单元

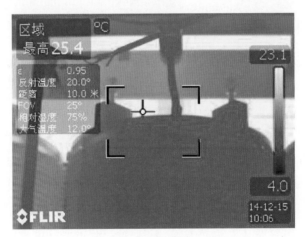

（c）移相变压器

图1-24 高压变频电源红外监测（二）

1.5.3 长时过电流试验

1. 试验要求及合格标准

在额定分接下，低压绕组短接，对高压绕组施加 1.1 倍额定电流，持续 8h。油样色谱分析无异常。

2. 试验接线

试验采用 10kV 高压变频电源作为试验电源，通过 10kV/66kV 升压变压器将50Hz 交流电压（电压波形符合 GB/T 16927.1—2011《高电压试验技术　第 1 部分：一般定义及试验要求》要求）施加到变压器高压绕组上，高压绕组并联电容器进行无功补偿，低压绕组短路并接地，接线如图 1-25 所示。

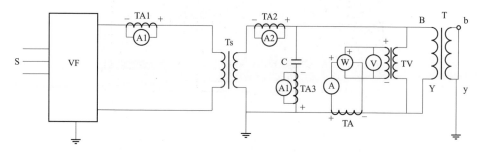

图 1-25　变压器过电流试验接线

S—10kV 三相交流电源；VF—高压变频电源；Ts—升压变压器；C—无功补偿电容；

TA1、TA2、TA3、TA—电流互感器；TV—电压互感器；

W、V、A、A1—功率分析仪的功率、电压、电流测量；T—被试变压器

本次试验采用全补偿方式，则电容器应提供的补偿容量应为

$$53.75 \times 1452 = 78.045 \ (\text{Mvar})$$

无功补偿电容器 C 由 8 个电容塔并联组成。

第 1～4 个电容塔相同，每个电容塔由 4 串电容器并联，每串由 5 个单台电容器 C2 串联组成；第 5 个电容塔由 6 串电容器并联，每串由 5 个单台电容器 C1 组成；第 6～8 个电容塔由 6 串电容器并联，每串由 5 个单台电容器 C3 组成。

电容器 C1 额定容量 489kvar，额定电容量 11.67μF，额定电压 11.55kV，额定电流 42.2A；电容器 C2 额定容量 311kvar，额定电容量 7.46μF，额定电压 11.55kV，额定电流 27A；电容器 C3 额定容量 562kvar，额定电容量 13.4μF，额定电压 11.55kV，额定电流 48.66A。

此种接线方式下补偿电容器所提供的补偿容量为

$$\left(\frac{53.75/5}{11.55}\right)^2 \times (75 \times 311 + 30 \times 489 + 3 \times 30 \times 562) = 76.73 \ (\text{Mvar})$$

3. 试验结果

对绕组施加 1.1 倍额定电流进行过电流试验，持续 8h，试验前后油色谱分析无异常。

成套试验平台顺利完成了主变压器的 8h 长时过电流试验，说明了该成套试验平台的状态及其工作稳定性得到了很好的验证。

参 考 文 献

［1］张葆昌，周德贵，程地莲. 高压电气设备试验方法［J］. 北京：水利电力出版社，1984.

［2］刘凤君. 多电平逆变技术及其应用［M］. 北京：机械工业出版社，2007.

［3］刘凤君. 环保节能型 H 桥及 SPWM 直流电源式逆变器［M］. 北京：电子工业出版社，2010.

［4］王贻平. 大型变压器现场空载试验技术［J］. 变压器，1996：27－30.

［5］汪涛，谢齐家，周友斌，等. 高压滤波器在特高压换流变压器现场空载试验中的应用［J］. 变压器，2016，53（9）：49－52.

［6］王晓刚，李儒，蚁松. 大型电力变压器空载试验电源问题浅探［J］. 变压器，2003，40：29－31.

［7］谢齐家，汪涛，贺家慧，等. 特高压换流变压器现场空载试验方法及装置研究［J］. 高电压技术，2017，43（s1）：201－207.

第 2 章
特高压交流变压器、电抗器低频加热试验技术

2.1　概　　述

随着特高压电网发展和西北部能源中心的开发，越来越多的特高压变电站在北方低温地区建设。例如，特高压交流胜利、榆横、晋中等多个变电站处于北方低温地区，低温环境给油浸式设备的现场安装和试验带来了极大挑战：一是油浸式设备现场安装注油后按标准要求需进行热油循环干燥处理，在低温环境下热油循环升温时间大大增加，有时甚至无法达到工艺要求的温度标准；二是特高压交流变压器局部放电试验要求在油温不小于 5℃的情况下进行，但是在低温环境下根据标准静置168h 后油温无法满足试验的要求，要进行局部放电试验必须对变压器油重新加热。

变压器加热干燥的现有技术有多种，其中热油喷淋、热风循环、煤油气相干燥、真空干燥等需要在真空注油前实施，对于现场施工而言，无法节省时间。热油循环是现场最常用的方法，然而加热效率有限，遇到了如前所述的问题。配合热油循环，采用短路法直接加热变压器线圈，可有效解决该问题。工频电流短路法已成功应用于 750kV 变压器和±800kV 换流变压器，加热效果良好。但是由于其设备庞大、使用不便，未能得到推广使用。低频加热法属于短路法加热，具有短路法加热的所有优点；但与工频短路加热不同的是，低频加热电源频率较低、无须补偿装置、装置小巧、工作电压低、便于使用。相比传统方式，低频加热工艺可以有效缩短绝缘油温升时间，提高主变压器、高压电抗器安装过程中热油循环的工作效率，缩短安装时间，同时，由于短路法利用绕组自身发热，热量由内至外传递，变压器绝缘干燥效果明显提升。

低频加热法由于实施的便利性和加热干燥效果的有效性，在油浸式电力变压器（电抗器）生产、安装及检修中得到越来越多的应用。在北方寒冷地区的特高压工程中应用，低频加热法可大幅缩短特高压交流变压器（电抗器）热油循环时间，极大提升安装效率，经济效益显著。

2.2　关　键　技　术

2.2.1　变压器现场加热干燥技术

2.2.1.1　绕组加热干燥原理

变压器绝缘干燥实际上是水分在浓度和温度梯度差作用下，由固体绝缘扩散至油或者气体介质中的过程。这个过程可以用菲克第二定律进行描述。这个扩散过程被认为是垂直于绕组轴线方向的，因为水分沿绕组方向扩散的速度是可以忽略的。

$$\frac{\partial C}{\partial t} = D(C,\theta)\frac{\partial^2 C}{\partial x^2} \qquad (2-1)$$

式中 $D(C,\theta)$ ——固体绝缘材料的扩散系数；

C ——水的浓度；

θ ——温度（℃）；

t ——时间（s）；

x ——距离（m）。

扩散系数的经验公式为

$$D(C,\theta) = D_0 \times \exp\left[kC + E_a\left(\frac{1}{\theta_0} - \frac{1}{\theta}\right)\right] \qquad (2-2)$$

其中，$D_0 = 1.34 \times 10^{-13}\,\mathrm{m^2/s}$；$E_a = 8074\mathrm{K}$；$k = 1.4$。

热油循环和真空干燥均可以通过设置不同的边界条件用该模型来进行模拟。

在热油循环情况下，式（2-3）可描述油中水分和纸板中水分的关系随温度变化的情况

$$C_{\mathrm{equil}} = 2.173 \times 10^{-7} \times p_v^{0.6685} \times \exp\left(\frac{4735.6}{\theta}\right) \qquad (2-3)$$

式中 p_v ——水蒸气分压。

从式（2-3）可以看出，温度的升高和水蒸气气压的降低都有助于绝缘纸板中水分的析出，因此为了加快变压器中绝缘件的干燥，一方面需要将绝缘油加热，另一方面需要降低油中的水分含量。以上两点正是热油循环的原理。

热油循环时油箱上部的气体与油之间的水蒸气也存在类似的扩散平衡，通过提高真空度来降低空气中的水蒸气分压，可以进一步加快水分的析出。这就是热油循环加真空循环加快干燥的原理。

热油循环只是对油进行了加热，变压器绝缘纸板本身的温度是通过热油传递的，对于有大量较厚绝缘纸板的特高压交流变压器来说，热油循环很难快速提升纸板本身的温度，而由外向内传热的方式使绝缘纸板的温度梯度由外向内温度逐渐降低，致使绝缘纸板内部水分有向内部扩散的趋势，这种情况不利于

绝缘的干燥。因此通过绕组的发热使纸板的温度梯度转向，使绝缘纸板内部水分具有向外扩散的趋势，可以有助于纸板内水分的析出。这就是热油循环中绕组辅助加热干燥的原理。

2.2.1.2　低频加热技术原理

变压器短路状态下的等效电路如图 2−1 所示，其阻抗为 $Z = R + \mathrm{j}\omega L$。在工频状态下，$\mathrm{j}\omega L \gg R$，因此减小频率 ω 可以显著减小阻抗电压。当频率减小到一定程度后，R 的大小不再可以忽略不计，进一步减小 ω 不会再引起阻抗电压的降低。当频率足够低时，$\mathrm{j}\omega L \ll R$，变压器阻抗电压主要由变压器的直流电阻决定。

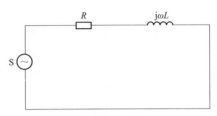

图 2−1　变压器短路时的等效电路

图 2−2 显示了阻抗电压及无功容量与频率的关系。从图 2−2 中可以明显看出，阻抗电压总体上与频率成正比，当频率接近零时，阻抗电压趋近于常数，该常数即为变压器直流电阻与短路电流的乘积。无功容量与频率成正比。因此通过降低频率不但降低了阻抗电压，还降低了无功容量，提高了加热电源的功率因数，避免了用大容量的补偿装置。

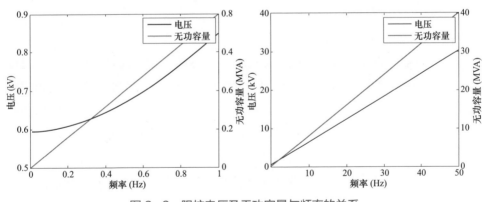

图 2−2　阻抗电压及无功容量与频率的关系

相比于工频短路加热，低频加热技术明显能够克服其局限性。对于特高压交流变压器，频率低至 1Hz 以下时，其阻抗电压低于 1kV，通过简单的绝缘措施就可以保证安全，避免大量的安全监护人员长时间值守。同时升压装置和补偿装置都可以省略，大大减少了设备占地面积，减少了现场工作量，提高了工作效率。

2.2.1.3 低频加热影响因素

低频加热过程，一方面关注被加热对象（变压器/电抗器）内部整体温升，要求其温度能尽快从环境温度上升至指定的油浸纸绝缘干燥所需温度，并保持一定时间；另一方面关注器身内温度分布，热点温度不能超过阈值，避免绝缘损坏或过快老化。

1. 整体加热速率影响因素

低频加热的本质是单一的热交换过程，即经绕组通入低频电流，电阻发热，联合滤油机注入加热后的油流，对变压器油箱内部进行加热，期间变压器表面对空气有散热效应。以热力守恒方程来宏观描述这一过程如下

$$P = P_{r1} + P_{r2} + P_{r3} - P_{d4} - P_{d5} - P_{d6} \qquad (2-4)$$

式中　P——变压器整体温度上升对应的能量上升功率；

　　　P_{r1}——低频加热注入能量功率；

　　　P_{r2}——滤油机加热油流注入的能量功率；

　　　P_{r3}——涡流及其他加热功率；

　　　P_{d4}——变压器/电抗器表面散热损失的功率；

　　　P_{d5}——可能启动的油泵和散热器散热损失的功率；

　　　P_{d6}——其他散热功率。

2. 温度分布及热点温度的影响因素

为使油箱内温度分布适于油浸纸绝缘中水分的干燥，同时热点温度不超过材料能长期承受的阈值，需要考虑油箱内的油温分布。变压器/电抗器油箱内部是由铁心、绕组、油/纸绝缘及紧固件组成的固液二相混合态空间。有研究表明，如果仅依靠传导和辐射，热交换的效率将非常低下，油箱温度极不均匀，热点温度达到限值时，大部分绝缘材料的区域还达不到干燥所需温度。因此，必须借助油流动产生的对流，才能获得足够的热交换效率，从而得到理想的温度分布。这也是低频加热干燥往往不单独使用，而是与滤油机共同使用，必要时打开油泵的原因。

事实上，影响变压器/电抗器中温度分布的主要作用，除了热源的加热作用外，就是绝缘油流动造成的对流作用，它将加热过程注入绕组和滤油机中的能量带到油箱内部各处，使绝缘整体达到较为均匀的加热干燥效果。

因此，影响温度分布和热点温度的主要因素，就是油箱内的流体场，流体

导热性能越好、流速越快、流动范围越广，热对流效率就越高，温度分布越均匀。

2.2.1.4　整体加热速率影响因素研究

1. 绕组发热

绕组发热是低频加热干燥工艺中最主要的能量来源，其原理为变压器绕组通过电流时，通过电阻发热效应将电能转化为内能，能量转化效率符合欧姆定律。低频加热电源可视为一个可调频调压的电压源，因此绕组发热功率的计算公式为

$$P_{r1} = \frac{U^2 R_W}{(R_W + R_C)^2} \tag{2-5}$$

式中　U——低频加热电源输出电压（V）；

　　　R_W——绕组（等效）电阻（Ω）；

　　　R_C——连接点及连接电缆（等效）电阻（Ω）。

由式（2-5）可以看出，直接影响绕组发热功率的因素为变频电源输出电压、绕组电阻、接线连接电阻。

理论上讲，低频加热电源的输出电压越高，绕组发热的加热速度越快。但在实际操作时，输出电压不能一味增加，这是由于绕组中通入的电流受热点控制温度和散热条件限制。变压器/电抗器的额定电流 I_N 可以看作是在最佳散热状态下能够保证整体和热点温升的长期运行的最大电流。考虑低频加热时的散热条件不及正常运行下的最大散热状态，因此实际操作中，通常选取一个安全系数 λ（$\lambda \leqslant 1$），通过调节输出电压，使得绕组中通过的电流在 λI_N 的水平。

这时绕组发热功率为

$$P_{r1} = (\lambda I_N)^2 R_W \tag{2-6}$$

其中，λ 的取值受散热条件影响，散热条件越好，λ 取值越高，越接近 1。

综合式（2-5）、式（2-6），关于绕组发热的影响因素，可以有如下结论：

（1）绕组（等效）电阻 R_W 是影响绕组发热效率的重要因素，发热功率不受加热电源额定电压和额定电流限制时，R_W 越大，加热效率越高。油温上升时，绕组电阻相应上升，因此绕组加热功率提高。

（2）电流取值安全系数 λ 是另一个影响绕组发热效率的重要因素，λ 越大，可注入的电流越大。但 λ 过大，散热条件过好，会使得整体加热效率并不能有效提升，反而增大了低频电源功耗，造成能源浪费。实际操作中，应当结合实际

选取的散热方式，合理评估 λ 的取值范围，从而准确选取通流限值。

（3）接线连接电阻 R_C 应尽可能小，以使电源功率尽可能注入变压器/电抗器内部。另一个因素是频率，在磁路不饱和的前提下采用更低的频率，能够降低绕组电感消耗的无功功率，从而提高电源有效功率。

（4）低频加热电源设计时按照加热对象的额定电流选取合适的电流输出范围，同时应充分考虑绕组等效电阻和连接电阻，从而计算出电流调节范围对应的电源输出电压范围，合理配置等效电阻，使得电源的电力电气器件输出电压 – 电流曲线与被试对象契合，达到最优的加热效果。

2. 滤油机加热

现场使用的滤油机一般具有加热功能，即在抽取 – 注入变压器油的过程中，使油流过加热管，通过电热效应使加热管升温，进而对油进行加热。然而滤油机与油箱通过油管道相连，受限于管道截面和油流在管道中的流速，一般来说每小时滤油机流量不超过 $12m^3$，而滤油机出口油温一般也被限制在 75℃，因此滤油机的最大加热功率也被限制，而且随着滤油机的入口油温和出口油温越来越接近，其最大加热功率也会迅速减小，因此滤油机加热的功率在低频加热干燥工艺中仅起到辅助作用。以往，对于具有多对注油孔的变压器/电抗器，可以通过使用 2 组滤油机同时进行热循环干燥工艺流程，但一方面，其总加热功率仍不及低频加热功率，另一方面，其通过加热油的方式使得油浸纸绝缘温度上升较慢，温度分布不均，因此，其加热效果仍不如低频加热。

影响滤油机加热效率的几个主要因素如下。

（1）滤油机加热功率。如前所述，从较为宏观的能量角度来看，滤油机的加热总功率越高，加热效率越高。

（2）加热管长度及流速。从较为微观的油加热过程来看，加热管越长，流速越慢，变压器/电抗器油与加热器接触的时间越长，能量转化越充分，加热效果越好，滤油机的加热功率才能更大地转换为油温上升效率。

（3）滤油机内油温。由于滤油机内油的温度上升主要依靠油与加热器间的辐射传导，其加热效率直接与二者温差相关。油温越高，二者温差越小，加热功率越小。另外，油温越高，抽油/注油管道内外温差越大，其散热也越严重，进一步降低了加热功率。此外，滤油机一般有温度保护设置，即油温高于一定程度时，其加热功率会下降，或停止加热。因此，随着油温上升，滤油机加热效率将明显下降。

3. 涡流损耗加热或其他加热影响因素

变压器/电抗器绕组中一旦通入交流电，不可避免将在铁心内造成一定损耗。这一损耗将是影响温度上升的因素之一。但由于施加电压低、频率极低，涡流损耗的加热效果与绕组加热乃至滤油机加热相比，可以忽略不计。

除此之外，变压器外壳承受光照等因素，确实能起到对内加热的效果，但可以忽略不计。

4. 表面散热

变压器/电抗器表面散热是不可避免的、使加热效率下降的主要因素。器身置于空气中，是典型的固相对气相的热交换模型，能量交换形式包含热辐射、热传导和热对流。分别分析三种能量交换形式的影响因素。

（1）热辐射。一切温度高于绝对零度的物体都能产生热辐射，温度越高，辐射出的总能量就越大，短波成分也越多。热辐射的光谱是连续谱，波长覆盖范围理论上是 $0 \sim \infty$，一般的热辐射主要靠波长较长的可见光和红外线传播。

物体辐射或吸收的能量与它的温度、表面积、黑度等因素有关。但是，在热平衡状态下，辐射体的光谱辐射出射度 $r(\lambda,T)$ 与其光谱吸收比 $a(\lambda,T)$ 的比值则只是辐射波长和温度的函数，而与辐射体本身性质无关。

即变压器/电抗器表面积越大、表面"黑度"越高、表面温度越高，其经由热辐射造成的散热效率越高。

低频加热过程中，器身由环境温度逐渐加热至干燥所需温度，热辐射量逐渐上升。然而，器身整体温度并不特别高，辐射能力有限，因此热辐射在表面散热中所占比例较小，属于次要散热因素。

（2）热传导。物体或系统内的温差，是热传导的必要条件。或者说，只要介质内或者介质之间存在温差，就一定会发生传热。热传导速率取决于物体内温度场的分布情况。热传导定律也称为傅里叶定律，表明单位时间内通过给定截面的热量，与垂直于该截面方向上的温度变化率和截面面积成正比，而热量传递的方向则与温度升高的方向相反，如式（2-7）所示

$$Q = -\kappa \Delta T \cdot A \tag{2-7}$$

式中　Q——导热量；

　　　κ——导热系数；

　　　ΔT——温差；

　　　A——器身表面积。

由此可知，器身表面积越大，导热系数越高，温差越大，热传导效率越高。

空气导热系数并不高，远不及器身表面的金属，考虑空气完全静止时，对空气传导散热的效率并不大。但考虑到空气本身在温度梯度下的自然对流以及大气中自然风导致的热对流效应，其散热能力大幅增加。器身表面的散热过程主要是，能量经由热传导由器身表面传导至空气，空气对流，将传导至器身表面的能量迅速带走，使得器身与其表面空气始终存在较大温差，器身持续散热。因此，器身表面散热主要是热传导和热对流的联合作用。

（3）热对流。热对流又称对流传热，指流体中质点发生相对位移而引起的热量传递过程。热对流是热传递的重要形式，依靠流体分子运动过程中伴随的能量交换传递热量。气体的对流现象比液体明显。

影响热对流的主要因素是温差、导热系数和导热流体介质的流速。在热对流环境的局部，可以视为热传导过程；但在整体，由于流体的流动，热交换界面和热对流界面温差都远大于固体热传导状态。因此热对流效率极高。

温差和自然风是影响器身表面空气热对流散热效率的主要因素。严格来说，器身与空气的温差主要影响带入到流体中的能量，带入越多，散热效率越高。而自然风则是影响对流本身效率的决定因素。有无自然风决定了空气中热对流主要是自然对流形式还是强迫对流形式。后者效率远高于前者。在有自然风的条件下，哪怕是较小的风速，也能产生足够的强迫对流散热，使器身与空气保持持续的高温差，进而持续快速散热。

（4）减少器身表面散热的措施。器身表面的散热是热循环干燥中的主要散热途径。变压器/电抗器随着体积的增大，其表面积也对应增大。一方面，表面积增大，使得热辐射、传导和对流的效率都相应增加；另一方面，在我国冬季，特别是北方冬季，变压器的加热目标温度与环境温度相差远高于其他季节，且持续大风对热对流的促进作用极为明显。这都是变压器/电抗器冬季安装中加热循环面临的主要问题。

表面散热不可避免，但仍可通过一些措施减少表面散热。这能够有效提高加热干燥工序的效率，同时对于主要依赖绕组升温的低频加热，能够有效降低油箱内部温度梯度，使温度均匀。

对于热辐射，整个低频加热过程中几乎无可控因素。但热辐射效率较另外两种途径低得多，因此，实际操作中，无须针对热辐射散热采取特别措施。

对于热传导和热对流，实际可行的操作为，在器身表面盖上棉被，甚至搭建临时防风棚。其保温原理：棉被导热性弱，覆盖在器身表面，能够降低器身对棉被的传导率；同时在棉被层建立较大的温度梯度，降低棉被与空气表面温差，减少空气的对流散热。而搭建防风棚则能阻断环境风造成的强迫对流，从而大幅降低对流散热。

5. 油泵及散热器散热

油泵和散热器是用于变压器正常运作时，为器身散热的核心装置。其原理为，通过油泵强迫油循环，通过油使变压器内部温度均匀，并将热油输送至散热器，再经散热器与空气的传导和对流将热量散去，其中，人为设计的极大散热面积和风扇强迫对流都能提高散热效率。如果全开，散热系统的散热效率将远高于表面散热。但如果完全不开，一方面，散热器中的油将无法参与加热干燥；另一方面，仅依靠滤油机可能难以抑制绕组直接加热造成的热点过热。

适当开启油泵，促使油循环，虽然将增大散热功率，但可以促使变压器油加热更均匀，以确保短路法加热的安全性。实际操作时，往往每间隔一段时间，轮流开启一组油泵，但不开启散热风扇，以达到上述效果。

6. 其他散热因素

除上述散热因素外，滤油机及其管道本身也可能造成散热，减少滤油机管道长度，对管道进行保温处理，能够降低该部分散热。

2.2.1.5　冷却方式对低频加热的影响

特高压交流变压器冷却方式是强迫油循环风冷（OFAF），特高压电抗器的冷却方式是油浸吹风冷却（ONAF），而特高压换流变压器的冷却方式是强迫导向油循环风冷（ODAF）。这三种冷却方式影响油流和温度分布，对低频加热的效果也产生影响。

OFAF 和 ODAF 是两种冷却方式的符号。AF 是指风冷，OF 和 OD 都指强迫油冷却，不同的是，OD 是把油直接导入线圈，如图 2-3 和图 2-4 所示。

在线圈内部，油的流动路径可以有多种方式。从原理上说，ODAF 线圈中油的流动主要依靠泵的压力，与负载基本无关；而 OFAF 线圈中油的流动是线圈本身发热引起的，与负载直接相关。ODAF 的线圈冷却作用更强，温度梯度较平滑，热点温度与线圈平均温度较为接近。在 ODAF 下，线圈各部位都应得到均匀冷却，万一出现冷却"死角"，容易对绝缘产生不利影响。

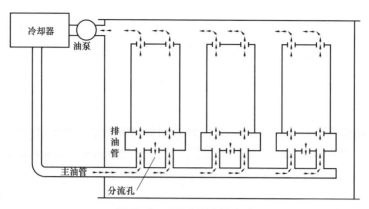

图 2-3 ODAF 冷却方式

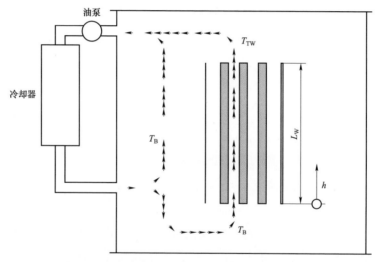

图 2-4 OFAF 冷却方式

T_B—底部油温；T_{TW}—顶部油温；L_W—绕组高度

在油泵开启的情况下，ODAF 热点温升与绕组平均温升的差值比采用 OFAF 冷却方式的要小，在同样热点温升要求的情况下，OFAF 所对应的顶层油温升较之 ODAF 更高。进行低频加热时一旦发生了油泵停止的情况，对于 ODAF 的冷却方式（特高压换流变压器），应立即停止低频加热，否则可能导致绕组热点温度过高。而对于 OFAF 冷却方式（特高压交流变压器）来说，通常还有部分裕度。

特高压电抗器的冷却方式是 ONAF。OFAF 和 ONAF 这两种冷却方式不同之处：OFAF 用油泵将热油抽出，经冷却器冷却后返回油箱，顶部油与底部油温差小，顶层油温升低；ONAF 则是通过热虹吸现象，热油经散热器冷却后返回油箱，顶部油与底部油温差较大，线圈平均温升低，对变压器/电抗器的寿命有利。在这两种冷却方式下，油在线圈里的流动情况是一样的，都能避免 ODAF 对变压器可能带来的不利影响。此外，ONAF 在冷却风扇故障的情况下，还具有约 60% 的自冷容量，对变压器的运行是有利的，如图 2-5 所示。

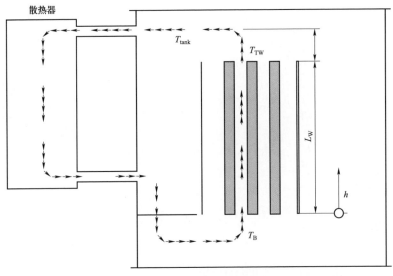

图 2-5　ONAF 冷却方式

T_{tank}—油箱平均温度；T_B—底部油温；T_{TW}—顶部油温；L_W—绕组高度

特高压电抗器的冷却方式决定了其油温度分布更加不均匀，因此绕组热点温度与绕组平均温度的差异将更大。同时由于在同样的热点温升的限制下，散热器面积将更大，风扇停运时的自冷余量更大。因此对特高压电抗器进行低频加热，为了获得较快的加热升温效果，应该适当关闭一些散热器阀门，减小有效散热面积。

2.2.1.6　温度分布影响因素

1. 温度分布分析理论

油箱内铁心、绕组、固体绝缘与绝缘油等形成的固/液界面热交换是影响油箱内温度分布的主要原因。

热对流来自油循环造成的热量交换，绕组升温注入能量和滤油机注入的油流热量都主要通过油的热对流传递至变压器内部各处。热对流是内部热交换的主要组成部分。

对于一般的流体流动和传热问题，都可以通过一组方程组进行数学表达，即质量守恒方程、动量守恒方程和能量守恒方程。变压器的油流流动和传热控制方程如式（2-8）～式（2-12）所示。

质量守恒方程

$$\frac{\partial \rho}{\partial t} + \text{div}(\rho V) = 0 \tag{2-8}$$

动量守恒方程

$$\frac{\partial(\rho u)}{\partial t} + \text{div}(\rho u V) = \text{div}(\mu \cdot \text{grad} u) - \frac{\partial p}{\partial x} + S_u \tag{2-9}$$

$$\frac{\partial(\rho v)}{\partial t} + \text{div}(\rho v V) = \text{div}(\mu \cdot \text{grad} v) - \frac{\partial p}{\partial y} + S_v \tag{2-10}$$

$$\frac{\partial(\rho w)}{\partial t} + \text{div}(\rho w V) = \text{div}(\mu \cdot \text{grad} w) - \frac{\partial p}{\partial z} + S_w \tag{2-11}$$

能量守恒方程

$$\frac{\partial(\rho T)}{\partial t} + \text{div}(\rho T V) = \frac{\partial}{\partial x}\left(\frac{\lambda}{C_p}\frac{\partial T}{\partial x}\right) + \frac{\partial}{\partial y}\left(\frac{\lambda}{C_p}\frac{\partial T}{\partial y}\right) + \frac{\partial}{\partial z}\left(\frac{\lambda}{C_p}\frac{\partial T}{\partial z}\right) S_T \tag{2-12}$$

式中　　u ——流速在 x 方向上的分量；

$\qquad$ v ——流速在 y 方向上的分量；

$\qquad$ w ——流速在 z 方向上的分量；

$\qquad$ ρ ——流体密度；

$\qquad$ μ ——流体动力黏度；

$\qquad$ T ——流体温度（K）；

$\qquad$ V ——速度矢量；

$\qquad$ λ ——导热系数；

$\qquad$ C_p ——流体比热容；

S_u、S_v、S_w ——动量守恒方程广义源项；

$\qquad$ S_T ——黏性耗散项。

从三大守恒方程可以看出，各个方程的变量相互影响，流体中的密度、能量、动量等参数存在相互依赖关系，表明流体流动和传热过程中，流体场和温度场耦合关系很强，属于紧耦合。

流体区域外，在绕组、铁心等固体区域通过热传导传递热量，在固体与流体的接触表面通过热对流传递热量，忽略辐射散热的影响，只考虑热对流和热传导的过程，热传导和热对流方程为

$$q_1 = -\lambda A \frac{\partial T}{\partial x} \tag{2-13}$$

$$q_2 = h_c A(T_w - T_f) \tag{2-14}$$

式中　q_1——热传导热量；

　　　q_2——热对流热量；

　　　A——换热面积；

　　　λ——导热系数；

　　　h_c——热对流系数；

　　　T_w——绕组温度；

　　　T_f——流体温度。

在考虑油作为流体材料时，值得关注的是油黏度对结果影响很大。流体在静止时虽不能承受切应力，但在运动时，对相邻的两层流体间的相对运动（即相对滑动）速度却是有抵抗的，这种抵抗力称为黏性应力。流体所具备的这种抵抗两层流体间相对滑动速度，或普遍说来抵抗变形的性质称为黏性。黏性的大小依赖于流体的性质，而且随温度改变而显著变化。对于自然油循环变压器流体流动问题，流体的流速比较小，可以认为变压器内的流体为黏性流体。

除黏度外，变压器油的其他热物理参数都会随温度发生变化，为了准确分析油热物理参数随温度变化的过程，可以采用函数来拟合物理参数随温度的变化规律。各个物理参数随温度变化的函数表达式如表 2-1 和图 2-6 所示，热导率随温度的变化非常小，可视为常数。

表 2-1　　　　　　　　　　　油物理参数随温度变化拟合函数

物理参数	拟合公式
密度（$kg \cdot m^{-3}$）	$1098.72 - 0.712T$
比热容（$J \cdot g^{-1} \cdot K^{-1}$）	$807.163 + 3.58T$
导热系数（$W \cdot m^{-1} \cdot K^{-1}$）	$0.1509 - 7.101 \times 10^{-5}T$
黏度（$Pa \cdot S$）	$0.08467 - 4 \times 10^{-4}T + 5 \times 10^{-7}T^2$

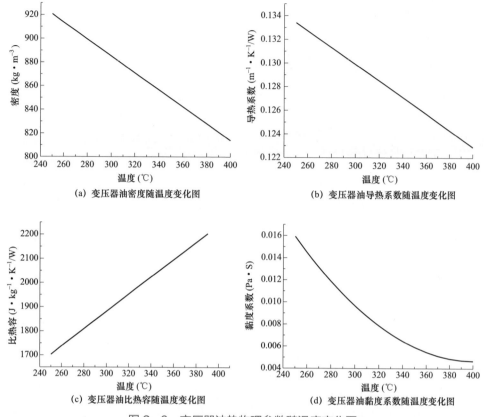

(a) 变压器油密度随温度变化图

(b) 变压器油导热系数随温度变化图

(c) 变压器油比热容随温度变化图

(d) 变压器油黏度系数随温度变化图

图 2-6　变压器油热物理参数随温度变化图

　　在对流区域，油对流过程为混合对流，既包括油泵和滤油机泵作用下的强迫对流，又包括重力作用下的自然对流。流态的选择根据瑞利数计算决定，计算公式为

$$Ra = \frac{v\rho d}{\mu} \tag{2-15}$$

式中　v——速度；

　　　ρ——密度；

　　　μ——黏性系数；

　　　d——流体分子直径。

　　通过计算确定，在不开启油泵，仅靠滤油机循环时，流态选择为层流；在开启油泵后，流态选择为湍流。可以选择层流或者湍流模型分析。

　　2. 温度分布影响因素分析

　　由上述分析理论可以得知，在实际中影响温度分布的几个关键因素。

（1）油箱体积。油箱体积越大，同等散热条件形成的同等温度梯度下，内部温差绝对值增大，对应热点温升实际值越大，不利于温升控制。因此，对于大变压器/电抗器而言，其温度分布更需控制和监测。由此引出的另一个问题是，合理监测温度，才能保障低频加热过程中温度分布和热点温升受控，这将在后续段落中仔细探讨。

（2）低频加热功率。低频加热功率越高，整体温升越高。但实际分析可知，同样的内部油循环条件下，绕组表面散热能力随绕组与附近介质的温差增大而被动增强，但仍不及绕组发热的能量增长速度，因此，加热功率增大，将导致温度分布不均匀度上升。增大加热功率，必须辅以必要的内部对流措施来增强热点附近散热。但这样又会增加整体散热，降低整体加热功率。因此，低频加热功率一味增加，并不一定能提高加热效率。

（3）油机加热功率。油机流量对于大型变压器/电抗器总油量来说，占比非常小，因此油机油流对整体的温度分布影响很小。

（4）滤油机油循环效果。通过一定的流体场仿真，可知单开滤油机时，油流粒子运动轨迹如图2-7所示。

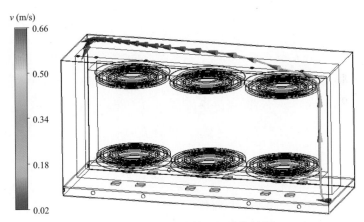

图2-7 单个油流粒子运动轨迹图

由图2-7可知，单个热油粒子进入器身后，直接向上接近油箱顶部。由于油流量较小，整体油流可以参照单个油流粒子轨迹。这对于整体对流散热的效果影响较小。

（5）油泵循环效果。油泵迫使变压器（电抗器）内部油流方向按照整体油路循环，其促进对流的作用要明显强于滤油机油循环效果。

开启油泵对变压器升温的效果主要有两个方面的影响，对于绕组而言，开泵后油道内流速增加，散热能力大大加强，绕组温度降低，温升速率变慢；对于油流而言，由于散热功率增加的影响，散热器也要向外传递一部分热量，油的升温速率也会降低。从导热模型考虑，开启油泵相当于降低了热点温度与顶层油温之间的热阻，热点和顶油间温差降低，热阻是由绕组内部油道散热结构和绝缘油的物理参数决定的，与环境温度关系不大。通过仿真计算可知，在一般条件下，顶层油温到达到 70℃时，绕组热点温度在 100℃左右。在开启一组油泵的条件下，低频加热不会出现绕组局部过热的情况。

图 2-8 和图 2-9 是整个升温过程中绕组热点温度和顶层油温随时间变化的曲线。

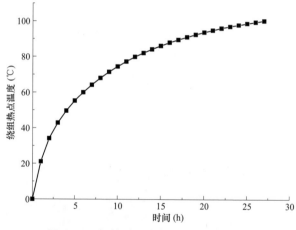

图 2-8　加热过程中绕组热点温度曲线

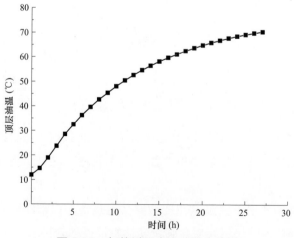

图 2-9　加热过程中顶油温度曲线

在图 2-9 中前 1h 温升较为缓慢，这是因为油的初始温度为 12℃，而绕组初始温度为 0℃，绕组温度上升到油温之后，油温才会上升，由此出现了缓慢上升的情况。

通过以上分析可以得出，开启油泵可以有效控制低频加热过程中的绕组温升，保障其绝缘安全，但同时也会降低油流的加热效率。

2.2.1.7 小结

经由上述分析，可将影响低频加热的因素归纳为图 2-10 所示的关系。

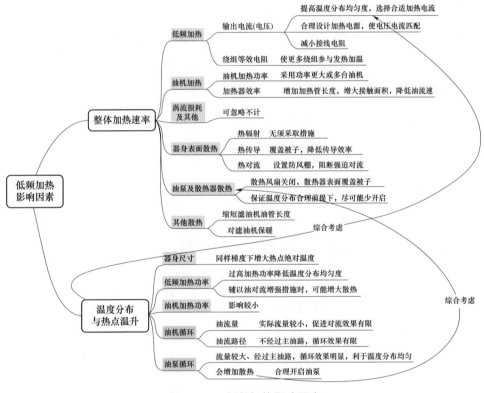

图 2-10 低频加热影响因素

图 2-10 中，红色框内容对应积极因素，绿色框内容对应消极因素。

总体来说，低频加热主要关注提高加热效率，同时，提高温度分布均匀度，控制热点温升。二者影响因素众多。但一味增加低频加热功率或增强油循环的方法都不可取。实际操作中，必须综合考虑加热功率对温度分布的不利影响，以及油循环的散热作用，合理评估加热工艺参数，才能达到高时效、高能效的加热效果。

2.2.2 低频加热频率

1. 频率与铁心磁通的关系

低频短路加热法是指将变压器一侧绕组短路，在另一侧绕组施加电流，利用变压器绕组等产生的负载损耗从变压器内部对绝缘进行加热干燥，电路模型如图 2−11 所示。

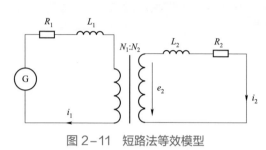

图 2−11　短路法等效模型

图 2−11 中，G 是低频加热电源，R_1、R_2 为两侧绕组直流电阻，L_1、L_2 为两侧绕组漏电感。一次侧、二次侧线圈匝数为 N_1、N_2，电流为 i_1、i_2，则变压器二次侧电压方程为

$$e_2(t) = i_2(t)R_2 + L_2 \frac{\mathrm{d}i_2(t)}{\mathrm{d}t} \qquad (2-16)$$

根据电磁感应定律，e_2 与铁心磁通又有如下关系

$$e_2(t) = -N_2 \frac{\mathrm{d}\Phi(t)}{\mathrm{d}t} \qquad (2-17)$$

综合式（2−16）、式（2−17）并积分，则可将铁心内的磁通 $\Phi(t)$ 表示为

$$\Phi(t) = -\frac{R_2}{N_2} \int_0^t i_2(t)\mathrm{d}t - \frac{L_2 i_2(t)}{N_2} + \frac{L_2}{N_2} i_2(0) + \Phi(0) \qquad (2-18)$$

式中　$L_2 i_2(t)$——二次侧绕组的漏磁通（低频情况下可以忽略不计，$L_2 i_2(t) = 0$）。

因此铁心磁感应强度 $B(t)$ 与可测量 $i_2(t)$ 之间的关系为

$$-\frac{SN_2}{R_2} \big[B(t) - B(0) \big] = \int_0^t i_2(t)\mathrm{d}t \qquad (2-19)$$

其中　　　　　　　　$B(0) = L_2 i_2(0) / (SN_2) + \Phi(0)$

式中　S——铁心截面积；

$B(0)$——$t = 0$ 时刻的初始值，当铁心存在剩磁时，初始值不为零。

根据麦克斯韦方程，铁心磁场强度 $H(t)$ 与可测量 $i_1(t)$ 和 $i_2(t)$ 的关系为

$$\frac{H(t)l}{N_2} = ki_1(t) - i_2(t) \qquad (2-20)$$

式中　l——铁心长度；

　　　k——变压器的变比，即 N_1 / N_2。

则式（2-19）、式（2-20）的等式左边为磁感应强度 $B(t)$ 和磁场强度 $H(t)$ 的线性表达式，等式右边均可测量。以两等式右边的量分别作为横坐标和纵坐标绘制曲线，即为铁心 $B-H$ 曲线缩放、平移后的曲线。

2. 临界频率的估算

曲线缩放平移后的形状特征保持不变，因此可以通过绘制得到的缩放平移后的 $B-H$ 曲线的形状判断铁心是否饱和。同样电流下，频率较高，铁心未饱和，则曲线形状是一条直线；频率足够低，铁心饱和，则曲线形状将出现"＿／￣"形的折线，$B-H$ 曲线刚刚出现拐点的临界频率即对应铁心饱和的临界频率。

假设 $i_2(t)$ 的波形是周期性波形，且半周期 $i_2(t)$ 大于零，另一半周期 $i_2(t)$ 小于零，如正弦波波形，则式（2-19）右边 i_2 对时间 t 的积分值则会有周期性变化，对应 $i_2(t)$ 大于零的区间内，积分为单调增函数，对应 $i_2(t)$ 小于零的区间内，积分为单调减函数。因此，对应临界频率，式（2-19）右边的最大变化量为半个周期的积分，而左式的最大变化量则对应 B_{max} 和 $-B_{max}$（B_{max} 为 $B-H$ 曲线中对应拐点的 B 的绝对值）。

以 $i_2(t)$ 的波形为正弦波为例，设 I_2 为正弦波峰值，临界频率为 f_{min}，其波形表达式为 $i_2(t) = I_2 \sin[2\pi f_{min}(t-\tau)]$，$t = \tau$ 时刻为正弦波由负变正的过零点时刻，则 $t = \tau + 1/(2f_{min})$ 则为正弦波由正变负的过零点时刻。根据式（2-19）和以上的推导，应该有

$$-\frac{SN_2}{R_2}[B_{max} - B(0)] = \int_0^\tau I_2 \sin[2\pi f_{min}(t-\tau)]dt \qquad (2-21)$$

$$-\frac{SN_2}{R_2}[-B_{max} - B(0)] = \int_0^{\tau+1/(2f_{min})} I_2 \sin[2\pi f_{min}(t-\tau)]dt \qquad (2-22)$$

式（2-22）减式（2-21）可得

$$\frac{2SN_2}{R_2}B_{max} = \int_\tau^{\tau+1/(2f_{min})} I_2 \sin[2\pi f_{min}(t-\tau)]dt \qquad (2-23)$$

化简得

$$f_{\min} = \frac{I_2 R_2}{2\pi S N_2 B_{\max}} \qquad (2-24)$$

至此，求出了铁心饱和临界频率的表达式，但是铁心截面积 S、绕组匝数 N_2、铁心 $B-H$ 曲线拐点对应的最大磁感应强度 $B_{\max}$，实际中并不容易获取，为了让铁心饱和临界频率的表达式更加实用，还需用到变压器工频情况下的饱和特性。为了尽量减小铁心的体积，变压器设计时一般将额定频率和额定电压下的铁心磁通密度设计为 $B-H$ 的拐点处，因此变压器额定频率和额定电压对应的铁心磁通与式（2-24）中的 $B_{\max}$ 是同一个数值，根据工频铁心磁通的公式有

$$E = -N_2 \frac{\mathrm{d}\Phi}{\mathrm{d}t} = 2\pi f_0 N_2 B_{\max} S \sin(2\pi f_0 t) \qquad (2-25)$$

其中，$f_0 = 50\text{Hz}$；磁通 Φ 是余弦函数；E 是形如 $\sqrt{2}U_N \sin(2\pi f_0 t)$ 的正弦函数。因此等式两边约去 $\sin(2\pi f_0 t)$ 为

$$\sqrt{2}U_N = 2\pi f_0 N_2 B_{\max} S \qquad (2-26)$$

代入式（2-24）后得到

$$f_{\min} = 35.36 I_2 R_2 / U_N \qquad (2-27)$$

3. 低频方波的临界频率估算

假设 $i_2(t)$ 是方波波形，实践证明原二次侧也可以产生电磁感应，且低频方波可由晶闸管组成的交-交变频电路组成，其电路控制更加简单，相同电流下加热效率更高。

按照上文的分析也可以求取低频方波的临界频率，在该频率高于临界频率时，低频方波可以像正弦波一样能够在原二次侧产生电磁感应，原二次侧电流均为低频方波，电流比例接近线圈变比。当频率低于临界频率 $f_{\min}$ 时，会在 $t = 1/(2f_{\min})$ 时刻出现铁心饱和，随后一次侧线圈电流增加（恒压源方式），而二次侧电流减小直至零。

假设线圈上的低频方波电流幅值为 I_2，与正弦波的推导过程相似，可将式（2-23）右边的积分函数由正弦波换为方波对应的常函数，得到

$$\frac{2SN_2}{R_2}B_{\max} = \frac{I_2}{2f_{\min}} \qquad (2-28)$$

代入式（2-26）即可得低频方波加热时，铁心饱和的临界频率估算公式

$$f_{\min} = 55.52 I_2 R_2 / U_N \qquad (2-29)$$

即为低频加热时最佳频率的计算方法。

4. 电抗器低频加热频率

电抗器与变压器的低频加热原理略有不同，电抗器没有二次侧绕组，因此铁心中的磁通没有相互抵消的成分，下面从电感的物理定义来推导低频加热情况下铁心的磁通情况。

电感是闭合回路的一种属性，是一个物理量。当线圈通过电流后，在线圈中形成磁场感应，感应磁场又会产生感应电流来抵制通过线圈的电流。这种电流与线圈的相互作用关系称为电的感抗，也就是电感，单位是"H"，以美国科学家约瑟夫·亨利命名。它是描述由于线圈电流变化，在本线圈中或在另一线圈中引起感应电动势效应的电路参数。

电感是用导体中感生的电动势或电压与产生此电压的电流变化率之比来量度。稳恒电流产生稳定的磁场，不断变化的电流（交流）或涨落的直流产生变化的磁场，变化的磁场反过来使处于此磁场的导体感生电动势。感生电动势的大小与电流的变化率成正比。电感分自感和互感两种情况，对于特高压电抗器，我们只讨论自感的情况。

一个通有电流为 I 的线圈（或回路），其各匝交链磁通的总和称作该线圈的磁链 ψ。如果各线匝交链的磁通都是 Φ，线圈的匝数为 N，则线圈的磁链 $\psi = N\Phi$。线圈电流 I 随时间变化时，磁链 ψ 也随时间变化。根据电磁感应定律，在线圈中将感生自感电动势 e_L，其值为

$$e_L = -\mathrm{d}\Phi / \mathrm{d}t \qquad (2-30)$$

定义线圈的自感 L 为自感电动势 e_L 和电流的时间导数 $\mathrm{d}I/\mathrm{d}t$ 的比值并冠以负号，即

$$L = -e_L \bigg/ \left(\frac{\mathrm{d}I}{\mathrm{d}t}\right) \qquad (2-31)$$

式（2-30）和式（2-31）中，ψ 和 e_L 的正方向，以及 ψ 和 I 的正方向都符合右手螺旋定则。已知电感 L，就可以由 $\mathrm{d}I/\mathrm{d}t$ 计算自感电动势。此外，自感 L 还可定义如下

$$L = -e_L \bigg/ \left(\frac{\mathrm{d}I}{\mathrm{d}t}\right) = -\left(-\frac{\mathrm{d}\Phi}{\mathrm{d}t}\right) \bigg/ \frac{\mathrm{d}I}{\mathrm{d}t} = \frac{\mathrm{d}\Phi}{\mathrm{d}I} \qquad (2-32)$$

由式（2-32）可知，如果有初始条件 $I=0$，磁链 ψ 也为 0，则可以推导出磁链与电流成正比，比例系数即为电感量。因此磁通与电流也成正比，关系如下

$$\Phi = LI / N \tag{2-33}$$

已知特高压电抗器设计时，额定电流情况下不会出现铁心磁通饱和，因此低频加热时只要电流不超过额定电流，则铁心磁通仍然不会饱和。

根据前文关于频率与加热功率、电压的关系，对于特高压电抗器的低频加热，频率应该选择越低越好，这样可以最大地减少电感对电流的限制和对电压及无功功率的提升。

但是电抗器加热中也不应该直接采用直流电流。虽然直流电流依然不会发生铁心磁通饱和的问题，但是恒定的磁场有可能会使一些具有顺磁特性的油中微粒产生定向移动，足够的时间后，这些颗粒会吸附在趋向铁心的路径上，这样可能出现对绕组匝绝缘的不利影响。在利用直流对高压电抗器进行加热的案例中，就曾出现过加热后局部放电试验无法通过的情况。

当加热电源的频率足够低时，继续降低频率对电源功率和电源电压的减小作用将不再明显，这是因为

$$\frac{\Delta S}{S} = \frac{\Delta U_{\mathrm{h}}}{U_{\mathrm{h}}} = \frac{\Delta \omega L}{\omega L + R} \tag{2-34}$$

当 $\omega L < \dfrac{R}{10}$ 时，$\Delta \omega L < \dfrac{R}{10}$，因此 $\Delta S < \dfrac{1}{11}S$，$\Delta U_{\mathrm{h}} < \dfrac{1}{11}U_{\mathrm{h}}$。

因此，特高压电抗器的频率选择应以电抗器感抗小于绕组电阻十分之一为限。

2.2.3 低频加热接线

2.2.3.1 特高压交流变压器接线

1. 特高压交流变压器的特点

本节以 1000kV S 特高压主变压器为研究对象。特高压交流变压器为单相自耦变压器，采用中性点变磁通调压，由主变压器和调压补偿变压器组成。调压变压器通过本体变压器的低压绕组励磁，补偿变压器通过调压变压器的调压绕组励磁，补偿绕组与低压绕组串联后引出。其接线原理如图 2-12 所示，主要技术参数如表 2-2 所示。

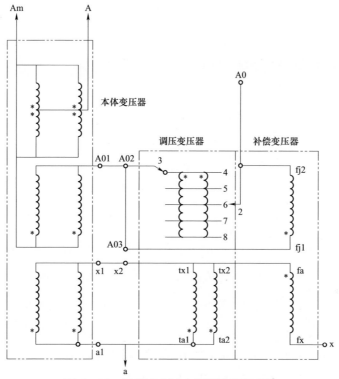

图2-12 特高压交流变压器接线原理图

A-Am-A01—主体变压器高、中压绕组；a1-x1—主体变压器低压绕组；A0-A02—调压变压器调压绕组；
A0-A03—补偿变压器励磁绕组；a-x2—调压变压器励磁绕组；x2-x—补偿变压器补偿绕组

表2-2　　　　　　　　　某厂被试特高压交流变压器主要技术参数

	序号	项目	主要技术参数
主变压器	1	产品型号	ODFPS-1000000/1000
	2	额定容量	1000MVA/1000MVA/334MVA
	3	电压组合	（1050/$\sqrt{3}$）kV/（525/$\sqrt{3}$ ±4×1.25%）kV/110kV
	4	额定电流	1649.57A/3299.14A/3036.3A
	5	联结方式	Ia0i0（单相）/YNa0d11（三相联结）
	6	冷却方式	OFAF
调压变压器	1	额定容量	58.68MVA
	2	额定电压	104.726kV/28.949kV（1挡）
	3	冷却方式	ONAN
	4	联结组别	Ii0
补偿变压器	1	额定容量	17.796MVA
	2	额定电压	32.005kV/5.857kV
	3	冷却方式	ONAN
	4	联结组别	Ii0

2. 可选方案

如图 2-13 所示，特高压交流变压器本体有 5 个套管（接线端子），低压有a1、x1，高压绕组有 A、Am、A01。

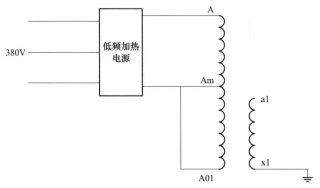

图 2-13 特高压交流变压器低频加热接线图

根据出厂直流电阻试验数据（20℃），串联绕组 0.17863Ω、公共绕组 0.10542Ω、低压绕组 0.02014Ω。因此低频加热接线有四种接线方法，分别为

（1）A-Am 加压，A01-Am 及 a1-x1 短路。

（2）Am-A01 加压，A-Am 及 a1-x1 短路。

（3）A-A01 加压，a1-x1 短路。

（4）A-Am 加压，A01-Am 短路，a1-x1 开路。

3. 最优方案

为确定现场加热的最优方案，首先求出被加热设备各种接线方案下的等效阻抗，与低频加热装置特征阻抗（额定电压除以额定电流，本节中低频加热电源特征阻抗为 0.45Ω）相比，如果大于特征阻抗，那么最大加热功率应为额定电压输出时，反之，最大加热功率应为额定电流输出时。

对于前两个接线方案，从一个绕组加压，另外两个绕组短路。等效电阻为各短路绕组电阻按变比的平方折算到加压侧，并联后与加压侧绕组串联；后两个方案一个绕组加压，另一个绕组短路，等效电阻为短路侧绕组电阻按变比的平方折算到加压侧，与加压侧绕组电阻串联。因此四种方案的等效直流电阻分别为 R_a=0.241Ω、R_b=0.189Ω、R_c=0.997Ω、R_d=0.284Ω。

除第三种方案外，其余方案等效电阻小于低频加热电源特征阻抗，因此最大加热功率为额定电流时，而第三种方案的最大加热功率为额定电压时。因此四种方案的加热功率分别为 $P_a \approx I_N^2 R_a = 347$（kW）、$P_b \approx I_N^2 R_b = 272$（kW）、

$P_c \approx U_N^2/R_c = 292$ （kW）、$P_d \approx I_N^2 R_d = 409$ （kW）。在确保各绕组电流不超过额定电流的前提下，应选择加热功率最大的方案，即第四个方案。

实际加热功率会因为绕组温度上升、绕组等效电阻值增加而增加。

2.2.3.2 特高压电抗器接线

本节以 1000kV S 特高压电抗器为研究对象，其主要技术参数如下。

（1）型号：BKDF–320000/1000。

（2）额定容量：320000kvar。

（3）额定电压：$1100/\sqrt{3}$kV。

（4）额定电流：503.9A。

（5）直流电阻（20℃）：1.308Ω。

（6）冷却方式：ONAF。

高压电抗器只有一个绕组两个接线端子，因此其低频加热接线只有一种方案，即直接将低频电源输出两端接入高压电抗器绕组两端，如图 2–14 所示。

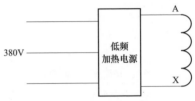

图 2–14 特高压电抗器低频加热接线

1000kV S 特高压电抗器等效电阻小于低频加热电源特征阻抗，因此其最大加热功率为额定电压时，所以估算其发热功率 $P \approx U_N^2/1.308 = 223$ （kW）。

2.2.3.3 低频加热接线的选择原则

特高压交流变压器和电抗器接线方案的选择应遵循以下原则：

（1）负载阻抗选取应适中。负载阻抗过小时，低频加热电源输出额定电流时，输出电压仍较低，影响低频加热电源工作状态，同时输出电流的谐波含量较高，对输入电源影响较大；负载阻抗过大时，加热效率较低。

（2）针对部分绕组为非全容量的变压器，应充分考虑各侧绕组的额定电流，以免造成变压器过流。

（3）试验接线应便捷且安全可靠。加热功率等其他因素相似的情况下，应尽量减少接线数量，以减少接线工作量，同时避免因接线导致的意外发生。

2.2.4 低频加热频率

2.2.4.1 特高压交流变压器加热频率

本节以 1000kV S 特高压交流变压器为研究对象，其主要技术参数如表 2–3 所示。使中压侧 MV 绕组短路，其绕组电阻 $R_2=0.10542\Omega$，其额定电压 $U_{N2}=525/\sqrt{3}\approx303$（kV），加热电流受低频加热电源额定输出电流限制 $I_2=1200A$（Am−A01 与 A−Am 绕组的变比是 1:1，因此短路侧电流与低频加热电源输出电流相等），因此根据公式计算特高压交流变压器加热频率的最小值为 $f_{min}=55.52\times1200\times0.10542/303000=0.023$（Hz）。

表 2−3　　　　　　　待处理特高压交流变压器主要技术参数

项目	参数
规格型号	ODFPS−1000000/1000
额定容量	1000MVA/1000MVA/334MVA
额定电压	（1050/$\sqrt{3}$）kV／（525/$\sqrt{3}$±4×1.25%）kV/110kV
额定电流	1650A/3299A/3036A
冷却方式	OFAF
空载损耗	162.8kW
油重	123t
高压侧 HV 绕组 A−Am 电阻	0.17863Ω
中压侧 MV 绕组 Am−A01 电阻	0.10542Ω
低压侧 LV 绕组 a1−x1 电阻	0.02014Ω

留一定的安全裕度，取整后，特高压交流变压器低频加热的电源频率应不小于 0.03Hz，可以保证加热过程中铁心不发生饱和且具有最大的加热效率。

2.2.4.2　特高压电抗器加热频率

本节以 1000kV S 特高压电抗器为研究对象，其主要技术参数如表 2−4 所示。额定电抗为 1277.59Ω，绕组直流电阻为 1.308Ω，根据前文的建议，频率降低使得电抗为电阻的十分之一，因此最佳频率计算值为 $f_{min}=(1.308/10)/(1277.59/50)=0.005$（Hz）。

表 2−4　　　　　　　待处理特高压电抗器主要技术参数

项目	参数
规格型号	BKDF−320000/1000
额定容量	320000kvar
额定电压	1100/$\sqrt{3}$ kV
额定电流	503.9A
冷却方式	ONAF

项目	参数
绕组直流电阻	1.308Ω
额定电抗	1277.59Ω
损耗	554.66kW
油重	92t

该计算频率略小于低频加热电源的最小工作频率，根据实际情况最终选取0.01Hz 为加热频率，该频率选择一定程度上减小了加热功率。

2.2.5　低频加热工艺流程

2.2.5.1　主要原则

低频加热主要解决的问题是，在低温环境下，特高压交流变压器和特高压电抗器安装后热油循环升温速度慢，或难以达到标准要求温度。低频加热的主要目的是以较快的速度安全地将热油循环的温度提升到标准要求的温度，因此加热效率是一个重要指标。

同时，保证被加热设备的安全是开展低频加热的前提。因此防控各种可能的风险、确保被加热设备的安全是重要的限制性指标。

低频加热工艺流程的制定首先要依据现有的标准，相关的参数要求尽量满足现有标准的要求。当现有标准没有明确规定时，则按照试验、仿真、理论推导的有关结论确定流程参数。

根据仿真的计算，低频加热单独使用，虽然能够快速提升油温，但是也可能会存在绕组热点温度超过 105℃的情况，且这种绕组热点温度难以用现场可观测的数据直接监测，而且因为与被加热设备的工作工况不相同，没有现成的温升标准或者运行规程参考，无法准确预测。因此低频加热一定要与热油循环同时进行。

根据 GB 50148—2010《电气装置安装工程　电力变压器、油侵电抗器、互感器施工及验收规范》，利用油箱加热不带油干燥时，箱壁温度不宜超过 110℃，箱底温度不宜超过 100℃，绕组温度不宜超过 95℃；带油干燥时，上层油温不得超过 85℃；热风干燥时，进风温度不得超过 100℃。

以上规定了加热干燥的最大允许温度，但在寒冷地区，由于气温较低，变压器本身散热较快，常规的热油循环等现场加热干燥措施可能无法达到较高的温度。根据欧门图表，干燥的最终效果与加热温度有关，加热温度过低可能导致干燥效果非常差，同时干燥时间也非常长。因此还需规定加热干燥的最低温度。

变压器厂的现场加热干燥工艺要求热油循环的入口热油温度不小于 60℃。本实施案例采用热油循环加低频加热电源辅助加热。

干燥过程中应注意加热均匀，升温速度以 10~15℃/h 为宜，防止产生局部过热。特别是绕组部分，不应超过其绝缘耐热等级的最高允许温度。

为了防止变压器局部过热，一方面应该实时监测绕组的温度，使得绕组温度上升在可控范围内；另一方面应该保持油的流动，当有热油循环同时加热干燥时，油机的油泵推动了热油的循环流动，有效避免了热油局部过热，当无热油循环同时加热干燥时，应启动至少一组潜油泵来推动油的流动。

2.2.5.2 低频加热工艺流程

1. 油循环处理管路

热油循环管路连接方式如图 2-15 所示。

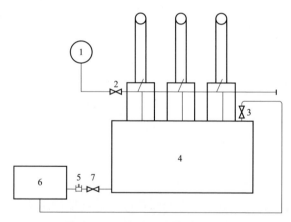

图 2-15 热油循环管路连接图

1—储油柜；2—主体与储油柜间阀门；3—主体循环进油口阀门；4—变压器主体；
5—测温仪表接头；6—高真空净油机；7—产品注放油阀门

2. 低频加热前准备工作

按照高压绕组加压、中压绕组短路、低压绕组空载尾端接地的接线方式完成低频加热接线。低频加热前应提前启动滤油机进行循环处理，主体采用对角循环，上部进油，下部出油，滤油机流量控制在 10~12m³/h。持续 2h 循环后开启低频加热装置，开展负载加热处理过程。

3. 负载加热处理过程

（1）产品热油循环的同时采用低频加热处理工艺。为防止线圈局部过热，低频加热过程中需开启潜油泵。受潜油泵影响，此时油流方向为下进上出。如滤油机仍采用上进下出循环方式，潜油泵与滤油机循环方向相反，会导致油流"死区"，轻则导致"死区"绝缘油加热不充分，重则导致绕组局部热点温度过高，从而损伤固体绝缘。因此，低频加热应采取下进上出的油流方式，且滤油机流量控制在 10～12m³/h。循环过程中滤油机根据顶层油面温升情况适时开启滤油机加热器，开启加热、脱水脱气功能，启动低频加热设备开始加热，加热升温时要监测油顶层油温，控制升温速度小于 15℃/h，从启动低频加热开始，始终保持开启一组冷却器（冷却器只开启油泵，风扇不启动），并每隔 2h 切换至另一组冷却器，整个负载加热过程中交替启动冷却器，控制油顶层油温小于等于 75℃，当顶层油温达到 70℃后，可以根据油温升高情况适当降低负载电流或关闭滤油机的加热功能，使顶层油温稳定在 70～75℃。当主体出口油温控制达到 70℃时开始计时，持续负载电流循环时间大于等于 12h。

（2）低频负载加热满足时间要求后，继续采用真空滤油机对被试品主体进行热油循环，控制出口油温在（55±5）℃，循环方向为上部进油，下部出油，从低频负载电流加热循环开始计时，总循环处理时间大于等于 24h，然后检测油指标，油指标满足 1000kV 现场安装说明书中的循环油指标要求后停止循环。否则继续循环，直至油指标满足要求。

2.3　试　验　装　备

适用于超、特高压交流变压器（电抗器）现场低频加热的通用低频加热电源的主要技术参数，应统筹考虑应用对象特点、应用环境特征以及低频加热电源本身的特性，设计基本参数同时满足特高压交流变压器和特高压电抗器的低频加热电源装置。该低频加热装置的额定功率、额定电压和额定电流主要受以下几个方面的影响：

（1）装置的额定功率应基本满足特高压交流变压器和特高压电抗器在北方冬季能够辅助热油循环快速升温的要求，那么其额定功率应该要比−20℃环境温度情况下特高压交流变压器和特高压电抗器的自身散热功率大，发热电源的发热功率（有功）达到被加热变压器及电抗器负载损耗的 60%左右，即可满足现场加热的需要。

（2）低频加热电源的实际输出电流受负载等效阻抗的影响，当负载阻抗与电源装置内阻抗相匹配时，能够输出最大功率；当负载阻抗不匹配时，最大输出功率则会受到额定电压或者额定电流的限制。依据以上原则，设计低频加热装置的主要技术参数如下。

1）额定输出容量：600kW。

2）输出电压：单相50～537V，零起调压。

3）额定输出电流：1200A。

4）输出频率：0.01～3Hz，调节分辨率0.01Hz。

5）输出波形：交变方波。

6）控制方式：远程（采用光纤连接与控制箱机通信）。

7）工作制：长时连续。

8）冷却方式：强迫风冷。

9）系统效率：≥95%（满功率输出时）。

10）工作电源：AC 380V，50Hz三相（或三相四线），不小于1000kVA。

11）工作环境温度：-20～40℃（低温下，内部采取加热措施）。

12）湿度：≤90%（无凝露）。

13）海拔：2000m以下。

14）储存环境：温度-45～55℃，湿度小于等于95%（无凝露）。

2.4 工 程 应 用

2.4.1 应用情况简介

北方冬季施工时，由于散热作用强，主变压器、高压电抗器的油温难以加热至真空滤油机正常工作所需温度（65±5）℃。此时，滤油机脱气、干燥能力将会显著下降。受之影响，绝缘油的循环次数、过滤时间将大大增加，建设工期被延长，给工程实际造成诸多不便。

相比传统方式，低频加热工艺可以有效缩短绝缘油温升时间，提高主变压器、高压电抗器安装过程中热油循环的工作效率，缩短安装时间。

本节依据1000kV S变电站主变压器（ODFPS-1000000/1000）、高压电抗器（BKDF-320000/1000）热油循环的实例，着重介绍了低频加热在特高压交流重点工程中的应用情况。结果证明，采用低频加热后，主变压器热油循环周期由传统方式 120h 缩减为 29h、高压电抗器热油循环周期由传统方式 96h 缩减为 34h。

低频加热的基本原理是将待加热变压器一侧绕组短路（高压电抗器则省略该操作），从另一侧绕组施加低频电压，使绕组内部流过电流（不超过其额定电流），利用铜损使绕组发热。该方法从内部将变压器（高压电抗器）器身绝缘均匀加热至指定温度，同时进行热油循环处理，带出绝缘内的潮气，从而达到干燥的效果。

2.4.2 设备与接线

使用的设备有低频加热电源、电缆及红外热成像仪。其中低频加热电源为自行研制，其额定功率 600kW，额定电流 1200A，输出电压直流 537V，工作频率 0.01～3Hz，工作波形为方波。

低频加热电源从 400V 低压配电室获取电源，输出连接到待加热设备上，连接方式如图 2-16 所示。

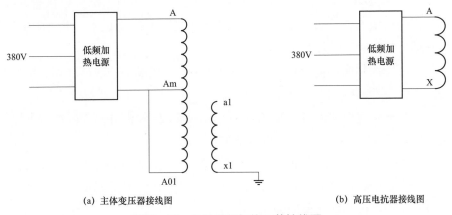

(a) 主体变压器接线图   (b) 高压电抗器接线图

图 2-16 S 站低频加热工艺接线图

对于主体变压器，从 A-Am 绕组加压，Am-A01 绕组短接，a1-x1 绕组断开，监测低频加热电源注入电流，并用温度计实时监测变压器油温和环境温度。高压电抗器的连接方式与主体变压器类似，区别为低频加热电源直接从 A-X 绕组注入电流。

2.4.3 前期准备

前期准备工作用于确保低频加热能够安全、可控的进行。主要包含：

（1）参数估算，计算理论发热功率。

（2）温度监控，安装绕组温度计、油温温度计，实时监控加热情况。

（3）开启滤油机，缩短加热时间。

（4）开启油泵，防止被加热设备局部过热。

2.4.4 实施步骤方案

低频加热按以下步骤实施：

（1）完成试验接线，确保各部分连接可靠。

（2）采用真空滤油机对被加热设备内的油进行循环，循环方向依据厂家工艺要求，持续 1h。

（3）启动低频加热电源，初始设定输出电流频率为 3Hz，逐步提高输出电流，对被加热装置进行短路法加热，升流过程中密切监视输出电压和输出电流。

（4）当输出电压达到设定的试验电压 U 后，适当调节输出频率（不低于饱和频率+0.02Hz），提高输出电流，达到设定的加热功率 P。调节过程中注意控制电流波形和频率，确保被加热装置不出现铁心饱和。对于高压电抗器铁心存在较大气隙、没有铁心饱和的问题，理论的最佳频率应为直流，此处受低频加热装置的功能限制，应用其最低频率 0.01Hz。

（5）维持低频加热输出功率，每小时监测被加热设备顶层油温和底层油温，每 1h 记录一次数据。

（6）加热过程中滤油机应持续油循环，并每隔 2h 轮流开启 1 组冷却器蝶阀。环境温度低于 −15℃ 时真空滤油机启动加热功能。

（7）根据厂家工艺文件控制加热功率与升温速度，达到指定温度后停止加热。

（8）停止低频加热应先升高频率到 3Hz，然后缓慢降低电压，直至输出电流降低到零，切断低频加热电源输出。

（9）低频加热结束后按照安装工艺要求继续进行油循环。

（10）低温环境下的加热过程及加热结束后，应注意被加热设备油箱的保温，防止降温过快导致油中析出自由水。

（11）低频加热结束 1h 后取被加热设备绝缘油进行油色谱试验，并与加热前结果进行比较。

2.4.5 应用结果

此次 1000kV S 变电站主变压器、高压电抗器低频加热应用取得成功。被加热设备顶层油温及热油循环时间均达到厂家工艺要求。加热结束后取油样测试，油指标符合注油前指标要求。具体实施情况如下。

1. 天气情况

S 站主体变压器、高压电抗器低频加热日期、环境温度及天气情况列于表 2-5 中。

表 2-5　　　　　　　　　　天 气 变 化 表

日期	天气	温度（℃）
2016 年 11 月 29 日	晴	−12.0～7.1
2016 年 11 月 30 日	晴	−16.1～6.5
2016 年 12 月 4 日	阴	−16.3～−8.5
2016 年 12 月 5 日	晴	−19.6～−9.0

2. 保温措施

为提高低频加热效果，减小设备散热功率，S 站主变压器及高压电抗器热油循环前，均已装设保温措施。

3. 注入功率与温升

每小时记录的设备顶层油温与低频加热功率按时间顺序绘制成曲线。图 2-17、图 2-18 反映了被加热设备顶层油温与注入功率的关系。

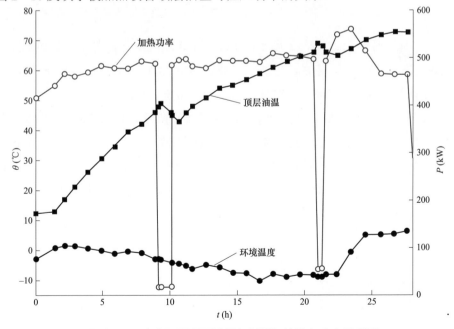

图 2-17　主变压器顶层油温与低频加热注入功率关系图

其中主体变压器于 2016 年 11 月 29 日 9:40 开始注流加热,实际加热功率为 400～560kW。次日 10:50 顶层油温达到工艺规定温度 70℃,而后维持在 70～75℃ 4h。本次加热共历时 29h,当时环境温度为 –10.4～6.3℃。

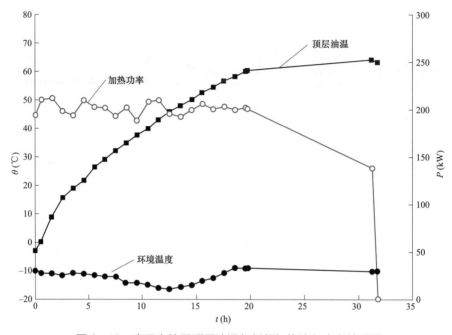

图 2-18 高压电抗器顶层油温与低频加热注入功率关系图

高压电抗器于 2016 年 12 月 4 日 14:20 开始注流加热,实际加热功率约为 200kW。次日 12:11 顶层油温达到工艺规定温度 60℃,而后在 60～65℃维持 12h。本次加热共历时 34h,当时环境温度为 –16.5～–9.1℃。

从图 2-17 可知,低频加热功率可随实际温升情况灵活调节,以确保被加热设备不会出现温升过快的情况,损害设备安全。此外,由图 2-18 可知,当低频加热功率一定时,高压电抗器温升速率随时间的推移越来越缓慢。这是因为散热功率正比于设备温度与环境温度的差值,温差越大,散热功率越大。

2.4.6 加热效果对比

以下采用实际经验与理论估算两种方式讨论低频加热的有效性。

1. 实际经验

依据 H 送变电公司的实际经验,在保温良好的情况下,使用单台滤油机使主变压器加热至 70℃需要 120h,使高压电抗器加热至 60℃需要 96h。

2. 理论估算

用理论估算的方法对比低频加热与传统滤油机加热。

单台主体变压器油重为 123t、主设备重 293t，单台高压电抗器油重为 92t、主设备重 162t。变压器油比热容按 2.09J/（g·K）计算、主体设备比热容按 0.415J/（kg·K）计算。S 站主变压器每升高 1℃约需要 105kWh，高压电抗器每升高 1℃约需要 73kWh。

此外，散热功率与温差、散热面积、导热系数等诸多因素有关。此处散热功率根据保温阶段实际数据估值。主体变压器加热至 70℃的平均散热功率为 375kW，高压电抗器加热至 60℃的平均散热功率为 150kW。

单台滤油机能提供的加热功率为 150kW。低频加热电源对于主体变压器提供的实际加热功率为 500kW，对高压电抗器提供的实际加热功率为 200kW。

在寒冷环境下，仅靠单台滤油机将主变压器与高压电抗器加热到工艺要求的温度需要较长时间。如采取 3 台滤油机，加热主体变压器（从 10℃升温）至 70℃并保温 4h 需 88h。采取 2 台滤油机，加热高压电抗器（从 0℃升温）至 60℃并保温 12h 需 41h。

采用低频加热后，主变压器与高压电抗器的实际加热周期分别为 29h 与 34h。对比实际经验与理论估算可知，低频加热工艺可以有效缩短建设工期。

参 考 文 献

［1］ D.F. Garia, B.Garia, J.C. Burgos. Analysis of the influence of low- frequency heating on transformer drying ［J］. Electrical power and Energy systems, 2012, 38: 84－89.

［2］ Foss S D, Savio L. Mathematical and experimental analysis of the field drying of power transformer insulation ［J］. IEEE Transactions on Power Delivery, 1993, 8(4): 1820－1828.

［3］ Garcı'A D F, Garcı'A B, Burgos J C. Analysis of the influence of low-frequency heating on transformer drying － Part 1: Theoretical analysis ［J］. International Journal of Electrical Power & Energy Systems, 2012, 38(1): 84－89.

［4］ W.W.Guidi, H.P.Fullerton. "Mathematical methods for prediction of moisture take-up and removal in large power transformers," in Proc ［C］. IEEE Winter

Power Meeting, 1974, pp.242－244.

［5］陈剑光，张乾良，柳春芳. 大型变压器的现场干燥处理经验［J］. 高电压技术，2002，28（7）：56－57.

［6］方维雄. 特大型变压器的现场干燥方法［J］. 变压器，2002，39（4）：45－46.

［7］官澜，李博，刘锐，等. 特高压换流变压器低频电流短路法现场加热装置研制及应用［J］. 中国电机工程学报，2014，34（36）：6585－6591.

［8］李韵. 油浸式变压器移动式煤油汽相干燥设备的研究［D］. 保定：华北电力大学（保定），2010.

［9］刘锐，李金忠，张书琦，等. 大型变压器现场加热干燥方法的研究与应用［J］. 中国电机工程学报，2012，32（1）：193－198.

第3章
特高压交流变压器现场
局部放电试验技术

3.1 概　　述

1000kV特高压交流变压器是特高压交流输电工程的核心设备之一。为了保证特高压交流变压器生产、运输、安装质量，查找变压器运行或大修后的绝缘隐患，需要在现场开展特高压交流变压器交接和预试试验。对于特高压交流变压器来说，带局部放电测量的感应电压试验（IVPD，以下简称"局部放电试验"）是难度最大、考核最严格、对特高压交流变压器内部绝缘缺陷反应最灵敏的交接预试试验之一。

我国的特高压交流变压器均采用分体式结构，分为主体变压器和调压补偿变压器，通用的特高压交流变压器局部放电试验方法是分别对主体变压器和调压补偿变压器进行试验，其中难度较大的是主体变压器局部放电试验，相较于传统的750kV及以下电压等级的变压器局部放电试验，主要技术难点：① 主体变压器试验电压高，要求现场试验设备的电压高；② 主体变压器单台容量大、空载损耗大，要求补偿电抗器补偿容量大、试验用发电机组或变频电源、试验变压器容量大；③ 交接和预防性试验标准要求高，要求试验装置和回路自身局部放电量小；④ 现场试验电压高，干扰因素多，极易对局部放电试验结果造成影响。

2008年，在晋东南—南阳—荆门特高压交流试验示范工程中，国网湖北省电力有限公司电力科学研究院（以下简称"国网湖北电科院"）采用中频发电机组作为试验电源，选择合适的升压变压器、补偿电抗器等设备组成的试验系统，首次在现场完成了1000kV特高压交流变压器的局部放电试验，其成功经验也逐渐向全国推广。随着变频电源技术的发展，因其设备轻便、输出频率连续可调等优势，在现场已取代发电机组作为试验电源。江苏、浙江、河北等多个省级电科院均配置了特高压交流变压器局部放电成套试验装置。

随着特高压交流输变电工程运行经验和相关标准实施经验的积累，发现部分现行试验技术与工程实际脱节，对于特高压交流变压器局部放电试验，主要表现为调压补偿变压器绝缘考核力度不够、试验过程烦琐导致效率低等。

为优化特高压交流变压器局部放电试验技术，国网湖北电科院创新提出了主体变压器调压补偿变压器联合局部放电试验方法，即利用调压补偿变压器作为升压变压器对主体变压器加压，提升了调压补偿变压器的绝缘考核力度和特高压交流变压器的整体试验效率。2015 年，国网湖北电科院在 1000kV T 特高压变电站首次完成了主体变压器调压补偿变压器现场联合局部放电试验。

3.2　关　键　技　术

3.2.1　特高压交流变压器结构和主要参数

1. 特高压交流变压器结构

我国特高压交流变压器一般为单相分体结构自耦变压器，采用中性点变磁通调压，由主体变压器和调压补偿变压器组成。调压变压器通过主体变压器的低压绕组励磁，补偿变压器通过调压变压器的调压绕组励磁，补偿绕组与低压绕组串联后引出。当调压变压器挡位变化时，补偿变压器的励磁绕组跟随变化，带动与主体变压器低压绕组串联的补偿绕组电压变化，从而实现对低压绕组的电压补偿，使变压器中压电压波动在 5% 以内时，低压侧电压变化控制在 1% 以内。中国电力科学研究院提出了另一种调压方式，调压变压器通过低压侧（主体变压器低压绕组与补偿绕组串联）励磁调压，此时调压变压器励磁绕组电压接近恒定值，因此调压开关在每个挡位时调压绕组每匝电动势基本不变。

特高压交流变压器典型外观结构如图 3-1 所示，接线原理见图 2-12。

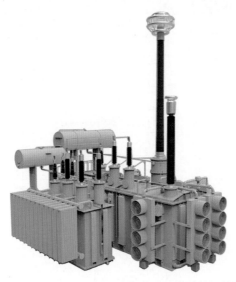

图 3-1　1000kV 特高压交流变压器典型外观结构图

2. 特高压交流变压器主要参数

国内特高压交流变压器研制厂家主要有特变电工沈阳变压器集团有限公司、西安西电变压器有限责任公司、保定天威保变电气股份有限公司、山东电力设备有限公司等，变压器主要参数基本一致，主要区别：① 由于设计原因，调压补偿变压器电压组合存在差异，考虑到调压补偿变压器各绕组的额定电流与主体变压器绕组直接相关，因此调压补偿变压器的额定容量也存在一定差异；② 中性点端子绝缘水平由示范工程的 140kV 提升到常用的 185kV。

以 1000kV W 特高压变电站交流变压器为例，其主要参数如表 3-1 所示。

表 3-1　　　　1000kV W 特高压变电站交流变压器主要技术参数

型号	ODFPS-1000000/1000		
频率	50Hz	相数	单
冷却方式	主体变压器：OFAF 调压补偿变压器：ONAN	联结组标号	Ia0i0（YNa0d11）
绝缘水平	h.v.线路端子：SI/LI/AC　1800kV/2250kV/1100kV（5min） m.v.线路端子：SI/LI/AC　1175kV/1550kV/630kV h.v./m.v.中性点端子：LI/AC　325kV/140kV l.v.线路端子：LI/AC　650kV/275kV		
空载损耗	≤180kW		
主体变压器绕组额定值			
绕组	冷却方式	高压	中压	低压
容量（MVA）	OFAF	1000	1000	334
电压（kV）		1050/$\sqrt{3}$	525/$\sqrt{3}$	110
分接（%）		—	±4×1.25	—
电流（A）		1650	3299	3037
调压补偿变压器绕组额定值			
绕组	冷却方式	调压变压器		补偿变压器	
		励磁绕组	调压绕组	励磁绕组	补偿绕组
容量（MVA）	ONAN	58.7	58.7	17.8	17.8
电压（kV）（1挡）		104.726	28.949	28.949	5.298
电压（kV）（9挡）		115.784	32.005	32.005	5.857
调压范围（%）		—	±4×1.25	—	—
绝缘水平（kV）		LI/AC 650/275	LI/AC 325/185	LI/AC 325/185	LI/AC 650/275

3.2.2 主体变压器和调压补偿变压器局部放电试验技术

1. 试验程序和试验标准

（1）进行绕组连同套管的长时感应电压试验带局部放电测量时，施加试验电压的时间顺序如图3-2所示。

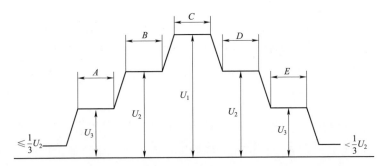

图3-2 1000kV 特高压交流变压器现场局部放电试验程序图

A—5min；*B*—5min；*C*—预加电压时间；*D*—60min；*E*—5min

1）在不大于 $U_2/3$ 的电压下接通电源。

2）上升到 U_3，保持 5min。

3）上升到 U_2，保持 5min。

4）上升到 U_1，当试验电源频率等于或小于 2 倍额定频率时，预加电压持续时间为 60s，当试验频率超过 2 倍额定频率时，预加电压持续时间为 120×额定频率/试验频率（s），但不少于 15s。

5）不间断地降低到 U_2，并至少保持 60min，进行局部放电测量。

6）降低到 U_3，保持 5min。

7）当电压降低到 $U_2/3$ 以下时，方可断开电源。

（2）进行主体变压器局部放电试验时，$U_m=1100kV$（设备运行最高电压），对地电压值应为 $U_1=1.5U_m/\sqrt{3}$、$U_2=1.3U_m/\sqrt{3}$、$U_3=1.1U_m/\sqrt{3}$。

（3）在交接试验中，进行调压补偿变压器局部放电试验时，$U_m=126kV$，对地电压值应为 $U_1=1.7U_m/\sqrt{3}$、$U_2=1.5U_m/\sqrt{3}$、$U_3=1.1U_m/\sqrt{3}$；在预防性试验中，进行调压补偿变压器局部放电试验时，$U_m=126kV$，对地电压值应为 $U_1=1.5U_m/\sqrt{3}$、$U_2=1.3U_m/\sqrt{3}$、$U_3=1.1U_m/\sqrt{3}$。

（4）局部放电的观察和评估应满足下列要求，同时应符合国家标准 GB/T

7354—2018《高电压试验技术 局部放电测量》的相关规定。

1）应在所有绕组的端子上进行测量。对自耦连接的一对绕组的较高电压和较低电压的端子应同时测量。

2）接到每个端子的测量通道，都应在该端子与地之间施加重复的脉冲波来校准。在被试变压器任何一个指定端子上测得的视在电荷量，应是指最大的稳态重复脉冲，并经合适的校准而得出的。偶然出现的高幅值脉冲可以不计入。在每隔任意时间的任何时间段中出现的连续放电电荷量，只要此局部放电不出现稳定的增长趋势，且不大于技术条件规定值，就是可以接受的，当局部放电测量过程中出现异常放电脉冲时，增加局部放电超声波监测，并进行综合判断。

3）在施加试验电压的前后，应测量所有测量通道的背景噪声水平。

4）在电压上升到 U_2 及由 U_2 下降的过程中，应记录可能出现的局部放电起始电压和熄灭电压。应在 U_3 下测量局部放电视在电荷量。

5）在电压 U_2 的第一个阶段中应读取并记录一个读数。对该阶段不规定其视在电荷量值。

6）在电压 U_1 期间内应读取并记录一个读数。对该阶段不规定其视在电荷量值。

7）在电压 U_2 的第二个阶段的整个期间，应连续地观察局部放电水平，并每隔 5min 记录一次。

（5）如果满足下列要求，则试验合格。

1）试验电压不发生突然下降。

2）在交接试验中，在电压 U_2 的长时试验期间，主体变压器 1000、500、110kV 端子的局部放电量的连续水平分别应不大于 100、200、300pC；调压补偿变压器 110kV 端子局部放电量的连续水平应不大于 300pC。

3）在预防性试验中，在电压 U_2 的长时试验期间，主体变压器 1000、500、110kV 端子的局部放电量的连续水平分别应不大于 300、300、500pC；调压补偿变压器 110kV 端子局部放电量的连续水平应不大于 500pC。

4）在 1h 局部放电试验期间，局部放电水平无上升的趋势，在最后 20min 局部放电水平无突然持续增加。

5）在 1h 局部放电试验期间，局部放电水平的增加量不超过 50pC。

6）在 1h 局部放电试验后，电压降至 U_3 时，视在电荷量的连续水平应不大于 100pC。

7）试验后，被试变压器的绝缘油色谱分析结果合格，且试验前后的油色谱分析结果无明显变化。

2. 主体变压器局部放电试验加压方案

主体变压器现场局部放电试验可以考虑采用对称加压或单边加压方案，两种方案对比如下。

（1）对称加压方案：主体变压器低压侧两个端子施加两个幅值相近、相位相差 180° 的对称电压，这种加压方案对升压变压器及补偿电抗器的电压等级要求低，试验设备更容易研制。

（2）单边加压方案：主体变压器低压绕组尾端接地，首端加压，试验回路简单但试验电压高。

主体变压器各端子在对称加压方式和单边加压方式下的电位如表 3-2 和表 3-3 所示。由表 3-2 可知：采用对称电压时，在 $1.3U_\mathrm{m}/\sqrt{3}$ 试验电压下，高压侧首端与低压侧尾端的电压差达到 900.5kV，超过了高压绕组主绝缘水平（1100kV）的 80%，因此主体变压器局部放电试验不宜采用对称加压方式，应采用单边加压方式。

表 3-2　　　　　　　　主体变压器各端子对称加压时的电位　　　　　　　单位：kV

电压	U_A	U_{Am}	U_{a1}	U_{x1}	$U_A - U_{x1}$
$1.5U_\mathrm{m}/\sqrt{3}$	952.7	476.3	86.5	-86.5	1039.2
$1.3U_\mathrm{m}/\sqrt{3}$	825.6	412.6	74.9	-74.9	900.5
$1.1U_\mathrm{m}/\sqrt{3}$	698.6	349.3	63.4	-63.4	762

表 3-3　　　　　　　　主体变压器各端子单边加压时的电位　　　　　　　单位：kV

电压	U_A	U_{Am}	U_{a1}	U_{x1}	$U_A - U_{x1}$
$1.5U_\mathrm{m}/\sqrt{3}$	952.7	476.3	172.9	0	952.7
$1.3U_\mathrm{m}/\sqrt{3}$	825.6	412.6	149.8	0	825.6
$1.1U_\mathrm{m}/\sqrt{3}$	698.6	349.3	126.8	0	698.6

3. 主体变压器和调压补偿变压器局部放电试验接线

（1）主体变压器局部放电试验接线。试验采用 1 台变频电源柜（也可采用中频发电机组）作为电源，输出电压连续可调，供给 1 台升压变压器对被试变压器低压绕组加压，被试变压器的容性负载由电抗器补偿。主体变压器局部放电试验接线如图 3-3 所示。

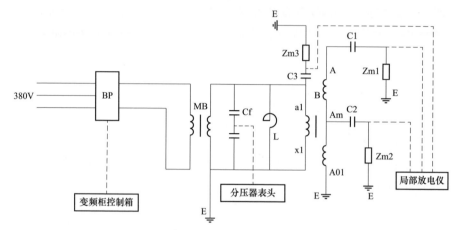

图 3-3 主体变压器局部放电试验接线图

BP—变频柜（或中频发电机组）；MB—升压变压器；L—补偿电抗器；C1—高压套管电容器；

C2—中压套管电容器；C3—低压套管电容器；Cf—电容分压器；

Zm1、Zm2、Zm3—检测阻抗；B—被试主体变压器

局部放电试验时主体变压器各端子对地电压如表 3-4 所示。

表 3-4 主体变压器局部放电试验各端子对地电压

施加电压倍数	a1 对地电压（kV）	Am 对地电压（kV）	A 对地电压（kV）	匝间电压倍数
$U_1 = 1.5 U_m/\sqrt{3}$	172.9	476.3	952.7	1.57
$U_2 = 1.3 U_m/\sqrt{3}$	149.8	412.8	825.6	1.36
$1.1 U_m/\sqrt{3}$	126.8	349.3	698.6	1.15
$U_2/3$	49.9	137.6	275.2	0.45

（2）调压补偿变压器局部放电试验接线。试验采用 1 台变频电源柜（也可采用中频发电机组）作为电源，输出电压连续可调，供给 1 台升压变压器对调压变压器调压绕组和补偿变压器励磁绕组加压，被试变压器的容性负载由电抗器补偿。调压补偿变压器局部放电试验接线如图 3-4 所示。

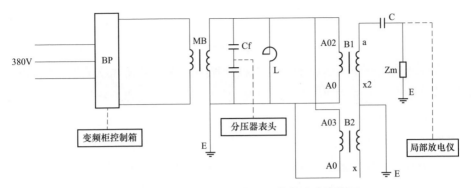

图 3-4 调压补偿变压器局部放电试验接线图

BP—变频柜（或中频发电机组）；MB—升压变压器；L—补偿电抗器；C—110kV 端子套管电容器；

Cf—电容分压器；Zm—检测阻抗；B1—被试调压变压器；B2—被试补偿变压器；

A02-A0—调压变压器调压绕组；a-x2—调压变压器励磁绕组；

A03-A0—补偿变压器励磁绕组；x2-x—补偿变压器补偿绕组

以表 3-1 中的变压器参数为例，局部放电试验时调压补偿变压器各端子对地电压如表 3-5 所示（与出厂试验保持一致，调压补偿变压器分接挡位为 9 挡）。

表 3-5　　　　　　　调压补偿变压器局部放电试验各端子对地电压

施加电压倍数	A02、A03 对地电压（kV）	a 对地电压（kV）	匝间电压倍数
$U_1 = 1.7U_m/\sqrt{3}$	34.2	123.7	1.07
$U_2 = 1.5U_m/\sqrt{3}$	30.2	109.1	0.94
$1.1U_m/\sqrt{3}$	22.1	80	0.69
$U_2/3$	10.1	36.4	0.31

4. 主体变压器调压补偿变压器联合局部放电试验技术

（1）主体变压器调压补偿变压器联合局部放电试验的目的和意义。

目前特高压交流变压器主体变压器、调压补偿变压器局部放电试验是分别单独进行，分析其试验过程，主要存在以下问题：

1）调压补偿变压器绝缘考核力度不够。按照 GB/T 50832—2013《1000kV系统电气装置安装工程电气设备交接试验标准》和 GB/T 24846—2018《1000kV交流电气设备预防性试验规程》的要求，调压补偿变压器在交接试验和预防性试验中，局部放电分别在对地电压为 $1.5U_m/\sqrt{3}$（109kV）和 $1.3U_m/\sqrt{3}$（94.6kV）下测量，这两个电压比调压补偿变压器在额定工况下运行时的电压（110kV）还低，可见调压补偿变压器的绝缘考核力度远远不够。

2）主体变压器试验和调压补偿变压器试验采用两套试验设备，试验设备多、成本高，试验程序较为复杂，试验耗时较长，效率低。

为提升调压补偿变压器的绝缘考核力度，应考虑提高现场试验时的局部放电试验电压，可以考虑调压补偿变压器 110kV 端子和主体变压器局部放电试验时低压侧端子的试验电压一致，这样既加大了调压补偿变压器的绝缘考核力度，也保持了主体变压器、调压补偿变压器绝缘考核的一致性。因此，可以将调压补偿变压器代替传统的升压变压器，采用调压补偿变压器对主体变压器升压，这样主体变压器和调压补偿变压器局部放电试验可以同时开展，精简了试验流程，缩短了试验时间，极大提高了试验效率。

（2）调压变压器试验电压提高的可行性。

在主体变压器调压补偿变压器联合局部放电试验中，主体变压器与调压变压器各端子对地电压如表 3－6 所示（以表 3－1 中的变压器参数为例）。相比于现行交接试验标准，调压变压器 110kV 端子对地预加电压由 123.7kV 提高至172.9kV，试验时间小于等于 1min；局部放电测量电压由 109.1kV 提高至 149.8kV，试验时间 60min。根据 GB/T 1094.3—2017《电力变压器　第 3 部分：绝缘水平、绝缘试验和外绝缘空气间隙》的规定，重复绝缘试验电压值应为额定耐压值的80%，而 109.1kV＜149.8kV＜172.9kV＜275×80%kV＝220（kV），因此，调压变压器 110kV 端子应可承受联合局部放电试验的测量电压和预加电压，不会对调压补偿变压器主绝缘产生损伤。

表 3－6　　　　主体变压器调压补偿变压器联合局部放电试验
调压补偿变压器各端子对地电压

施加电压倍数	A02、A03 对地电压（kV）		a 对地电压值（kV）	匝间电压倍数
	1 挡	9 挡		
$U_1=1.5U_m/\sqrt{3}$	45.6	50.3	172.9	1.57
$U_2=1.3U_m/\sqrt{3}$	39.5	43.5	149.8	1.36
$1.1U_m/\sqrt{3}$	33.4	36.8	126.8	1.15
$U_2/3$	13.2	14.5	49.9	0.45

一般来说，制造厂在设计时，可以保证在 1.36 倍匝间电压下调压补偿变压器无局部放电，因此在联合局部放电试验中，依据主体变压器考核标准提高调压补偿变压器试验电压是切实可行的，且在现有标准基础上提升了对调压补偿

变压器的绝缘考核力度。需要注意的是，在开展联合局部放电试验前，仍需要跟制造厂进行充分的技术沟通，确保试验方案的可行性。

（3）主体变压器调压补偿变压器联合局部放电试验。

试验程序和试验标准参见 3.2.2 节。

1000kV 交流变压器主体变压器调压补偿变压器联合局部放电试验时，采取单边加压方式，如图 3-5 所示。考虑调压补偿变压器的容升效应，应在升压变压器输出侧及主体变压器 110kV 侧同时采用分压器测量端子对地电压，以主体变压器 110kV 侧测量电压作为电压考核依据。

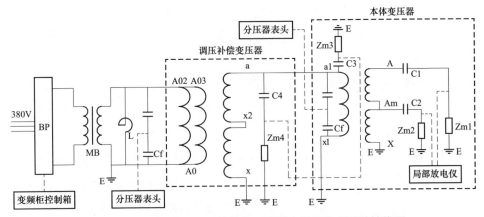

图 3-5　主体变压器调压补偿变压器联合局部放电试验接线图

BP—变频电源（或中频发电机组）；MB—升压变压器；L—补偿电抗器；Cf—分压器；
C1、C2、C3—主体变压器高、中、低压套管电容器；C4—调压补偿变压器 110kV 套管电容器；
Zm1、Zm2、Zm3、Zm4—检测阻抗

（4）主体变压器调压补偿变压器联合局部放电试验的优势。

采用特高压交流主体变压器调压补偿变压器联合局部放电试验方法，相比于特高压主体变压器、调压补偿变压器独立开展局部放电试验，在减少现场试验工期、提高调压变压器绝缘考核力度之外，也进一步降低了现场试验设备条件，主要表现在以下两个方面。

1）试验设备数量减少。相比于主体变压器、调压补偿变压器独立局部放电试验，由于联合局部放电试验中主体变压器和调压补偿变压器同步开展试验，避免了主体变压器、调压补偿变压器考核电压、入口电容差异而导致的试验设备双重化配置，升压变压器、补偿电抗器、电容分压器等试验设备数量均可实现一定程度的精简。

2）升压变压器、补偿电抗器电压等级降低。相比于特高压主体变压器独立局部放电试验，由于联合局部放电试验中加压于调压变压器调压绕组，升压变压器、补偿电抗器高压端子电压由 172.9kV 降至 45.6kV，降低了升压变压器、补偿电抗器的质量、高度，便于现场的设备转运。

3.2.3　现场抗干扰技术措施

1. 现场干扰的来源

（1）电源干扰。试验检测仪器及试验所用的电源与城市低压配电网相连，配电网内的各种干扰信号易对现场局部放电测量造成干扰。

（2）各类电磁干扰。邻近高压带电设备或高压输电线路，无线电发射器及其他试验回路以外的高频信号（诸如可控硅、电刷等），均会以电磁感应的形式经杂散电容或杂散电感耦合到试验回路，其波形往往不易与试品内部放电区分，对现场测量影响较大。该类型干扰的特点是波形幅值的大小一般与试验电压的幅值无关。

（3）试验回路接触不良或试验设备的自身放电。试验回路中各连接处接触不良会产生接触放电干扰。电晕放电产生于试验回路处于电场集中处的导电部分，例如试品的法兰、金属盖帽、试验设备端部及高压引线等尖端部分。

（4）接地系统的干扰。试验回路接地方式不当，例如两点或多点接地的接地网系统中，各种高频信号会经接地线耦合到试验回路形成干扰。该类型干扰的特点是波形幅值的大小一般与试验电压的幅值无关。

（5）金属物体悬浮电位的放电。邻近试验回路的不接地金属物体产生的感应悬浮电位放电，也是一种常见的干扰。该类型干扰的特点是波形幅值一定，随电压升高放电频次增加。

2. 电源干扰抑制

（1）宜采用单台站用变压器为试验系统单独供电，电源电缆应避免交叉缠绕并独立排列。

（2）可在 380V 电源入口设置低通滤波器。

（3）可在被试变压器施加电压的入口设置高压阻波器，其阻塞频率与局部放电测量系统的频带范围相匹配。

（4）可选用具有内部屏蔽式结构的升压变压器。

（5）可在测量仪器 220V 电源入口设置屏蔽型隔离变压器，或采用专用独立电源。

3. 电磁干扰抑制

（1）宜减小试验回路尺寸，并合理选择测量频带范围。

（2）宜尽量缩短局部放电检测阻抗信号线的长度，检测阻抗应就近接地。

（3）被试主体变压器上方金属构架上的母线与 1000kV 高压套管的距离宜不小于 10m。

（4）对于相位固定、幅值较高的干扰，可利用具有选通元件的测量仪器排除。

（5）被试变压器附近的金属物件应可靠接地。

4. 试验回路干扰抑制

（1）应在被试变压器各高电位套管及升压变压器、补偿电抗器、分压器等试验设备高电位处加装合适尺寸的均压罩或均压环，并可靠连接。

（2）主体变压器调压补偿变压器联合局部放电试验时，应采用截面积不小于 60mm^2 的绝缘载流线作为升压变压器至调压补偿变压器的高压试验引线。

（3）宜采用外径不小于 100mm 的金属波纹管、内穿截面积不小于 20mm^2 的绝缘导线作为调压补偿变压器与主体变压器之间或升压变压器与主体变压器之间的高压连接线，绝缘载流线与金属波纹管应只有一点连接。

（4）试验回路中各试验设备之间的电气连接应牢固可靠。

5. 接地系统干扰抑制

（1）试验回路应一点接地，宜采用带绝缘护套的接地线。

（2）宜选择其他独立接地点作为测量设备的接地。

3.2.4　其他干扰抑制措施

（1）当干扰较大时，监测干扰情况并掌握发生规律，尽量安排在干扰空窗时间开展试验，必要时可停止站内其他作业。

（2）选择合适的环境条件开展试验，环境相对湿度以 50%～70% 为宜。

（3）试验过程中，应采用紫外成像仪对试验回路及附近金属物件进行电晕放电监测，并可同时采用超声波局部放电检测和高频放电检测辅助监测。

3.3 试 验 装 备

本章以表 3-1 中特高压交流变压器参数为例，重点分析主体变压器局部放电试验和联合局部放电试验所需试验设备的主要技术参数选择。

3.3.1 试验容量估算

1. 主体变压器低压侧等效入口电容估算

设沿主体变压器绕组高度 H 的电压、电容、匝数分布是均匀的，则其等值电路和分布电压如图 3-6 所示。

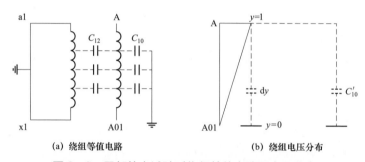

(a) 绕组等值电路	(b) 绕组电压分布

图 3-6 局部放电试验时绕组等值电路及电压分布

C_{10}、C_{12}—高中压绕组对低压及地分布电容；C'_{10}—折算至高压端对地等效集中电容

试验时，低压绕组施加励磁电压，高压绕组感应出高电压，中性点 A01 和低压绕组尾端 x1 接地。

根据磁动势平衡原理，分布电容电流产生的磁动势和等效集中电容产生的磁动势应相等。

如在绕组高度 H、匝数 N、A 端感应的电压 U 及角频率 ω 下，取高压绕组离地距离为 y 处的 $\mathrm{d}y$ 段，其对地电容为

$$\mathrm{d}C = (C_{10} + C_{12})\mathrm{d}y / H \qquad (3-1)$$

对地电压为

$$U_y = (y / H)U \qquad (3-2)$$

在 $\mathrm{d}y$ 段的电容形成的电流为

$$\mathrm{d}i = \omega(y/H)U(C_{10}+C_{12})/H\mathrm{d}y \qquad (3-3)$$

高度为 y 的绕组匝数为

$$N_y = (y/H)N \qquad (3-4)$$

$\mathrm{d}i$ 流过 N_y 产生的磁动势为

$$\mathrm{d}i \cdot N_y = \omega[(C_{10}+C_{12})UN/H^3]y^2\mathrm{d}y \qquad (3-5)$$

则绕组各点对地分布电容电流产生的磁动势是

$$\omega U(C_{10}+C_{12})N/H^3\int_0^H y^2\mathrm{d}y = 1/3\,\omega(C_{10}+C_{12})UN \qquad (3-6)$$

折算至 A 端的对地等效集中电容 C_{10}' 的电流产生的磁动势和分布电容电流产生的磁动势相等，即

$$\omega U C_{10}' N = 1/3\,\omega(C_{10}+C_{12})UN \qquad (3-7)$$

$$C_{10}' = 1/3(C_{10}+C_{12}) \qquad (3-8)$$

将高、中对低及地的电容值 13640pF 代入式（3-8），则高压绕组等效集中电容为

$$C_{10}' = 13.64/3 \approx 4.55\,(\mathrm{nF})$$

该主体变压器低对高、中及地电容值为 20290pF，同理，则低压绕组等效集中电容为

$$C_{20}' = 20.29/3 \approx 6.76\,(\mathrm{nF})$$

主体变压器高压对低压变比为 $k=5.51$，因此从主体变压器低压侧看，主体变压器等效入口电容估算为

$$C = k^2 \times C_{10}' + C_{20}' \approx 144.9\,(\mathrm{nF})$$

2. 主体变压器局部放电试验有功损耗估算

主体变压器在试验频率下的有功损耗估算为

$$P_{01} = (K_0 f_N/f_S)^{1.9} \times (f_S/f_N)^{1.6} \times P_0 \qquad (3-9)$$

式中 K_0 ——试验电压与额定电压倍数；

f_N ——额定频率（50Hz）；

f_S ——试验频率。

主体变压器空载损耗约为 135kW，局部放电试验频率一般为 100～300Hz。

由有功损耗计算公式可以看出，频率越低，有功损耗越大。100Hz 试验频率下，预加电压下所需试验电源有功功率为

$$P_{01} = (1.57 \times 50/100)^{1.9} \times (100/50)^{1.6} \times 135 = 258.3 \; (\text{kW})$$

有功电流为

$$I_\text{r} = 258.3/172.9 \approx 1.5 \; (\text{A})$$

3. 主体变压器调压补偿变压器联合局部放电试验有功损耗估算

主体变压器调压补偿变压器联合局部放电试验，除了考虑主体变压器的有功损耗，还需考虑调压补偿变压器的有功损耗。

分接开关挡位为 1 挡，调压补偿变压器空载损耗约为 40kW。100Hz 试验频率下，调压补偿变压器预加电压下所需试验电源有功功率为

$$P_{02} = (1.57 \times 50/100)^{1.9} \times (100/50)^{1.6} \times 40 = 76.5 \; (\text{kW})$$

总损耗为

$$P_0 = P_{01} + P_{02} = 334.8 \; (\text{kW})$$

有功电流为

$$I_\text{r} = 334.8/45.6 \approx 7.3 \; (\text{A})$$

3.3.2 试验电源选择

现场局部放电试验常采用两种试验电源，分别为中频发电机组和变频电源。

中频发电机组的优点是输出电压稳定、电源波形好、安全可靠性高。其缺点是体积大、运输和摆放困难；发电机组启动时电流较大，要求现场试验电源容量较大，同时发电机组运行时可能出现自激现象。

变频电源是采用电力半导体变频电路将 50Hz 工频变换成中频交变电源，经适当的电感电容滤波，然后将其输入升压变压器提升电压。变频电源的优点是设备轻便、运输和摆放简单；输出频率连续可调，可以使试验回路工作在完全并联谐振状态，对现场电源容量要求小。其缺点是连续长时工作能力稍差、输出波形较发电机组稍差；对试验装置中的电子元器件工作稳定可靠性要求高，对滤波电路性能要求高。

根据现场的经验，鉴于现场试验进度一般较为紧张，且场地条件和电源容量均有限，而变频电源技术经过多年的发展，在电子元器件稳定性和滤波方面取得了长足的进步，因此变频电源在变压器现场试验中已基本取代传统的中频发电机组。

1. 变频电源容量选择

主体变压器局部放电试验，升压变压器和补偿电抗器的总损耗按 50kW 考虑，则变频电源最大需要输出有功功率 308.3kW。考虑 1.2 倍的安全系数，变频电源的额定功率应不低于 400kW。

主体变压器调压补偿变压器联合局部放电试验，升压变压器和补偿电抗器的总损耗按 50kW 考虑，则变频电源最大需要输出有功功率 394.8kW。考虑 1.2 倍的安全系数，变频电源的额定功率应不低于 500kW。

2. 变频电源额定电压选择

考虑到现场可能提供的电源容量以及接线便利程度问题，变频电源采用 380V 电源进线，便于现场试验电源的取用。

变频电源与升压变压器的低压绕组额定电压应相匹配。

3.3.3　升压变压器选择

1. 升压变压器容量选择

升压变压器的容量应与变频电源的容量相匹配，因此，主体变压器局部放电试验，升压变压器的容量应不低于 400kVA；主体变压器调压补偿变压器联合局部放电试验，升压变压器的容量应不低于 500kVA。

2. 升压变压器额定频率选择

升压变压器的额定频率宜选取为 100Hz，若升压变压器的额定频率高于 100Hz，则应考虑局部放电试验预加电压阶段，升压变压器不会出现铁心饱和、高低压绕组流经电流不会超过额定电流的情况。

3. 升压变压器额定电压选择

为尽量减少变频电源和升压变压器的容量，升压变压器应在满足试验需求的前提下尽量减小变比。因此，升压变压器的高压绕组额定电压宜与被试变压器的加压试验电压相近，低压绕组额定电压宜与变频电源最大输出电压相近。

3.3.4　补偿电抗器选择

1. 补偿电抗器电感选择

选取补偿电抗器，应确保局部放电试验的谐振频率处于 100~300Hz。

主体变压器局部放电试验，主体变压器低压侧等效入口电容约为 144.9nF，因此补偿电抗器的电感值应为 1.94~17.5H。

主体变压器调压补偿变压器联合局部放电试验，分接挡位为 1 挡，调压补偿变压器 a–x 对 A02–A0（A03–A0）的变比为 3.81，调压补偿变压器的入口电容约为 80nF，整体变压器的入口电容约为 $144.9 \times 3.81^2 + 80 \approx 2183$（nF），因此补偿电抗器的电感值应为 0.13～1.16H。

2. 补偿电抗器容量选择

补偿电抗器的额定电压宜与升压变压器的高压绕组额定电压相匹配。

补偿电抗器的额定电流应能补偿被试变压器的容性无功电流。

显然，试验频率越高，被试变压器的容性无功电流越大。主体变压器局部放电试验，试验频率为 300Hz 时，被试主体变压器的容性无功电流约为

$$I_m = 2\pi fCU = 2\pi \times 300 \times 144.9 \times 10^{-9} \times 172.9 \times 10^3 \approx 47.2 \text{（A）}$$

主体变压器调压补偿变压器联合局部放电试验，试验频率为 300Hz 时，被试整体变压器的容性无功电流约为

$$I_m = 2\pi fCU = 2\pi \times 300 \times 2183 \times 10^{-9} \times 45.6 \times 10^3 \approx 187.5 \text{（A）}$$

3. 补偿电抗器额定频率选择

补偿电抗器的额定频率与额定电压、额定电流、电感量相关，补偿电抗器的参数选取宜保证额定频率不高于 100Hz。

3.3.5 均压环选择

变压器套管端部的均压环常见的结构有单环、双环、圆筒和半球圆筒等，为了方便试验时接线，均压环宜采用双环结构。现场主体变压器高压侧、中压侧承受的最大电压分别为 952.7、476.3kV，试验时，试验电压直接作用在套管端部的均压环上对局部放电测量的准确性产生影响，应保证均压环不起晕。

欧洲最大的特高压研究中心——法国 Renar–dieres 特高压研究中心规定，试验回路及试验设备屏蔽电极要用作局部放电试验时，在最高工作电压下的表面最大场强有效值应控制在小于 15kV/cm。国内制造厂对于局部放电测试回路的高压设备的双环均压电极在工频电压下的表面最大场强有效值一般也控制在小于 15kV/cm，实践经验表明可以保证均压环表面不起晕。因此建议均压环的设计应保证表面最大场强有效值小于 15kV/cm。

均压环结构如图 3–7 所示，推荐尺寸如表 3–7 所示，可以保证各均压环在试验电压下不起晕。

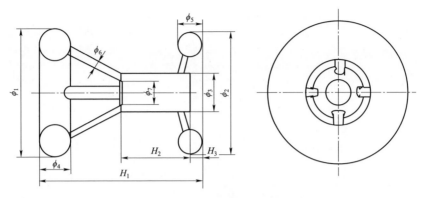

图3-7　均压环的双环结构

ϕ_1、ϕ_2—均压环上、下环直径；ϕ_3—均压环套筒外径；ϕ_4、ϕ_5—均压环上、下环截面直径；

ϕ_6—均压环支撑柱直径；ϕ_7—均压环套筒内径；H_1—均压环高度；

H_2—均压环套筒高度；H_3—均压环套筒离地高度

表3-7　　　　　　　　　　局部放电测量系统均压环尺寸　　　　　　　　单位：mm

均压环安装部位	ϕ_1、ϕ_2	ϕ_3	ϕ_4、ϕ_5	ϕ_6	ϕ_7	H_1	H_2	H_3
1000kV 侧	≥2600	≥600	≥800	≥150	≥200	2600	500	200
500kV 侧	≥1350	≥530	≥350	≥80	≥200	1350	400	150
110kV 侧	≥600	≥400	≥100	≥60	≥200	500	150	100

需要说明的是，不同厂家的高压、中压套管端部尺寸可能存在差异，选取均压环ϕ_3、ϕ_7大小时应提前获得高中压套管的结构图纸，确保均压环可以顺利安装。

3.3.6　主体变压器局部放电试验推荐试验设备参数

主体变压器局部放电试验推荐试验设备参数如表3-8所示。

表3-8　　　　　　　主体变压器局部放电试验设备推荐技术参数

序号	设备名称	主要参数
1	变频电源	电源输入：380V，三相，50Hz； 输出电压：0～350V，单相，连续可调； 输出功率：450kW； 工作频率范围：30～300Hz； 频率调节分辨率：0.1Hz； 输出波形畸变率：≤1.0%； 输出电压不稳定度：≤1.0%； 局部放电量：≤50pC

序号	设备名称	主要参数
2	升压变压器	额定容量：600kVA； 额定电压：180kV/0.35kV； 额定频率：100Hz； 相数：单相； 极性：I，I0； 局部放电量：在额定电压下，高压端子的局部放电量小于等于50pC
3	补偿电抗器	额定电压：200kV； 额定电流：30A×2（2台）； 额定感：10H； 饱和特性：在0%～150%额定电压时，其伏安特性为线性； 局部放电量：在额定电压下，局部放电量小于等于50pC
4	电容分压器	额定电压：200kV； 工作频率：0～300Hz； 准确度：1.0级； 局部放电量：额定电压下，小于等于50pC
5	均压环	1000、500、110kV均压环可采用双环结构或均压球结构，考虑现场使用情况，宜使用双环结构，结构和参数参见表3－7。均压环与周围地电位的最近距离如下： 1000kV侧，大于等于8.0m； 500kV侧，大于等于3.5m； 110kV侧，大于等于1.0m
6	高压引线	应采用$\phi \geq 100$mm金属波纹管内穿截面积大于等于20mm² 绝缘导线，连接线与周围地电位的最近距离应大于等于1m
7	接地线	载流接地线宜采用截面积大于等于20mm² 的带有绝缘护套的接地线，其他接地线宜采用截面积大于等于4mm² 的带有绝缘护套的接地线
8	电源线	电源线应采用额定电压为1kV的电缆，输入电缆应采用截面积大于等于150mm² 电缆，输出电缆应采用截面积大于等于240mm² 电缆
9	局部放电测量系统	（1）测量仪器的频带 下限频率：$f_1 = 20 \sim 80$kHz； 上限频率：$f_2 = 100 \sim 300$kHz； 推荐频带：80～200kHz。 （2）测量仪器的测量通道 测量通道：独立4通道； 显示方式：4通道同时显示。 （3）测量模式 具备校准、测量、局部放电图形分析模式、脉冲极性鉴别模式：任意通道、任意窗口、任意相位开多个窗。 （4）测量仪器的扫描频率 50Hz内扫描和外扫描；外扫描应与试验电源的频率相同，任意频率自动同步，同步信号的频率范围为30～300Hz，同步信号端子输入电压为0～200V。 （5）检测阻抗 1000kV侧检测阻抗：通流能力大于等于2A，推荐5号或6号阻抗； 500kV侧检测阻抗：通流能力大于等于1A，推荐4号或5号阻抗； 110kV侧检测阻抗：推荐3号阻抗。 （6）标准脉冲发生器 校准脉冲电压波形的上升时间小于等于60ns，下降时间大于等于100μs，校准电荷量允许误差不超过±5%。 （7）测量电缆 30m的测量电缆3根，电缆接头应经过加固处理

3.3.7　主体变压器调压补偿变压器联合局部放电试验推荐试验设备参数

主体变压器调压补偿变压器联合局部放电试验推荐试验设备参数如表 3-9 所示。

表 3-9　　　　　　　　联合局部放电试验设备推荐技术参数

序号	设备名称	主要参数
1	变频电源	电源输入：380V，三相，50Hz； 输出电压：0～365V，单相，连续可调； 输出功率：450kW×2（2 台）； 工作频率范围：30～300Hz； 频率调节分辨率：0.1Hz； 输出波形畸变率：≤1.0%； 输出电压不稳定度：≤1.0%； 局部放电量：≤50pC
2	升压变压器	额定容量：≥600kVA； 额定电压：50/0.4kV； 额定频率：100Hz； 相数：单相； 极性：I，I0； 局部放电量：在额定电压下，高压端子的局部放电量小于等于 50pC
3	补偿电抗器	额定电压：50kV； 额定电流：≥200A； 额定频率：100Hz； 饱和特性：在 0%～150%额定电压时，其伏安特性为线性； 局部放电量：在额定电压下，局部放电量小于等于 50pC
4	电容分压器	额定电压：200kV； 工作频率：0～300Hz； 准确度：1.0 级； 局部放电量：额定电压下，小于等于 50pC
5	均压环	1000、500、110kV 均压环可采用双环结构或均压球结构，考虑现场使用情况，宜使用双环结构，结构和参数参见表 3-7。均压环与周围地电位的最近距离如下： 1000kV 侧，大于等于 8.0m； 500kV 侧，大于等于 3.5m； 110kV 侧，大于等于 1.0m
6	高压引线	应采用 $\phi \geq 25\text{mm}$ 金属波纹管内穿截面积大于等于 60mm² 绝缘导线，连接线与周围地电位的最近距离应大于等于 1m
7	主体变压器与调压补偿变压器电气连接线	应采用 $\phi \geq 100\text{mm}$ 金属波纹管内穿截面积大于等于 20mm² 绝缘导线，连接线与周围地电位的最近距离应大于等于 1m
8	接地线	载流接地线宜采用截面积大于等于 20mm² 的带有绝缘护套的接地线，其他接地线宜采用截面积大于等于 4mm² 的带有绝缘护套的接地线
9	电源线	电源线应采用额定电压为 1kV 的电缆，输入电缆应采用截面积大于等于 240mm² 的电缆，输出电缆应采用截面积大于等于 360mm² 的电缆

序号	设备名称	主要参数
10	局部放电测量系统	（1）测量仪器的频带 下限频率：$f_1 = 20 \sim 80 kHz$； 上限频率：$f_2 = 100 \sim 300 kHz$； 推荐频带 $80 \sim 200 kHz$。 （2）测量仪器的测量通道 测量通道：独立 4 通道； 显示方式：4 通道同时显示。 （3）测量模式 具备校准、测量、局部放电图形分析模式、脉冲极性鉴别模式：任意通道、任意窗口、任意相位开多个窗。 （4）测量仪器的扫描频率 50Hz 内扫描和外扫描；外扫描应与试验电源的频率相同，任意频率自动同步，同步信号的频率范围为 $30 \sim 300 Hz$，同步信号端子输入电压为 $0 \sim 200 V$。 （5）检测阻抗 1000kV 侧检测阻抗：通流能力大于等于 2A，推荐 5 号或 6 号阻抗； 500kV 侧检测阻抗：通流能力大于等于 1A，推荐 4 号或 5 号阻抗； 110kV 侧检测阻抗：推荐 3 号阻抗。 （6）标准脉冲发生器 校准脉冲电压波形的上升时间小于等于 60ns，下降时间大于等于 $100 \mu s$，校准电荷量允许误差不超过 $\pm 5\%$。 （7）测量电缆 30m 的测量电缆 3 根，40m 的测量电缆 1 根，电缆接头应经过加固处理

3.4 标 准 解 读

自国家电网有限公司 1000kV 晋东南—南阳—荆门特高压交流试验示范工程建设以来，关于特高压交流变压器局部放电试验的标准在参考 GB/T 1094.3—2017《电力变压器 第 3 部分：绝缘水平、绝缘试验和外绝缘空气间隙》、GB 50150—2016《电气装置安装工程 电气设备交接试验标准》、GB/T 7354—2018《高电压试验技术 局部放电测量》、DL/T 417—2019《电力设备局部放电现场测量导则》的基础上，结合特高压交流变压器的结构特点，先后制定形成了《国家电网公司 1000kV 晋东南—南阳—荆门特高压交流试验示范工程电气设备交接试验标准》、GB/T 50832—2013《1000kV 系统电气装置安装工程电气设备交接试验标准》、GB/T 24846—2018《1000kV 交流电气设备预防性试验规程》、DL/T 1275—2013《1000kV 变压器局部放电现场测量技术导则》、DL/T 2000—2019《1000kV 交流变压器本体与调压补偿变压器联合局部放电现场测量导则》，此 5 项标准均规定了特高压交流变压器现场局部放电试验的加压程序、合格依据等内容，主要区别在于前 4 项标准针对本体变压器和调压补偿变压器单独进行局部放电试验的要求，最后 1 项标准是针对主体变压器调压补偿变压器联合局部放电试验的要求。总体而言，特高压交流变压器的试验方法和判断方法主要是基于 GB/T 1094.3—2017《电力变压器　第 3 部分：绝缘水平、绝缘试验和外绝缘空气间隙》，局部放电的观察和评估主要是基于 GB/T 7354—2018《高电压试验技术　局部放电测量》。

（1）GB/T 1094.3—2017《电力变压器　第 3 部分：绝缘水平、绝缘试验和外绝缘空气间隙》规定了电力变压器所采用的有关绝缘试验和最低绝缘试验水平。针对 $U_m > 800kV$ 的变压器局部放电试验，试验电压 $U_1 = 1.8U_r / \sqrt{3}$（U_r 为绕组的额定电压，U_1 根据用户要求也可取 U_m），U_1 持续时间与 GB/T 24843—2018《1000kV 单相油浸式自耦电力变压器技术规范》局部放电例行试验的要求一致，$U_2 = 1.58U_r / \sqrt{3}$（根据用户要求也可取 $1.5U_m / \sqrt{3}$），$U_3 = 1.2U_r / \sqrt{3}$，在 1h 局部放电试验期间，要求没有超过 250pC 的局部放电记录。

（2）GB/T 24843—2018《1000kV 单相油浸式自耦电力变压器技术规范》规定了 1000kV 单相油浸式自耦电力变压器的性能参数、结构要求、试验及标志、包装和运输等方面的要求。针对 1000kV 特高压交流变压器局部放电试验，要求 $U_1 = U_m$，$U_2 = 1.5U_m / \sqrt{3}$，$U_3 = 1.1U_m / \sqrt{3}$，U_1 持续时间 5min（型式试验不做频率折算，例行试验进行频率时间折算），各绕组线端的视在放电量应满足：高压不大于 100pC，中压不大于 200pC，低压不大于 300pC。GB/T 24843—2018《1000kV 单相油浸式自耦电力变压器技术规范》不涉及对特高压交流变压器现场局部放电试验的要求。

（3）GB/T 50832—2013《1000kV 系统电气装置安装工程电气设备交接试验标准》规定了 1000kV 电压等级交流电气装置工程电气设备的交接试验项目及试验标准。针对特高压交流变压器局部放电试验，试验程序和试验标准与 3.2.2 节一致。

（4）GB/T 24846—2018《1000kV　交流电气设备预防性试验规程》规定了 1000kV 交流电气设备预防性试验的项目、周期、方法和判断标准。针对特高压交流变压器局部放电试验，要求大修后或必要时开展，试验程序和试验标准与 3.2.2 节一致。

（5）DL/T 1275—2013《1000kV 变压器局部放电现场测量技术导则》阐述了 1000kV 特高压交流变压器现场局部放电测量试验的目的、要求、方法、现场干扰的抑制措施，提出了采用交流试验电压下的脉冲电流法测量 1000kV 特高压交流变压器局部放电的相关要求。针对特高压交流变压器局部放电试验，试验程序和试验标准与 3.2.2 节一致。

（6）DL/T 2000—2019《1000kV 交流变压器本体与调压补偿变压器联合局部放电现场测量导则》规定了 1000kV 交流变压器本体与调压补偿变压器现场联合局部放电测量的术语和定义，试验的目的、要求和方法，现场干扰的抑制措施。针对特高压交流变压器局部放电试验，试验程序和试验标准与 3.2.2 节一致。

综上，各标准针对 1000kV 特高压交流变压器局部放电试验的相关要求见表 3–10。

表 3–10　　1000kV 特高压交流变压器局部放电试验相关标准要求

序号	标准	适用范围	主体变压器技术要求	调压补偿变压器技术要求
1	GB/T 1094.3 —2017《电力变压器第 3 部分:绝缘水平、绝缘试验和外绝缘空气间隙》	型式试验例行试验	预加电压 $1.8U_r/\sqrt{3}$，需要进行频率时间折算（基准时间 5min）；测量电压 $1.58U_r/\sqrt{3}$；局部放电量不超过 250pC	预加电压 $1.8U_r/\sqrt{3}$；测量电压 $1.58U_r/\sqrt{3}$；110kV 端子不大于 250pC
2	GB/T 24843—2018《1000kV 单相油浸式自耦电力变压器技术规范》	型式试验例行试验	预加电压 U_m，型式试验持续时间 5min，例行试验进行频率时间折算；测量电压 $1.5U_m/\sqrt{3}$；高压端子不大于 100pC；中压端子不大于 200pC；低压端子不大于 300pC	——
3	GB/T 50832—2013《1000kV 系统电气装置安装工程电气设备交接试验标准》	交接试验	预加电压 $1.5U_m/\sqrt{3}$，需要进行频率时间折算（基准时间 1min）；测量电压 $1.3U_m/\sqrt{3}$；高压端子不大于 100pC；中压端子不大于 200pC；低压端子不大于 300pC	预加电压 $1.7U_m/\sqrt{3}$；测量电压 $1.5U_m/\sqrt{3}$；110kV 端子不大于 300pC（$U_m=126$kV）
4	GB/T 24846—2018《1000kV 交流电气设备预防性试验规程》	预防性试验	预加电压 $1.5U_m/\sqrt{3}$，需要进行频率时间折算（基准时间 1min）；测量电压 $1.3U_m/\sqrt{3}$；高压端子不大于 300pC；中压端子不大于 300pC；低压端子不大于 500pC	预加电压 $1.7U_m/\sqrt{3}$；测量电压 $1.5U_m/\sqrt{3}$；110kV 端子不大于 500pC（$U_m=126$kV）
5	DL/T 1275—2013《1000kV 变压器局部放电现场测量技术导则》	交接试验预防性试验	交接试验同 GB/T 50832—2013《1000kV 系统电气装置安装工程电气设备交接试验标准》，预防性试验同 GB/T 24846—2018《1000kV 交流电气设备预防性试验规程》	交接试验同 GB/T 50832—2013《1000kV 系统电气装置安装工程电气设备交接试验标准》，预防性试验同 GB/T 24846—2018《1000kV 交流电气设备预防性试验规程》

续表

序号	标准	适用范围	主体变压器技术要求	调压补偿变压器技术要求
6	DL/T 2000—2019《1000kV 交流变压器本体与调压补偿变压器联合局部放电现场测量导则》	交接试验预防性试验	交接试验同 GB/T 50832—2013《1000kV 系统电气装置安装工程电气设备交接试验标准》，预防性试验同 GB/T 24846—2018《1000kV 交流电气设备预防性试验规程》	预加电压 172.9kV；测量电压 149.8kV；交接试验 110kV 端子不大于 300pC；预防性试验 110kV 端子不大于 500pC

3.5　工　程　应　用

3.5.1　1000kV J特高压变电站

2008 年，国网湖北电科院在 1000kV J 特高压变电站采用中频发电机组完成了国内外首次特高压交流变压器现场局部放电试验。

1. 1000kV 变压器基本信息

（1）型号：ODFPS－1000000/1000。

（2）额定容量：1000MVA/1000MVA/334MVA。

（3）额定电压：（1050/$\sqrt{3}$）kV/（525/$\sqrt{3}$ ±4×1.25%）kV/110kV。

（4）额定电流：1649.6A/3299.1A/3036.3A。

（5）联结组别：Ia0i0。

（6）冷却方式：OFAF。

（7）绝缘水平：高压端子：SI 1800 LI 2250 AC 1100（5min）；

中压端子：SI 1175 LI 1550 AC 630；

中性点端子：LI 325 AC 140；

低压端子：LI 650 AC 275。

（8）空载损耗：178.4kW。

2. 试验设备主要参数信息

主要试验设备参数信息如表 3－11 所示。

表 3－11　1000kV J 特高压变电站主体变压器局部放电试验设备参数信息

序号	设备名称	主要参数
1	电动机	额定功率：450kW；额定电压：380V；额定频率：50Hz；相数：三相；出线方式：6 端引出，（用于 Y–D 启动）

续表

序号	设备名称	主要参数
2	发电机	额定容量：800kVA； 额定电压：1000V； 额定频率：250Hz； 功率因数：≤0.5（滞后）； 相数：三相（可两相或单相输出）； 出线方式：6端引出； 接线方式：可连接成D、Y、V、Z形； 波形畸变率：≤5%； 局部放电量：≤100pC； 电压调整范围：10%～100%额定电压
3	升压变压器	额定容量：600kVA； 额定电压：180kV/0.1kV； 额定频率：250Hz； 相数：单相； 极性：I，I0； 局部放电量：在额定电压下，高压端子的局部放电量小于等于20pC
4	补偿电抗器	额定电压：200kV； 额定电流：≥60A； 额定频率：250Hz； 饱和特性：在0%～100%额定电压时，其伏安特性为线性； 局部放电量：在额定电压下，局部放电量小于等于20pC

3. 试验参数

中频发电机组频率为250Hz，补偿电抗器电感量为1.81H，升压变压器的变比为180时，试验参数见表3-12。

表3-12　　1000kV J特高压变电站主体变压器局部放电试验参数

主体变压器低压侧电压	发电机输出电压（V）	发电机输出电流（A）	电动机输入电流（A）	电抗器总电流（A）	主体变压器电流（A）
$1.1U_m/\sqrt{3}$	730	300	410	44.5	44.0
$1.3U_m/\sqrt{3}$	850	370	530	52.9	52.2
$1.5U_m/\sqrt{3}$	990	440	650	60.8	60.1

3.5.2　1000kV W特高压变电站

2022年，国网湖北电科院在1000kV W特高压变电站采用变频电源完成了特高压交流变压器现场局部放电试验。

特高压交流变压器参数信息如表3-1所示，试验采用的试验设备如表3-8所示。

补偿电抗器电感量为 5H，升压变压器的变比为 514，试验频率为 177.8Hz 时，试验参数见表 3-13。

表 3-13　　1000kV W 特高压变电站主体变压器局部放电试验参数

主体变压器 低压侧电压	变频电源输出 电压（V）	变频电源输出 电流（A）	变频电源输入 电流（A）	电抗器总电流 （A）	被试变压器 电流（A）
$1.1\,U_m/\sqrt{3}$	247	660	475	22.7	22.7
$1.3\,U_m/\sqrt{3}$	291	785	560	26.8	26.8
$1.5\,U_m/\sqrt{3}$	336	889	635	31.0	31.0

3.5.3　1000kV T特高压变电站

2015 年，国网湖北电科院在 1000kV T 特高压变电站采用变频电源完成了国内外首次特高压交流变压器主体变压器调压补偿变压器联合局部放电试验。

特高压交流变压器参数信息与表 3-1 一致，升压变压器（由隔离变压器和励磁变压器组成）、补偿电抗器的参数信息如表 3-14 所示，其余试验设备参数信息与表 3-9 一致。

表 3-14　　1000kV T 特高压变电站主体变压器调压补偿变压器
联合局部放电试验设备参数信息

序号	设备名称	主要参数
1	隔离变压器	额定容量：540kW； 额定输入电压：1200V/450V/365V； 额定输入电流：450A/1200A/1200A； 额定输出电压：1200V/1000V/450V； 额定输出电流：450A； 额定频率：200Hz
2	励磁变压器	额定容量：400kW； 额定输入电压：400V； 额定输入电流：1000A×2（2 台）； 额定输出电压：48kV； 额定输出电流：8.3A×2（2 台）； 额定频率：200Hz
3	补偿电抗器	额定电压：52.5kV； 额定电流：37.5A×5（5 台）； 电感量：0.89H； 额定频率：250Hz
		额定电压：52.5kV； 额定电流：15A×6（6 台）； 电感量：2.229H； 额定频率：250Hz

补偿电抗器电感量为 0.153H，升压变压器的变比为 133.33，试验频率为 249Hz 时，现场试验测量数据见表 3-15。

表 3-15 　　　 1000kV T 特高压变电站主体变压器调压补偿变压器联合局部放电试验参数

本体变压器低压侧电压	变频电源输出电压（V）	变频电源输出电流（A）	补偿电抗器总电流（A）	励磁变压器输出电流（A）	调压补偿变压器励磁电流（A）	调压补偿变压器 110kV 侧电流（A）	本体变压器低压侧电流（A）	本体变压器高压侧电流（A）
$1.1\,U_\mathrm{m}/\sqrt{3}$	248	806	120	3	120	32	31	4
$1.3\,U_\mathrm{m}/\sqrt{3}$	278	898	142	4	143	37	36	5
$1.5\,U_\mathrm{m}/\sqrt{3}$	319	1006	158	6	160	42	41	6

参 考 文 献

[1] 刘振亚. 特高压电网 [M]. 北京：中国经济出版社，2005.

[2] 李光范，王晓宁，李鹏，等. 1000kV 特高压电力变压器绝缘水平及试验研究 [J]. 电网技术，2008，32（3）：1-6+40.

[3] 张章奎. 国内外特高压电网技术发展综述 [J]. 华北电力技术，2006（1）：1-2+11.

[4] 郭慧浩，付锡年. 特高压变压器调压方式的探讨 [J]. 高电压技术，2006，32（12）：112-114.

[5] 贺虎，邓德良，何春，等. 交流特高压晋东南变电站 1000kV 变压器现场交接试验 [J]. 电网技术，2009，33（10）：11-15.

[6] 孙多. 1000kV 变压器调压方式选择及运行维护 [J]. 中国电力，2010，43（7）：29-33.

[7] 高文彪，赵宇亭，赵成运. 特高压变压器两种调压方法及调压补偿变保护浅析 [J]. 变压器，2013，50（1）：38-41.

[8] 韩金华，夏中原，王伟，等. 特高压变压器现场局放试验的变频电源方法应用 [J]. 高压电器，2013，49（10）：51-57.

[9] 伍志荣，聂德鑫，陈江波. 特高压变压器局部放电试验分析 [J]. 高电压技

　　　术，2010，36（1）：54-61.

[10]　罗维，吴云飞，沈煜. 特高压变压器现场局部放电试验技术研究 [J]. 湖
　　　北电力，2009（33）：16-19.

[11]　王晶，梁曦东，朱世全，等. 超/特高压变压器套管端部试验用双环结构均
　　　压环设计 [J]. 高电压技术，2011，37（7）：1642-1648.

第 4 章
特高压交流变压器铁心接地
电流检测技术

4.1　概　述

运行中的变压器，其铁心必须单点可靠接地。铁心和夹件接地电流检测是为了判断变压器内部是否存在铁心多点接地等异常现象。

在实际工程应用中，铁心和夹件接地电流检测一般采用带电检测方式开展，即在变压器运行状态下，由作业人员开展现场检测。其测试的基本原理：采用专用的测试仪器，分别在铁心和夹件的接地引下线上测量并记录，得到电流波形和电流幅值，与历史数据和初始数据进行对比，来判断变压器内部是否存在铁心或夹件异常。

变压器铁心和夹件接地电流检测，属于电力变压器预防性试验项目之一，也是电力变压器例行的带电检测项目之一。传统的做法是变电站运维人员开展运维工作时，根据规定的周期，用钳形电流表分别测量铁心和夹件接地引下线上的电流，读取电流有效值；电流未超过注意值（普通变压器通常为 100mA、特高压变压器及换流变压器通常为 300mA）则为正常；超过注意值，则针对性开展进一步的诊断性试验，来综合判定。随着测量技术和变压器状态监测技术的发展，铁心和夹件接地电流检测逐步由带电检测发展为在线监测，即通过在线监测可实现铁心及夹件接地电流的持续监测，并及时预警。

变压器铁心和夹件接地电流的检测技术，主要存在以下几个方面的难点：

（1）铁心和夹件接地电流属于微弱的毫安级混频电流，尤其是三相一体变压器、特高压变压器、换流变压器中的铁心及夹件接地电流中存在较为丰富的谐波分量。受变电站现场空间电磁干扰影响，准确测量毫安级的混频电流，对测量装置的要求较高；而目前的测量方式大多数采用普通的钳形电流表，其频带较窄、测量准确性较低、抗干扰性能较差，因此，实际测得的数据难以真实反映铁心和夹件接地电流的特征，尤其是谐波特征。

（2）现有的行业标准中，对铁心和夹件接地电流检测结果的判断，均以不超过注意值为直接判据。实际工作中经常遇到铁心或夹件接地电流过大、超过注意值，变压器铁心或夹件却无多点接地故障的情况。尤其是换流变压器、特高压变压器，由于容量大、电压高，更容易出现"接地电流接近或超过注意值，但内部铁心无明确缺陷"的情况。因此，根据铁心和夹件接地电流的检测结果判断铁心缺陷时需要更加系统、综合的判断方法。

（3）铁心和夹件接地电流与变压器铁心运行状态的关联性有待进一步量化分析和研究。变压器铁心内部发生多点接地时，接地点的位置、接地缺陷类型不同，导致两点接地环路中交链的磁通不同，进而导致接地电流不同。同时，从理论上分析，变压器铁心内部硅钢片松动、铁心位移，均有可能导致绕组对铁心之间的电容发生变化，进而导致铁心接地电流产生变化。但尚没有系统化、实用化的研究成果，来揭示变压器内部铁心的各种缺陷状态，与铁心和夹件接地电流的外在表征之间的关联性，因此针对铁心及夹件接地电流的精细化分析和诊断技术，还有待进一步提升。

4.2 关 键 技 术

本节从变压器铁心基本结构、铁心接地电流产生机理、铁心接地电流的信号特征、现场检测关键技术、故障处理措施等方面阐述。

4.2.1 变压器铁心基本结构

铁心是电力变压器的基本部件，由铁心叠片、绝缘件和铁心结构件等构成。从功能上看，铁心可以增强变压器线圈之间的磁耦合，是能量通过电磁感应方式传递的媒介体；从结构上来看，铁心是变压器的骨架，对套在铁心柱外面的绝缘线圈可以起到一定的支撑作用。铁心本体是由磁导率很高的磁性钢带组成，为使不同绕组能感应出和匝数成正比的电压，需要两个绕组交链的磁通相同，这就需要绕组内由磁导率很高的材料制造的铁心，尽量使全部磁通在铁心内和两个绕组链合，并且使只和一个绕组交链的磁通尽量少。

铁心叠片由电工磁性钢带叠积或卷绕而成，铁心结构件主要由夹件、垫脚、撑板、拉带、拉螺杆和压钉等组成。结构件保证叠片的充分夹紧，形成完整而牢固的铁心结构。叠片和夹件、垫脚、撑板、拉带与拉板之间均有绝缘件。铁心叠片引出接地线接到夹件或通过油箱到外部可靠接地，不允许存在多点接地情况。

大多数电力变压器铁心为心式结构，典型的三相三柱心式变压器的铁心结构如图4-1所示，典型的特高压电抗器的铁心结构如图4-2所示。

图4-1中，上夹件的几片之间通过夹紧螺杆4连接，下夹件亦如此；上夹件5和下夹件7通过拉螺杆6连接；下夹件和垫脚连接。在上铁轭中插入接地片（铜带），即可使接地片与上夹件连接，进而通过拉螺杆、下夹件、垫脚接地。

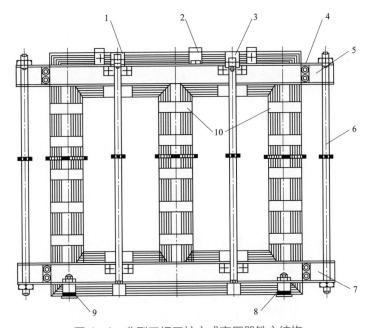

图 4-1 典型三相三柱心式变压器铁心结构

1—拉带；2—接地片；3—拉带；4—夹紧螺杆；5—上夹件；6—拉螺杆；

7—下夹件；8、9—垫脚；10—绑扎带

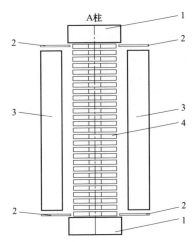

图 4-2 典型特高压电抗器（单柱结构）的铁心结构图

1—铁轭；2—磁屏蔽；3—线圈；4—铁心饼

对于容量更大的大型变压器，通常将铁心接地片通过套管从变压器油箱盖引出，在外部接地。这种结构的好处是在检修试验时，可将外部接地线打开，通过测量绝缘电阻检测铁心的绝缘状态。

变压器在正常运行时，绕组周围存在电场，而铁心和夹件等其他金属构件

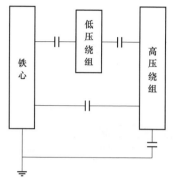

图4-3 变压器内部寄生电容分布示意图

均处于该电场中且具有不同的电位。由于电磁感应现象，高压绕组、低压绕组和铁心之间会存在寄生电容。变压器内部的寄生电容分布示意图如图4-3所示。

在寄生电容的耦合作用下，绕组会使铁心及其金属构件产生对地悬浮电位；同时，由于铁心与绕组之间、铁心金属结构件与绕组之间的空间距离是不同的，铁心或其金属结构件不同部位之间会存在电位差。当该电位差超过绝缘介质的击穿电压时，会产生火花放电现象，危害变压器固体绝缘和油绝缘。并最终导致事故发生，因此变压器铁心必须有一点接地。

大型电力变压器铁心接地方式是将铁心任一叠片接地，在任意两个叠片之间插入一枚铜片，铜片的另一端与铁心夹件相连，再与接地套管相连，这就构成了铁心的单点接地。虽然硅钢片之间会有绝缘膜，但其电阻值极小，在高压电场中可以视作通路，因而铁心某一点接地即可实现整个铁心是处于接地状态。大型电力变压器铁心单点接地示意图如图4-4所示。

变压器铁心必须接地，而且只能单点接地。如果变压器铁心由于某种原因在某位置处出现另一点接地，那么两接地点间会形成一个闭合回路，其中交链的磁通将在回路中感应出环流（该环流可能达到数十安培）而造成铁心的局部过热，随着温度升高还可能导致变压器油分解产生气体，严重时会造成铁心局部烧损或发生放电性故障，引发变压器重大事故。

统计资料和运行经验表明，可能造成铁心接地故障的因素有以下几点：

（1）变压器内部杂质影响。制造过程中变压器内部残留的导电性悬浮物、油路中因轴承磨损引入的金属粉末、加

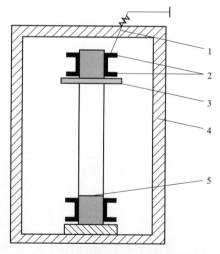

图4-4 变压器铁心单点接地示意图

1—接地小套管；2—接地片；
3—绕组压板；4—箱体；5—铁心

工时残留的金属焊渣，这些导电悬浮物在油流作用下，往往被堆积到一起，使铁心与箱壁之间短接，造成多点接地。

（2）结构件与铁心非正常接触。如上夹件碰油箱、夹件小托板碰铁心、穿心螺杆刚座套碰铁心、钢垫脚与铁心之间的绝缘破损或受潮等导致多点接地。

（3）工艺不良导致的结构变形。如铁心本体易位变形、外部压紧件变形翘曲等因素均可能导致多点接地。

4.2.2　铁心接地电流产生机理

变压器铁心一点接地时，电流主要为电容电流。运行时，由于绕组上存在运行电压，而铁心接地，两者之间的绝缘介质中会流过一定电流。此电流为铁心接地电流的主要来源。最靠近铁心的一般是低压绕组，其电压对铁心接地电流贡献最大，因此可根据低压绕组的运行电压和低压绕组对地电容来初步估算单相变压器的铁心接地电流大小。

但对于三相一体的变压器而言，由于三相运行电压互成角度，矢量和接近于零。此时，铁心接地电流主要来源于三相电压不对称分量和三相电压中存在的谐波。由于三相电压不对称分量通常较小，此时电压谐波对接地电流的贡献凸显出来。分析可知，在三相一体变压器结构的铁心接地回路中，大多数三相基波电压叠加归零，其归零程度取决于基波电压激励下三相绕组与铁心间等效电容的对称程度；三相谐波电压叠加被放大，将导致铁心接地电流中含有丰富的谐波分量。基波下和 3 次谐波下铁心接地电流等效电路分析模型如图 4-5 所示。高次谐波也可同理分析。

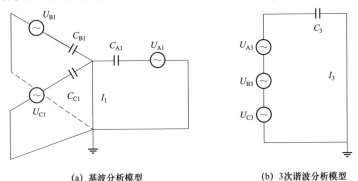

(a) 基波分析模型　　　　　(b) 3 次谐波分析模型

图 4-5　三相一体变压器的铁心接地电流等效电路分析模型

U_{A1}、U_{B1}、U_{C1}—绕组基波等效电压；C_{A1}、C_{B1}、C_{C1}—基波下等效电容；U_{A3}、U_{B3}、U_{C3}—绕组 3 次谐波等效电压；C_3—3 次谐波下等效电容；I_1、I_3—铁心接地电流基波分量、3 次谐波分量

变压器铁心存在多点接地时，两个接地点之间构成了闭合回路。接地点发生在不同部位时，闭合回路中或多或少会交链部分主磁通或漏磁通，在回路中产生感应环流。此时的接地电流主要为电磁感应产生的电动势在铁心硅钢片薄膜电阻和金属导体电阻上产生的电流。与单点接地类似，若变压器为三相一体结构，则此时接地电流中基波分量大多数仍被叠加归零、3 次谐波仍被放大；若变压器为单相结构，则接地电流中仍将以基波分量为主。

4.2.3 变压器铁心接地电流的信号特征

变压器铁心接地电流信号中汇集了丰富的状态信息，这些信息对监测变压器故障、评估变压器健康状态有着重要的参考意义。电力变压器正常运行时接地电流信号很小，一般在几毫安，但当发生铁心多点接地故障时可能高达数十安，其他故障（如铁心结构件松动、磁路过饱和等）也会引起变压器铁心接地电流发生异常变化；除此之外，局部放电、电力系统暂态过程引起的瞬时电磁冲击等高频信号也会耦合到接地电流中。

（1）铁心过饱和引起接地电流中谐波成分的增加。大型电力变压器电压等级、容量和尺寸都比较大，因此铁心也越来越饱和，铁心中的铁磁材料是非线性的，工作在饱和区时铁心中的磁通除了包含工频基波成分，还含有大量的谐波成分，饱和现象越严重，接地电流中的谐波含量越多；铁心磁通中的谐波成分会在绕组上感应出谐波电压，通过绕组与铁心之间的等效电容，变压器铁心及夹件接地引出线上会产生相应的谐波电流。

（2）局部放电现象使接地电流中含有高频脉冲成分。当变压器绕组匝间或层间发生局部绝缘缺陷导致内部放电时，局部放电产生的高频脉冲信号会通过等效电容耦合到铁心接地电流信号中；当绕组对铁心或夹件发生局部放电时，高频脉冲信号会直接传输到铁心接地电流信号中。

（3）变压器外部冲击使接地电流中含有高频脉冲成分。变压器连接电力系统，当系统中存在暂态过程（外部冲击过电压、内部操作过电压等）时，可能会产生冲击电压；冲击电压入侵至变压器绕组时，由于绕组电流无法突变，而铁心及夹件处于接地状态，冲击电压将通过高压绕组与低压绕组之间的等效电容、低压绕组与铁心之间的等效电容、高压绕组与油箱壁的电容，使得铁心和夹件上呈现出不同的电位分布；进而在铁心和夹件接地引出线上产生电流。由于这种冲击是暂态过程，因此在铁心和夹件接地引出线上呈现出持续时间短暂、随机性大的高频电流信号，使得铁心和夹件接地电流中呈现高频脉冲成分。

（4）换流变压器阀侧谐波电压会导致铁心接地电流中存在谐波电流。对于换流变压器，由于换流阀在换流工作过程中会产生较丰富的谐波；这些谐波分量，通过换流变压器阀侧绕组与铁心之间的耦合电容，会使得铁心接地电流上呈现丰富的谐波分量。

（5）直流偏磁会导致铁心接地电流中产生偶次谐波分量。当存在直流偏磁时，变压器内部铁心的磁滞曲线会呈现"正负"不对称的情况，导致励磁电压中产生偶次谐波，进而导致铁心接地电流中呈现偶次谐波分量。

综上所述，对变压器铁心接地电流信号特征总结如下：接地电流信号幅值跨度大，电力变压器三相结构对称、参数基本一致，正常运行时接地电流信号比较小，但铁心多点接地时会很大；接地电流信号频率跨度大，有基本的工频成分、谐波成分以及高频脉冲成分；接地电流信号具有随机性，冲击脉冲往往是瞬时的，发生时间不确定也没有规律可循。

4.2.4　现场检测关键技术

变压器铁心及夹件接地电流现场检测的关键是在现场复杂干扰的环境下能够准确测量毫安级到安培级的电流信号，并完整采集和记录。铁心及夹件接地电流测量过程中接地引下线不可打开，因此需采用开口的钳形电流测量装置进行测量。而开口钳形传感器易受空间磁场影响，变压器附近极易出现漏磁场，会对测量造成干扰。因此，需采取有效措施排除干扰，确保测量结果的准确性。

根据实际经验，可采取的抗干扰措施如下：

（1）采用带磁屏蔽的钳形电流传感器。

（2）测试时确保卡口完整闭合、端面垂直于接地引下线，并确保接地引下线处于钳形电流传感器中央。

（3）测试时，可在接地引下线附近，将钳形电流传感器沿着接地引下线上下移动，找到空间磁场干扰最小的点进行测量。

（4）必要时，可采集空间典型的磁场干扰引起的电流测量波形，并在软件分析中对该干扰电流进行滤除。

（5）对于三相一体结构的变压器或换流变压器或绕组中可能存在显著谐波电压的变压器，需关注接地电流中的谐波特征，选用合适频带的测量系统进行测量。

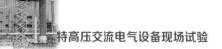

4.2.5 故障处理措施

现场发生的铁心多点接地故障可分为永久性接地故障和非永久性接地故障。永久性接地故障是指内部铁心或夹件存在稳定的多个金属接地点。非永久性接地故障，一般是铁心和夹件有毛刺或者焊渣，或因为变压器运行过程中铁心和夹件发生机械位移存在接触等。根据实际情况，一般采取以下三种方法进行处理。

1. 临时串接限流电阻

变压器一旦出现了铁心多点接地故障，而系统运行条件不允许开展停电检修时，可通过在铁心接地回路中串联阻值大小合适的电阻来达到限制接地电流的目的，从而避免故障恶化和事故发生。串接在回路中的限流电阻不宜过大，否则将会导致铁心与大地之间的电位差过高、影响变压器安全运行；也不宜过小，否则无法达到限流的目的。需根据接地电流的大小来进行计算，选择合适的阻抗来达到限流的目的。

2. 放电冲击法

对于部分非永久性接地故障，可采用放电冲击法来进行处理。放电冲击法，是采用电焊机或高压电容器对铁心进行放电冲击，使得内部的杂质（搭接小桥）在大电流的作用下烧断、熔化或者移位，进而使不稳定的接地点消失，使铁心和夹件处于正常的单点接地状态。

3. 吊罩检修

当上述两种方法不能解决问题时，往往需对变压器开展吊罩检修。将变压器箱体内的绝缘油排出后，吊起变压器的钟罩，然后采用高压试验或者直接观察法确定变压器内部发生故障的位置。吊罩后还可以过滤绝缘油的杂质粉末，并清洗铁心及金属结构件，达到去除其表面沉积的油泥的目的。

4.3 试 验 装 备

4.3.1 装备分类及性能要求

铁心和夹件接地电流现场检测所用的装备，按其目的和基本参数分类，可分为一般巡检型和精确分析型。

一般巡检型，主要是在变压器例行巡视中对铁心和夹件接地电流进行简单测试，通过与历史数据的比较，观测其趋势是否出现明显变化。此类检测主要采用钳形电流表或专用分析仪开展。此类仪器的核心技术指标：① 电流测量范围覆盖 2mA～10A；② 电流有效值的最大允许误差不超过±（5%读数＋1mA）；③ 传感单元宜采用开口钳形设计，开口直径宜不小于 60cm（适用于接地扁钢型的引出线上穿心测量）。

精确分析型，主要用于对可能存有异常状态或隐患的变压器进行精确测量和分析，通过全面采集或持续监测铁心和夹件接地电流的波形、频域特征、变化趋势，来判断是否存在异常。此类检测，需采用专用的测试系统进行检测，测试系统包括前端传感器、后端分析仪器或分析系统。前端传感器实现对接地电流的采集和记录，后端分析仪器或分析系统，对采集得到的电流波形进行全面分析，得到其幅值大小、频域特征，甚至是与参考信号（如绕组电压）之间的相差特征。此类仪器的核心技术指标：① 电流测量范围覆盖 2mA～10A；② 电流有效值的最大允许误差不超过±（5%读数＋1mA）；③ 电流测量的频带范围覆盖 50～1000Hz（用于换流变压器测量时，宜覆盖 50～5000Hz）；④ 具备谐波分析功能，可分析得到各次谐波分量的幅值及占比。

4.3.2　抗干扰性能强的传感单元典型设计

由于变压器正常运行时，铁心接地引出线不能断开，只能利用穿心式的电流传感器进行测量。铁心接地电流一般为容性电流，正常情况下幅值较小，一般的穿心传感器很难准确测量。此外，变电站母线和其他大电流导线的交变电流及高压导体的电晕、放电等会通过电磁场在信号系统中感应出干扰电流和干扰电压，严重影响测量准确度。

为了准确测量现场变压器铁心接地电流，采用基于"多铁心自补偿"原理设计特殊的钳形电流传感器，可有效解决小电流情况下传感器测量结果误差大的问题，其原理如图 4-6 所示。

基于"多铁心自补偿"原理设计的钳形电流传感器的工作原理：一次侧绕组 W1 与检测绕组 W0、铁心 I 构成一只传感器，绕组 W1、W2、W3、铁心 II 构成了另一只传感器，此时 W1 与 W3 共同对铁心 II 励磁。在一次侧绕组 W1 中通过电流时，会在铁心 I、II 上产生励磁电流，铁心 II 上产生的励磁电流大小受一次侧绕组 W1 中流过的电流大小以及一次侧绕组 W1 的匝数的影响。这样二次侧绕组中感应出来的电流就和一次侧绕组中的电流不能达成平衡，并且二次侧

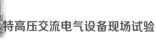
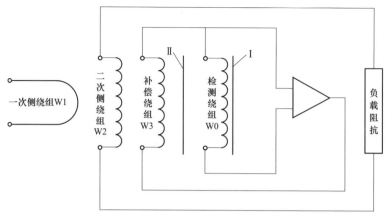

图 4-6 "多铁心自补偿"钳形电流传感器

线圈中的电流匝数乘积要小于一次侧绕组的电流匝数乘积。一次侧绕组 W1 中通过电流时，检测绕组 W0 也会产生一定比例大小的电流，电流的大小与铁心 Ⅰ 中的励磁电流和 W0 的匝数有关。检测绕组 W0 检测到的信号经反馈放大器得到附加励磁电流，励磁电流通过补偿绕组反馈到铁心 Ⅱ 中，通过调节电阻和电容的值来改变放大器的幅值和相位，可以有效地补偿传感器的比差和角差。同时，设计传感器时，采用双层铜屏蔽技术以尽量排除现场干扰对测量结果的影响。

按上述设计思路研制传感器，经中国国家高电压计量站进行的量值溯源测试，其测量范围为 2mA～10A，最大比差为 1%，最大角差为 3.4′。传感器后端用功率分析仪（可采用 WT3000E 型功率分析仪）对测试数据进行存储分析，功率分析仪电流测量的最大允许误差为±（0.02%读数＋0.04%量程）。

实际现场测试时，测试回路如图 4-7 所示。

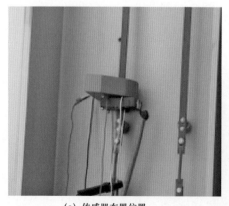

(a) 传感器布置位置

(b) 功率分析仪采集分析波形

图 4-7 现场测试照片

4.4　标　准　解　读

目前，电力行业标准《变压器铁心接地电流现场测试导则》正在编制中，尚未发布实施。同时，有较多"预防性试验规程""状态检修规程"等电力行业标准提及了变压器铁心及夹件接地电流的测量周期及结果判据等相关技术条件。梳理如下，供读者使用参考。

（1）DL/T 393—2021《输变电设备状态检修试验规程》中表 2 规定，铁心及夹件接地电流测量的基准周期：330kV 及以上为半年，220kV 为 1 年，110kV/66kV 周期自定；测试结果的要求：接地电流小于等于 100mA，或初值差小于等于 50%（注意值）；测量采用钳形电流表（优先选用抗干扰型）进行测量。测量时钳口应完全闭合，同时尽量让接地线垂直穿过钳口平面。测量期间，沿接地线上下移动并轻微转动钳口，观察测量值，应无较大变化。夹件独立引出接地的，应分别测量铁心及夹件的接地电流。如测量值超过注意值，应结合油中溶解气体等关联状态量做进一步分析。必要时，可临时在接地线中串联电阻以限制接地电流幅值，等待有停电机会时修复，期间应跟踪分析。

（2）DL/T 596—2021《电力设备预防性试验规程》中表 5 规定，对于油浸式电力变压器，铁心及夹件接地电流的测试周期为 1 个月（或必要时），测试结果的要求为小于等于 100mA，可采用带电或在线测量。

（3）DL/T 1684—2017《油浸式变压器（电抗器）状态检修导则》中表 A.1 规定，关于铁心接地电流的劣化程度分为Ⅰ、Ⅰ–Ⅳ、Ⅳ三个等级，其中Ⅰ类为"铁心多点接地，但运行中通过采取限流措施，铁心接地电流一般小于 0.1A"，Ⅰ–Ⅳ类为"0.1A 小于等于铁心接地电流小于 0.3A"，Ⅳ类为"铁心接地电流大于等于 0.3A"。对应的检修内容：A 类检修，对铁心进行处理，进行铁心接地电流测试，综合分析试验数据；C 类检修，进行铁心接地电流测试，综合分析试验数据。

（4）GB/T 24846—2018《1000kV 交流电气设备预防性试验规程》中表 1 规定，运行中的铁心及夹件接地电流一般不大于 300mA，因变压器结构原因造成接地电流超过 300mA 的，应进行说明。

（5）DL/T 1723—2017《1000kV 油浸式变压器（电抗器）状态检修技术导则》中表 A.1 规定，铁心和夹件接地电流的劣化程度分为Ⅰ、Ⅰ–Ⅳ、Ⅳ三个等级，其中Ⅰ类为"铁心多点接地，但运行中通过采取限流措施，铁心接地电流一般不大于 0.3A"，Ⅰ–Ⅳ类为"铁心接地电流为 0.3～1A（注意值）"，Ⅳ类为"铁心接地电流超过 1A（警示值）"。同时要求关注绝缘油色谱，异常时，如产气速率大于 10%/月，应立即处理。

综合上述标准分析，对铁心和夹件接地电流测试应遵循以下原则。

（1）对于铁心接地电流：

1）对于电压等级 110～750kV 的交流变压器，铁心接地电流有效值不超过 100mA，或与同等或相似工况下的初值差不超过 50%。

2）对于 1000kV 交流变压器，铁心接地电流有效值不超过 300mA。

3）对于换流变压器，铁心接地电流全电流的有效值不超过 300mA，且基波电流有效值不超过 100mA。

4）特殊结构的变压器，其铁心接地电流与同等或相似工况下的初值相比的增幅不超过 50%。

（2）对于夹件电流，可参考铁心接地电流进行判断；当夹件初始电流就超过注意值时，在后续判断中宜采用同类分析法、历史数据分析法分析电流幅值和波形的变化情况。

4.5　工　程　应　用

本节给出变压器铁心及夹件接地电流的现场测试案例，供读者分析和参考。

4.5.1　典型的铁心接地电流波形

选取不同电压等级、不同地区的变压器进行现场实测，测量得到的典型铁心接地电流波形如图 4–8 所示。

对 15 座不同电压等级、不同结构的变压器，分别开展现场实测，并对采集到的铁心接地电流进行波形分析，数据如表 4–1～表 4–5 所示。

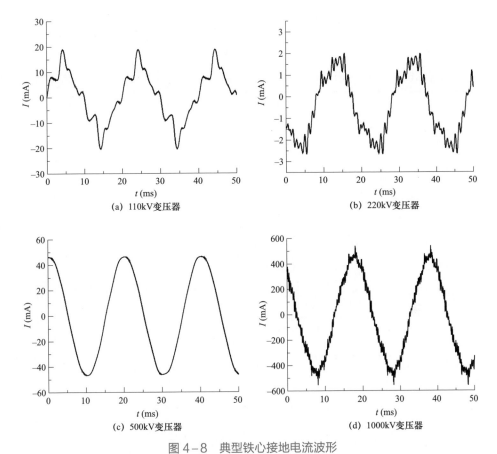

(a) 110kV变压器 (b) 220kV变压器

(c) 500kV变压器 (d) 1000kV变压器

图 4-8　典型铁心接地电流波形

表 4-1　　铁心正常接地时电流实测数据（110kV 三相一体结构）

编号	1	2	3	4	5	6
电压等级（kV）	110	110	110	110	110	110
变电站及变压器编号	1 号站 1 号变压器	1 号站 2 号变压器	2 号站 1 号变压器	3 号站 1 号变压器	4 号站 1 号变压器	4 号站 2 号变压器
额定容量（MW）	31.5	31.5	50	25	50	63
实时负荷	30%	17%	12%	25%	35%	35%
投运年限（年）	23	24	1	8	13	5
电流总有效值（mA）	1.37	0.497	0.59	9.5	0.54	0.69
基波占比	97%	99.14%	97.8%	96.1%	98.7%	99.5%
3 次谐波占比	21%	9.40%	17.2%	14.2%	13.5%	8.0%
5 次谐波占比	12%	6.60%	10.6%	14.3%	3.4%	4.0%
7 次谐波占比	4%	4.13%	5.2%	16.7%	1.4%	1.6%
9 次谐波占比	1%	1.09%	1.1%	3.9%	2.4%	2.7%
11 次谐波占比	1%	1.64%	0.5%	6.6%	4.9%	2.4%

表4-2 铁心正常接地时电流实测数据（220kV 三相一体结构）

编号	1	2	3	4	5	6
电压等级（kV）	220	220	220	220	220	220
变电站及变压器编号	5号站2号变压器	6号站1号变压器	6号站2号变压器	7号站1号变压器	8号站1号变压器	9号站1号变压器
额定容量（MW）	180	240	240	180	180	180
实时负荷	17%	4.4%	4.4%	2%	20%	35%
投运年限（年）	8	2	2	1	3	3
电流总有效值（mA）	5.43	5.31	4.67	0.94	0.83	0.67
基波占比	69.6%	84.96%	74.4%	12.8%	99.0%	44.3%
3次谐波占比	69.0%	50.27%	63.5%	97.9%	10.8%	85.2%
5次谐波占比	3.5%	7.78%	6.6%	11.7%	1.7%	20.3%
7次谐波占比	14.6%	8.05%	10.6%	8.5%	0.3%	15.3%
9次谐波占比	12.5%	10.64%	16.2%	7.4%	0.3%	10.2%
11次谐波占比	1.3%	2.20%	1.9%	1.1%	0.1%	5.6%

表4-3 铁心正常接地时电流实测数据（220kV 单相结构）

编号	1	2	3	4	5	6	7
电压等级（kV）	220	220	220	220	220	220	220
变电站及变压器编号	10号站2号变压器	11号站2号变压器	11号站2号变压器	11号站2号变压器	11号站1号变压器A相	11号站1号变压器B相	11号站1号变压器C相
三相额定容量（MW）	12000	12000			12000		
实时负荷	52.3%	36.3%	36.3%	36.3%	36.6%	36.6%	36.6%
投运年限（年）	6	9	9	9	14	14	14
电流总有效值（mA）	0.803	9.49	10.5	8.72	9.81	10.8	8.8
基波占比	99.8%	99.97%	99.98%	99.98%	99.97%	99.98%	99.97%
3次谐波占比	3.3%	1.2%	0.70%	0.86%	1.0%	0.6%	1.5%
5次谐波占比	3.3%	1.9%	2.01%	1.69%	1.8%	1.3%	1.9%
7次谐波占比	1.8%	0.5%	0.31%	0.72%	0.3%	0.4%	0.6%
9次谐波占比	0.9%	0.1%	0.31%	0.19%	0.1%	0.1%	0.2%
11次谐波占比	1.2%	0.9%	0.49%	0.46%	0.5%	0.3%	0.4%

表 4-4　　　铁心正常接地时电流实测数据（500kV 单相结构和三相一体结构）

编号	1	2	3	4	5	6	7
电压等级（kV）	500	500	500	500	500	500	500
变电站及变压器编号	12 号站 1 号变压器 A 相	12 号站 1 号变压器 B 相	12 号站 1 号变压器 C 相	13 号站 1 号变压器 A 相	13 号站 1 号变压器 B 相	13 号站 1 号变压器 C 相	14 号站 1 号变压器
结构	单相	单相	单相	单相	单相	单相	三相
额定容量（MW）	334	334	334	334	334	334	1140
实时负荷	18%	18%	18%	35%	35%	18%	67.2%
投运年限（年）	6	6	6	1	1	6	4
电流总有效值（mA）	2.94	2.62	2.86	30.96	32.34	2.94	6.85
基波占比	99.99%	99.98%	99.99%	99.99%	99.99%	99.99%	1.3%
3 次谐波占比	0.11%	0.09%	0.07%	0.05%	0.05%	0.04%	98.5%
5 次谐波占比	0.09%	0.08%	0.03%	0.04%	0.03%	0.03%	5.1%
7 次谐波占比	0.07%	0.04%	0.03%	0.02%	0.05%	0.02%	2.0%
9 次谐波占比	0.02%	0.01%	0.01%	0.01%	0.01%	0.01%	16.3%
11 次谐波占比	0.02%	0.01%	0%	0%	0.01%	0%	0.1%

表 4-5　　　铁心正常接地时电流实测数据（1000kV 单相结构）

编号	1	2	3	4	5	6
电压等级（kV）	1000	1000	1000	1000	1000	1000
变电站及变压器编号	15 号站 1 号变压器 A 相	15 号站 1 号变压器 B 相	15 号站 1 号变压器 C 相	15 号站 2 号变压器 A 相	15 号站 2 号变压器 B 相	15 号站 2 号变压器 C 相
额定容量（MW）	1000	1000	1000	1000	1000	1000
实时负荷	46.2%	46.2%	46.2%	53.0%	53.0%	53.0%
投运年限（年）	6	6	6	4	4	4
电流总有效值（mA）	312.987	308.510	315.245	314.441	314.122	315.531
基波占比	99.683%	99.768%	99.788%	99.713%	99.700%	99.684%
3 次谐波占比	2.668%	1.235%	1.939%	2.865%	2.826%	3.372%
5 次谐波占比	0.691%	0.866%	0.802%	0.816%	0.781%	1.937%
7 次谐波占比	0.181%	0.169%	0.231%	0.144%	0.256%	0.577%
9 次谐波占比	0.190%	0.108%	0.094%	0.208%	0.196%	0.308%
11 次谐波占比	2.057%	3.653%	3.259%	2.054%	2.085%	3.262%
13 次谐波占比	1.130%	1.217%	1.340%	1.371%	1.246%	1.318%
15 次谐波占比	0.176%	0.111%	0.101%	0.140%	0.188%	0.107%
17 次谐波占比	0.329%	0.477%	0.202%	0.240%	0.294%	0.297%
19 次谐波占比	0.107%	0.125%	0.063%	0.132%	0.124%	0.125%

由实测数据分析可得如下结论：

（1）铁心接地电流的谐波特征与变压器铁心结构直接相关。三相一体的变压器，铁心正常单点接地时，接地电流幅值较小，约为几个毫安到十几个毫安，含有丰富的谐波含量，以 3、5、7 次为主。单相变压器，铁心正常单点接地时，接地电流幅值稍大，约为几十个毫安，主要以工频基波为主。

（2）铁心接地电流的幅值大小，与电压等级和容量较为相关。电压等级越高的变压器，其铁心接地电流幅值越大。

（3）1000kV 特高压交流变压器的接地电流特征：1000kV 特高压交流变压器的铁心接地电流为 300mA 左右；虽然接地电流以基波为主，但 3、11、13 次的谐波分量占比为 1%～2%，21 次以上的谐波分量可以忽略；同时，基本没有偶次谐波，主要为奇次谐波。

此外，工程实践经验表明，当铁心接地电流和夹件接地电流均超过注意值，可进一步观测铁心和夹件的合成电流。采用同一个传感器同时套在铁心和夹件的接地引下线上，读取合成电流；或将铁心接地电流、夹件接地电流同时采集后进行矢量相加求得合成电流。当合成电流比铁心接地电流或夹件接地电流要小，预示铁心和夹件之间可能存在短接或绝缘损伤。这是因为铁心和夹件之间形成闭合环路，两者电流方向相反，会存在相互抵消作用，导致合成电流的幅值比单一的铁心电流或夹件电流要小。

4.5.2 典型的铁心接地电流测试异常案例分析

某 220kV 变电站 1 号变压器停电检修时发现铁心多点接地。该变压器型号为 SFSZ7-120000/220，三相，连接组号 YNyn0d11；其故障特征：断开铁心接地引下线测绝缘电阻过低，但油色谱分析正常，经综合分析判断为稳定的多点接地。在检修时在铁心接地引下线上串联了电阻（如图 4-9 所示）以限制铁心接地电流。限流电阻为滑线式变阻器，型号为 BX8-37，规格 2A/1000Ω。该变压器已带限流电阻安全运行了 1 年。

在测试其铁心接地电流特征时，分别在投电阻、断电阻、变压器空载、变压器负载的情况下分别进行测试，实测波形如图 4-10 和图 4-11 所示。

图 4-9 加装限流电阻后的变压器铁心接地引下线

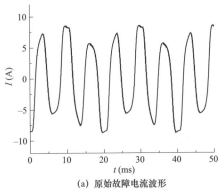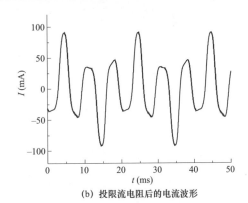

(a) 原始故障电流波形　　　　　　　　　　　(b) 投限流电阻后的电流波形

图 4-10 某存在多点接地故障的 220kV 变压器铁心接地电流波形（空载）

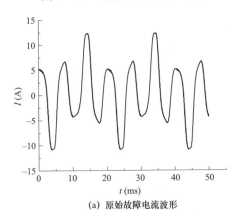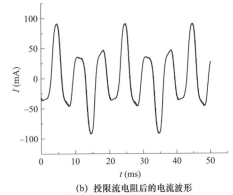

(a) 原始故障电流波形　　　　　　　　　　　(b) 投限流电阻后的电流波形

图 4-11 某存在多点接地故障的 220kV 变压器铁心接地电流波形（20%负载）

由图4-10和图4-11分析可知,该变压器铁心接地电流以3次谐波为主,且谐波含量特征与变压器负载状态无关。投入限流电阻后,虽显著改变了接地电流的幅值大小,但并未改变其波形特征。

此变压器铁心接地电流的谐波分析数据如表4-6所示,主要以3次谐波为主。

表4-6 某存在多点接地故障的220kV变压器铁心接地时电流实测数据

编号	1	2	3	4
电压等级(kV)	220			
检测工况	投入限流电阻(空载状态)	切除限流电阻(空载状态)	投入限流电阻(20%负载状态)	切除限流电阻(20%负载状态)
结构	三相			
额定容量(MW)	120			
实时负荷	0%	0%	20%	20%
投运年限(年)	4			
电流总有效值(mA)	45.7	5499.6	45.6	6072.3
基波占比	28.5%	28.4%	28.7%	27.9%
3次谐波占比	92.1%	91.9%	92.3%	92.3%
5次谐波占比	21.9%	21.8%	21.7%	21.8%
7次谐波占比	11.0%	10.9%	10.6%	10.5%
9次谐波占比	5.4%	5.3%	5.7%	5.6%

参 考 文 献

[1] 王阳. 面向智能传感器的变压器铁心接地电流信号调理器设计 [D]. 武汉:华中科技大学,2020.

[2] 耿江海. 变压器铁芯多点接地在线监测系统的研究 [D]. 保定:华北电力大学(保定),2006.

第 5 章

750kV 车载整装式高压绝缘
试验平台研制和工程应用

5.1 概　　述

为了对超高压设备进行交流耐压试验，需要若干辆车装载，将相应试验设备、仪器等（主要为串联谐振试验设备）运输到现场，到了现场后，各种试验设备、仪器要通过吊装车辆进行搬卸、起吊、组装后才能进行试验。这种常规吊装方式下完成现场交流耐压试验非常烦琐，且工作量巨大，并涉及大量体力劳动，在搬运吊装过程中也存在一定的安全隐患；试验人员会将过多精力耗费在试验前后吊装设备时的体力劳动与安全风险管控上，可能导致试验过程中难以集中注意力，放松安全风险管控；此外，仪器所配套的各类试验线缆及其复杂多变的接线方式，不仅增加了试验设备的管理难度，更增大了试验人员在试验过程中出错的概率，在一定程度上影响了高压试验结果的正确性，并降低了试验的安全系数。可见，常规吊装方式下开展现场交流耐压试验的安全风险较大，难以长时间连续开展工作。

因此，通过 750kV 车载整装式高压绝缘试验平台，解决超高压设备现场交流耐压试验中存在的诸多问题，具有重要意义。而要将如此高电压等级的串联谐振耐压装置高度集成于能正常行驶的车辆中，必将面临空间小、场强高、如何展开等诸多问题，这也是本试验平台攻关的难点所在。

750kV 车载整装式高压绝缘试验平台的主要特色是以特殊改装的车辆为载体，通过优化设计将 750kV 成套交流耐压试验装置高度集成于有限空间的车载试验平台上，采用电抗器分压器共用均压环一体化设计，具备自动展开试验平台和气动举升装置，无须依赖外部吊装设备，并开发了一种高压试验电压实时校验技术，利用紫外成像技术监控实现试验全过程可控，通过声技术定位放电点，从而实现车上优质、高效、安全地完成 750kV 及以下高压开关设备交流耐压试验，工作效率至少提高 5 倍，安全风险至少降低 20%。

项目成果大大地提高了高压电气设备绝缘试验的效率、水平和质量，降低了安全风险与工程成本，在基建投产、故障抢修等过程中具有重大应用价值。成果已推广应用至国家电网有限公司、中国南方电网有限责任公司、中国五大发电集团等单位，在国家重大专项工程及电网基建运维中实现了广泛的工业应用。

5.2 关 键 技 术

为满足试验平台集机动化、集成化、自动化于一身，解决电网主设备特殊试验中存在的诸多问题，实现车上优质、高效、安全地完成 750kV 及以下高压开关设备交流耐压试验等电网主设备特殊试验，试验平台的研制中采用了如下关键技术：

（1）有限空间内高压试验装置的布置优化设计方法与集成技术，包括基于有限元分析的车载高压试验平台空间优化设计与集成技术、电抗器分压器共用均压环一体化紧凑型设计、自动伸缩车厢和展开尾板设计、考虑被试品击穿的防反击保护技术。

（2）电抗器气动举升和防坠技术，包括驱动电抗器自动升降的气动举升和防坠技术、电动/液动/气动等多种控制模式下的车载试验平台自动展开技术。

5.2.1 基于有限元分析的车载高压试验平台空间优化设计与集成技术

试验平台主设备升至额定耐压值时，主设备与车上周边物体之间的绝缘距离能否满足现场试验实际需要，需通过电场分布计算进行验证。

试验平台主要电气设备的布局经初步设计后如图 5-1 所示。

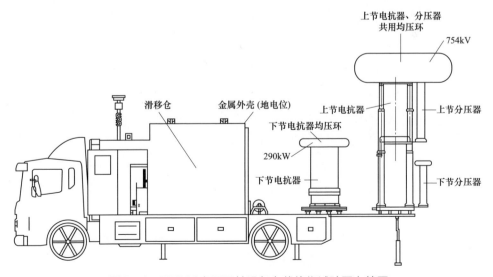

图 5-1　750kV 高压开关设备车载绝缘试验平台简图

进行简化处理后如图5–2所示。

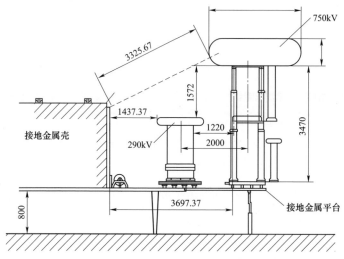

图5–2 750kV高压开关设备车载绝缘试验平台简化处理后示意图（单位：mm）

其中，大均压环（即上节电抗器、分压器共用均压环）的安装高度为3.47m，其结构如图5–3所示。

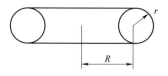

图5–3 均压环结构

可以通过改变 R 和 r 值改变大均压环尺寸，分别改为：$R=1000$mm、$r=400$mm；$R=1000$mm、$r=200$mm；$R=800$mm、$r=200$mm。

仿真计算这三种不同尺寸下的电场分布，其中，串级电抗器均匀升压，小均压环（即下节电抗器均压环）升压至290kV，大均压环升压至750kV，金属外壳接地。三种不同尺寸下均匀升压的电场分布云图如图5–4～图5–6所示。

结果显示，以上三种不同尺寸下平台最大电场强度均位于大均压环外沿，其值分别为11、15、16kV/cm。

根据均压环的电场经验计算公式 $E_{\max}=U\,[1+(r/2R)\times\ln(8R/r)]/[r\ln(8R/r)]$，计算孤立均压环的最大电场强度，并比较利用 ANSYS 和经验公式计算三种尺寸下均压环处的最大电场强度，如表5–1所示。

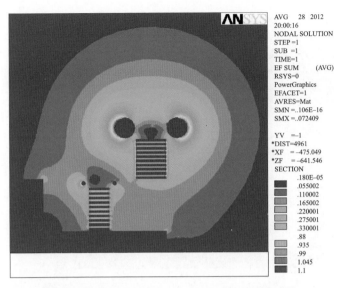

图 5-4　R=1000mm、r=400mm 时电场分布

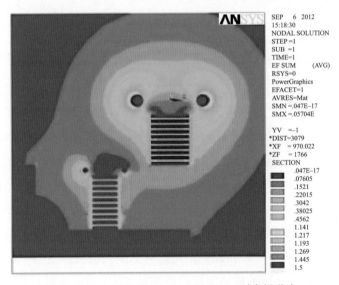

图 5-5　R=1000mm、r=200mm 时电场分布

　　由表 5-1 可见，三种不同尺寸下的经验公式计算值与利用 ANSYS 有限元方法计算值相比，均略偏低。

　　一般而言，均压环的尺寸设计得越大，电场强度越低，其均压效果会越好，而对于试验平台而言，大尺寸可能会对平台有限空间内的布置带来诸多问题。因此，电抗器分压器共用均压环的尺寸应在其均压效果能够满足现场实际需要的前提下设计得尽可能小。

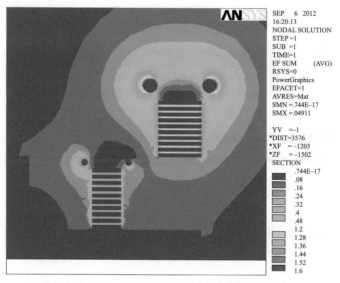

图 5-6　*R*=800mm、*r*=200mm 时电场分布

表 5-1　　　　　　　　均压环处最大电场强度　　　　　　单位：kV/cm

计算方法	*R*=1000mm、*r*=200mm	*R*=800mm、*r*=200mm	*R*=1000mm、*r*=400mm
ANSYS 有限元	15	16	11
经验公式	13.91	15.5	10.01

　　经验表明，电场强度不超过 15kV/cm 的情况下，可以保证不出现电晕放电。由表 5-1 可见，当大均压环设计尺寸为 *R*=1000mm、*r*=400mm 时，虽然其均压效果能够满足现场实际需要，但最大电场强度裕度过大，尺寸设计得不够小；当大均压环设计尺寸为 *R*=800mm、*r*=200mm 时，尺寸小，但均压环处最大电场强度（即平台最大场强）超过 15kV/cm，不满足现场实际需要；当大均压环设计尺寸为 *R*=1000mm、*r*=200mm 时，均压环处最大电场强度（即平台最大场强）正好为 15kV/cm，不仅均压效果能够满足现场实际需要，而且在此前提下其尺寸已设计得尽可能小。

　　因此，试验平台将均压环尺寸确定为 *R*=1000mm、*r*=200mm。

　　为确保更好的均压效果，将均压环设计为上下双环结构，双均压环的上下环可在 *R*=1000mm、*r*=200mm 的基础上稍微加大尺寸，由于单均压环的上沿面已接近于车厢顶部，故 *r* 应不变，当 *R* 稍增大为 1050mm 时，储运状态下双环与下节电抗器均压环的间隙仅为 32.93mm，因此，将双均压环的上下环的尺寸

确定为 $R=1050\text{mm}$、$r=200\text{mm}$，上下环的间距确定为 400mm。均压环及其举升装置的结构尺寸图如图 5–7 所示，该均压环与下节电抗器的小均压环的位置结构尺寸图如图 5–8 所示。

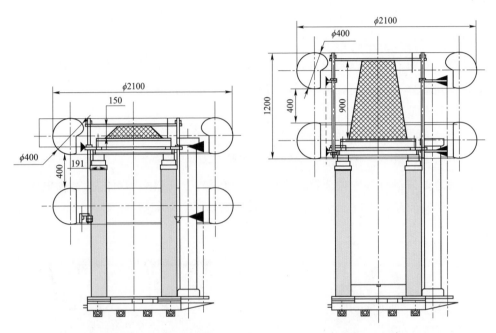

图 5–7　均压环及其举升装置的结构尺寸图（单位：mm）

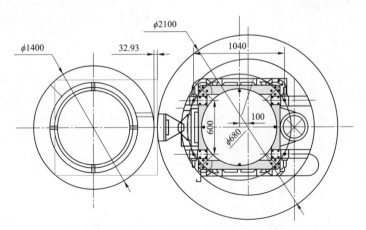

图 5–8　大均压环与小均压环的位置结构尺寸图（单位：mm）

均压环及其举升装置的现场实物图如图 5–9 所示。

5.2.2 电抗器分压器共用均压环一体化紧凑型设计

1. 必要性

在传统的高压变频试验装置中,升压谐振电抗器与测压电容分压器分别需要各自的支撑底座和均压系统,两者之间还需要进行防电晕连接,本试验平台通过上节电抗器、分压器共用均压环的一体化设计,减少了一套均压系统和支撑底座,同时省去了原来两者之间的防电晕连接,减少了均压环的制作,降低了成本,简化了现场安装与接线,节省了试验场地,这对于空间非常有限的试验平台具有重要意义。

2. 具体实现方式

上节电抗器、分压器的上端通过共用均压环保持等电位,下端通过一块环氧板固定,未进行等电位连接,为防止电抗器与分压器之间可能存在的电位差以及电抗器的漏磁干扰,电抗器与分压器之间保持一定间隙,具体照片如图5-10所示。

图5-9 均压环及其举升装置的现场实物图　　图5-10 电抗器分压器共用均压环实物图

3. 电抗器与分压器之间的电压差

交流耐压试验时，电路图如图 5-11 所示。

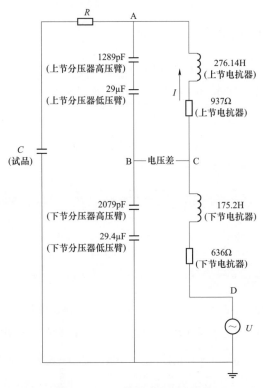

图 5-11　交流耐压试验电路图

图 5-11 中，U 为变压器输出电压，C 为试品电容，R 为串联谐振装置与试品间加压线的等效电阻，另外，以上电路中还应存在其他电阻，这里未一一画出。

当试验频率在谐振点，试验电压升至额定电压 $U_A = 750\text{kV}$ 时，假设回路总电流为 $\dot{I}$，电容分压器电压按电容量反比分配，上节分压器两端电压为

$$U_{AB} = 750 \times \frac{2079}{2079 + 1289} \approx 462.96\,(\text{kV})。$$

上节电抗器两端电压为 $\dot{U}_{CA} = \dot{I}(937 + j276.14w)$。

上节电抗器下端与分压器下端之间的电压差 $\dot{U}_{CB} = \dot{U}_{CA} + \dot{U}_{AB}$。下面计算两种边界情况下的 U_{CB} 值。

（1）空载情况，即 $C=0$ 时，

$$w = \frac{1}{\sqrt{LC}} = \frac{10^6}{\sqrt{(276.14 + 175.2) \times \left(\dfrac{1289 \times 2079}{1289 + 2079}\right)}} \approx 1668.708$$

$$I = U_A \times wC = 750000 \times 1668.708 \times \frac{1289 \times 2079}{1289 + 2079} \times 10^{-12} \approx 0.996\,(A)$$

$$\dot{U}_{CB} = \dot{U}_{CA} + \dot{U}_{AB} = \dot{I}(937 + j276.14w) - j462.96 \times 1000$$
$$= 0.996 \times (937 + j276.14 \times 1668.708) - j462960 = 933.252 - j4006.161$$

$$U_{CB} = \sqrt{933.252^2 + 4006.161^2} \approx 4113\,(V) = 4.113\,(kV)$$

（2）最大负载情况，即 $I=6A$，达到电抗器额定电流时，

$\dot{U}_A$ 与 $\dot{U}$ 基本垂直，故

$$U_{AD} = IZ = 6 \times \sqrt{(937 + 636)^2 + w^2(276.14 + 175.2)^2} \approx \sqrt{750000^2 + \dot{U}^2}\,,$$

变压器输出电压 $\dot{U}$ 在 0～30kV 变化，

$\Rightarrow w = 276.93 \sim 277.15 \approx 277$，

$\dot{U}_{AB}$ 与 $\dot{I}$ 基本垂直，故

$$\dot{U}_{CB} = \dot{U}_{CA} + \dot{U}_{AB} = \dot{I}(937 + j276.14w) - j462.96 \times 1000$$
$$= 6 \times (937 + j276.14 \times 277) - j462960 = 5622 - j4015.32$$

$$U_{CB} = \sqrt{5622^2 + 4015.32^2} = 6909\,(V) = 6.909\,(kV)$$

上节电抗器由多个电感量相等的电感串联组成，上节分压器由多个电容量相等的电容串联组成，即上节电抗器与分压器的电位基本上是均匀分布的，因此，上节电抗器与分压器之间最大的电压差位于其下端。

综上所述，上节电抗器与分压器之间最大的电压差位于其下端，此电压差应该在4～7kV波动。

正常情况下，上节电抗器与分压器之间空气间隙（初始设计为7cm）应能够耐受两者之间的电压差。假定上节电抗器与分压器下端之间电场为均匀电场，其电场强度为 $E = (4 \sim 7)/7 \leqslant 1$（kV/cm），远低于空气间隙击穿场强，也低于电晕起始场强，而实际上上节电抗器与分压器下端之间并非均匀电场，其最大电场强度会大于 1kV/cm，但应该仍低于空气间隙击穿场强。

4. 下节电抗器、分压器布置方式

由于 110、220kV 开关设备的交流耐压值不超过 460kV，远低于 550kV 开关

设备的交流耐压值，耐压所需的绝缘距离、加压波纹管直径等各方面存在较大差异，考虑到 110、220kV 高压开关设备交流耐压试验的便捷性，可仅使用上节电抗器与分压器即可完成试验，此时，需将下节电抗器、分压器均移开，远离上节电抗器、分压器共用均压环一体化结构，以保证足够的绝缘距离。

对于下节分压器，其下部加装滑轮结构，并在上节电抗器、分压器底座的滑轨一侧并行加装滑轨，下节分压器即可在此滑轨上移动至任意位置。

当进行 110、220kV 高压开关设备交流耐压试验时，通过将上节电抗器、分压器的底座与下节电抗器的底座之间的连接板打开，将下节电抗器、分压器移回至固定车厢，并将上节电抗器、分压器共用均压环一体化结构举升至一定高度，满足绝缘距离要求即可，无须举升至最高位置，更加高效、安全。

5.2.3　电抗器气动举升和防坠技术

1. 必要性

高压谐振电抗器工作时往往需要两节甚至多节重叠串联使用，以达到输出电压叠加的目的。单台设备的质量通常都在 1t 以上，必须借助现场大型吊装设备对其进行组装，造成工序烦琐、组装时间长、安全隐患多；尤其对于车载试验设备而言，为了实现高压试验在车上进行，同时在运输时还不能超高，且重心要求尽可能降低，这就需要一种装置，既能把重型高压带电设备举升到一定高度进行锁定，又没有任何结构部件是金属导电体，从而保证高电压绝缘性能；并在试验结束后装置还可将设备下降至原来的最低位置，进行固定后便于运输。

2. 传动方式选择

本举升装置需要将电抗器分压器共用均压环一体化结构举升至试验高度，其举升质量约 2000kg，举升高度约 1.7m，完成举升所需能量应至少为 $2000 \times 9.8 \times 1.7 = 33320$（J）$= 33.32$（kJ），为保证试验平台高效性，其举升时间需尽可能短，故传动控制系统传递功率应较大，可首先排除使用传递功率小的电气控制系统。虽然液压传动运行平稳，传送功率大，但气压传动动作迅速，反应快，可在较短的时间内达到所需的压力和速度，且安全可靠，而这正是追求高效安全的试验平台所需要的。尤其是举升装置需要能够耐受 750kV 电压，气压传动因其优良且稳定的绝缘性能而更具优势。因此，本举升装置选择具有节能、无污染、高效、低成本、安全可靠、结构简单等一系列优点的气动传动方式。

3. 具体实现方式

气动举升装置的侧视示意图、剖视图以及支撑底座处于收缩状态的示意图如图 5-12 所示。

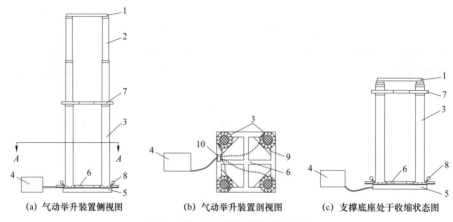

(a) 气动举升装置侧视图　　(b) 气动举升装置剖视图　　(c) 支撑底座处于收缩状态图

图 5-12　气动举升装置示意图

1—承载板；2—活塞杆；3—缸筒；4—空气压缩机；5—底板；6—减震机构；
7—锁定机构；8—气压表；9—安装机构；10—分流机构

试验平台气动举升装置包括用于承载电抗器的承载板以及用于驱动承载板升降的驱动控制机构。

驱动控制机构包括活塞杆分别固装在承载板下方的四个气缸，四个气缸的缸筒通过分流机构连接至驱动空气压缩机，各个气缸固装在一底板上，在承载板的下方，各个气缸之间设置有用于支撑落下来的承载板的减震机构，承载板与这些气缸的缸筒之间设置有锁定机构。当承载板带动电抗器上升至工作所需高度时，承载板通过锁定机构对应锁定在这些气缸的缸筒上，即旋转电抗器底部保险杠并将两端锁定在气缸缸筒上；当设备工作结束之后，锁定机构解锁以便空气压缩机能够驱动各个气缸带动承载板及设备下降。这些气缸均为绝缘材料制成，每个气缸均为三级气缸，气缸上安装有用于实时监测气体压力的气压表。底板上设置有用于对外安装的安装机构，在将该支撑底座放置在运输车上时，可以通过其底板上的安装机构将其与其上的设备一起固定在车厢内，以防运输中对设备造成损坏。

气动举升装置运行中的过程如图 5-13 所示。

气动举升装置通过驱动控制机构控制电抗器的承载板升降，以便电抗器在高处工作，而在电抗器使用结束后，又能够将其降低，以便搬运和储藏，为安

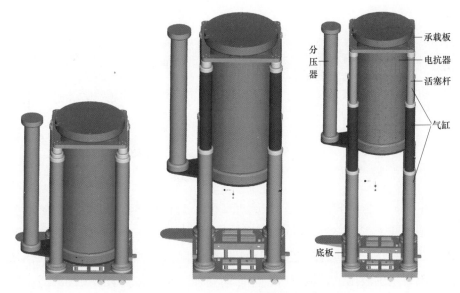

图 5-13　气动举升装置运行中的过程图

全起见，在上升的最高位设置有限位机构。整个气动举升装置结构可靠、应用便捷。

4. 均压环举升装置

对于 750kV 高压开关设备的交流耐压试验而言，单均压环的均压效果不是很理想，当达到平台额定电压 750kV 时，将存在较强的电晕放电，甚至有时出现对地击穿放电。因此，需将单均压环结构改为均压效果更为理想的双均压环结构。

单均压环的上沿面已接近于车厢顶部，故电抗器与双均压环的高度之和必将超过车厢顶部，因此，需要为双均压环配备一个专门的举升装置，试验时将双均压环举升至试验位置（因试验时举升装置被包围在双均压环内部，两端未承受高电压，无须考虑其绝缘性能），试验结束后，能够将双均压环降低，确保储运状态下双均压环低于车厢高度。由于空间尺寸所限，举升装置选用具有体积小、质量轻、结构紧凑等诸多优点的液压传动方式。举升装置示意图如图 5-14 所示。

该举升装置包括用于承载双环结构的承载板（承载板上面固定双环结构的上环）以及用于驱动承载板升降的驱动控制装置，举升装置通过驱动控制机构控制承载板升降，以便双环结构在高处工作，使其下环位于上节电抗器顶部，

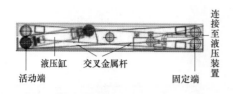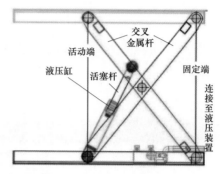

图 5-14 均压环举升装置示意图

试验结束后，又能够将其降低，使其上环位于上节电抗器顶部，确保储运状态下双环结构低于车厢高度。其中，驱动控制机构包括一对单端可活动的交叉金属杆以及活塞杆一端固装在交叉金属杆上的液压缸，该液压缸由金属材料制成，且由液压装置供液压油。应用时，先启动空气压缩机，驱动四个气缸动作而将承载板带动其上的电抗器分压器共用均压环一体化结构一起上升至工作所需的高度，再启动液压装置，驱动活塞杆动作并带动交叉金属杆，而将承载板带动双环结构一起上升至所需的高度。试验结束后，按相反顺序操作。

5.3 试 验 装 备

试验平台应满足如下总体要求：

（1）试验平台总体功能要求是在车上独立完成 750kV 及以下高压开关设备交流耐压试验等电网主设备特殊试验，并且，试验设备不下车、无须二次组装；不依靠外部吊装机具，各部件之间无须重复接线；试验平台自动展开，试验设备自动到位。

（2）试验平台必须能够自动展开达到试验状态，以满足试验所需的安全绝缘距离；且能够逆向操作，收回车内达到储运状态。由于试验平台展开后的承重方式改变以及试验设备到位后的重心升高，必须配置相应的辅助支撑系统，以确保试验平台支撑稳定性。

（3）车载试验设备的高压部件无须二次组装即可通过自动或手动操作位移到位。高压输出部件、高压测压部件和均压罩等，在最高试验电压下，必须保证与车体及地或其他部件之间保持足够的安全绝缘距离。

（4）所有展开及位移操作必须以电动、液压、气动等各种自动操作模式完成。

（5）除外接电源以外所有自动操作模式的动力源均须由试验平台自身解决，如车载液压/气压工作站。

（6）试验平台的展开不能因为偶发性故障导致试验无法进行。试验平台的展开及试验设备到位的每一个自动操作步骤都具有相应的应急手动操作功能。

（7）所有位移机构必须有限位装置，以确保设备准确到位及位移安全。

（8）车载试验设备各部件之间的连接线采用固定接线方式，并且满足试验平台展开和试验设备到位的位移工况，无须每次试验重复接线。

5.3.1　主要性能参数

对试验平台串联谐振装置的电气参数进行设计时，应考虑其有广泛的适应性，能满足 750kV 及以下高压开关设备绝缘试验工作，同时考虑扩展性及现场的复杂性，必须有一定的容量备用。在满足以上条件的同时还要考虑到试验平台的空间非常有限。

5.3.1.1　系统额定参数

1．系统额定电压

750kV 高压开关设备车载绝缘试验平台主要针对 750kV 及以下电压等级高压开关设备。按照 DL/T 618—2022《气体绝缘金属封闭开关设备现场交接试验规程》的要求，GIS 的交流耐压值应不低于出厂值的 100%。110、220、500kV GIS 设备的交流耐压值分别为 230、460、740kV。另外，按照 Q/GDW 157—2007《750kV 电气设备交接试验标准》，750kV SF_6 断路器主回路对地、断路器断口工频耐受电压值为出厂工频试验电压值的 80%，即 $960 \times 80\% = 768$（kV），时间 1min。

为具备完成 550kV 及以下电压等级开关设备以及 750kV SF_6 断路器的出厂、交接试验能力，将本试验平台的额定试验电压值定为 750kV（750kV 高压开关设备车载绝缘试验平台可耐受 1.1 倍额定耐受电压，即可完成 768kV 持续 1min 的耐压试验）。

2．系统额定电流

试验电压：$U = 768$kV；试验频率：30～300Hz；加压时间：30min/相。

假设装置能同时完成 3 台 750kV 罐式断路器（每台三相）的耐压试验，电容量 C 约为 27000pF，电抗器电感 L 为 442H。

$$f = \frac{1}{2\pi\sqrt{LC}} = \frac{1}{2\pi\sqrt{442 \times 27000 \times 10^{-12}}} \approx 46.07 \,(\text{Hz})$$

$$I = 2\pi fUC = 2\pi \times 46.07 \times 768000 \times (27000 \times 10^{-12}) \approx 6 \,(\text{A})$$

因此，750kV 成套变频串联谐振试验装置的额定电流定为 6A。

3. 安全绝缘距离

试验平台自动展开到位后，各高压设备与车体/地面之间的绝缘距离均应满足在最高压试验时的安全绝缘距离要求。例如，上节电抗器、分压器均压环与车体/地面之间的空气间隙应能承受 750kV 的高压，至少 3m；下节电抗器、分压器均压环与车体/地面之间的空气间隙应能承受 290kV 的高压，至少 1.2m。

4. 串联谐振系统的技术参数

系统工作方式：调频式固定电抗器谐振方式；额定输出电压：750kV；额定输出电流：6A；额定试验容量：4500kVA；额定输出频率：30～300Hz；电压测量精度：1.0 级；试验电压波型：正弦波，波形畸变率小于等于 1.0%；试验电压稳定度：1.0%；系统工作制：满功率输出下，连续工作时间 30min；输入工作电源：三相 380V（1±10%），50Hz（1±5%），小于 651A/相。

5.3.1.2　平台车辆载重与尺寸

《超限运输车辆行驶公路管理规定》中规定，所称超限运输车辆是指在公路上行驶的、有下列情形之一的运输车辆。① 车货总高度从地面算起 4m 以上，集装箱车货总高度从地面算起 4.2m 以上；② 车货总长 18m 以上；③ 车货总宽度 2.5m 以上；④ 单车、半挂列车、全挂列车车货总质量 40000kg 以上，集装箱半挂列车车货总质量 46000kg 以上；⑤ 车辆轴载质量在下列规定值以上：单轴（每侧单轮胎）载质量 6000kg，单轴（每侧双轮胎）载质量 10000kg，双联轴（每侧单轮胎）载质量 10000kg，双联轴（每侧各一单轮胎、双轮胎）载质量 14000kg，双联轴（每侧双轮胎）载质量 18000kg，三联轴（每侧单轮胎）载质量 12000kg，三联轴（每侧双轮胎）载质量 22000kg。

为使试验平台不受超限运输车辆在道路运输中的诸多限制，运输方便快捷，应使试验平台储运状态下的尺寸低于《超限运输车辆行驶公路管理规定》中最低值。即，长小于 18m，宽小于 2.5m，高小于 4m，车货总质量小于 40000kg，双联轴（每侧双轮胎）载质量小于 18000kg。

GB 1589—2016《汽车、挂车及汽车列车外廓尺寸、轴荷及质量限值》中规定汽车类型为货车、二轴、最大设计总质量大于 12000kg 时，汽车外廓尺寸的最大限值为车长 9m、宽 2.5m、高 4m。另外，货厢与驾驶室分离且货厢为整体封闭式时，车长限值增加 1m；对于货厢为整体封闭式的厢式货车（且货厢与驾驶室分离）、整体封闭式厢式半挂车及整体封闭式厢式汽车列车，以及车长大于 11m 的客车，车宽最大限值为 2.55m。

同时，为方便平台车辆在变电站内相间道等狭窄道路上的通行，即满足在主干道 4m、消防道路 3.5m、检修道路 3m 的变电站标准道路上的通行条件，应将平台车辆的尺寸限值定为长 9m、宽 2.5m、高 4m。

5.3.2 试验装备

5.3.2.1 变频电源

1. 额定容量

变频电源的作用就是给谐振回路的有功提供电源，因此变频电源的容量应大于系统所需要的最大有功功率，系统额定电压 750kV，额定电流 6A，系统的无功容量可达 750×6＝4500（kW），通过电路原理可知，系统品质因数就是无功容量和有功容量的比值。一般由于现场环境的影响，以及高压试验时电晕损耗的增加，整个系统的有功损耗增加，品质因数降低，在不采取任何防晕措施的情况下，强电晕产生的电压和功率损耗，使得系统的品质因数降低到 30 甚至更低，此时电晕损耗占系统有功损耗的主要部分，假定品质因数低至 15，则变频电源的输出功率为 300kW，若变频电源的效率约为 90%，则整个变频电源的输入功率为 350kW。

2. 变频电源输入输出

上面说到变频电源的输入要求 350kW，在市电中一般的配电变压器容量也就 315kW，如果需要更高容量通常是两台或三台并联运行，因此变频电源必须采用三相 380V 电源输入，单相电源无法满足大容量电源的要求。整套串联谐振系统是单相系统，因此变频电源输出采用单相输出的形式。通过内部原理分析，一般该类电源的输出电压为单相 0～500V 可调，同时由于电力试验还要求频率必须在 30～300Hz 平滑可调。

为保证现场交流耐压试验的可靠性，共配置 2 套变频电源，其中 1 套备用。

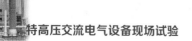

3. 技术参数

设计的变频电源技术参数如下。

输入工作电源：三相 380V（1±10%），50Hz，小于 600A/相；输出电压和电流：0～500V（单相），最大电流 600A；输出频率：30～300Hz，频率调节细度 0.1Hz，不稳定度小于 0.05%；额定输出功率：300kW；外形尺寸和质量：640mm×800mm×1300mm，350kg。

5.3.2.2　中间变压器

变频电源内部采用整流逆变电子电路，使得输出和其输入的市电电源之间没有隔离，因此整个变频电源输出的两个端子无法直接接地，同时由于品质因数 Q 值不太高，变频电源的输出远远不能满足输出电压的需要，因此需要一个励磁隔离变压器来实现升压和隔离的效果。

上面提到，变频电源满载输出时的输出功率为 300kW，因此为了配合变频电源输出，励磁变压器的低压侧容量和变频电源的输出功率相同，为 300kW。同时励磁变压器的损耗极小，基本可以忽略不计，因此励磁变压器的输出功率也为 300kW。

1. 变压器高、低压抽头电压

品质因数 Q 值一般受现场温湿度环境、试品、加压波纹管直径、施加电压等多方面因素影响，现场施加电压至 750kV 时的 Q 值一般为 25～50，则中间变压器的高压抽头输出值为 15～30kV，因此，高压可由两个额定电压值为 15kV 的抽头进行并联或串联输出，可通过两个相互独立的绕组并联或串联实现。

变频柜的输出电压为 0～500V，则中间变压器的低压抽头输入值可选择为 500V，同时，为了对变压器的变比进行微调，将低压抽头的电压值选择为 450V/500V/550V，可通过一个绕组加两个中间抽头的方式实现。

这样，变压器变比共有六种选择方式：15kV/550V、15kV/500V、15kV/450V、30kV/550V、30kV/500V、30kV/450V。

2. 技术参数

设计的中间变压器技术参数如下。

额定容量：300kVA；额定输出电压：500V；输入电压：450V/500V/550V；高压输出：15kV/10A×2（2 个），可串可并；额定频率：45Hz；工作频率：

30～300Hz；温升：小于等于 65K；工作制：30min；外形尺寸和质量：800mm×1000mm×900mm，1500kg。

由于是车载使用，变压器的长宽尺寸、储油柜方向均有要求。

5.3.2.3 电抗器

试验回路的谐振升压电抗器主要作为试验设备的静止无功感性电源，同时通过串联谐振升压原理，获得所需的高压试验电压。

通过串联谐振升压电路的原理分析，谐振电抗器的电压应和试验电压相当。如前文所述，本试验平台的额定试验电压值为750kV。通过了解厂家的制造工艺，以及考虑试验平台上完成试验的可行性，单节 750kV 电抗器设计制造起来显然不现实，因此考虑采用多节电抗器串联加压的形式来获得高压。

由于 110、220kV GIS 设备远低于 550kV GIS 设备的交流耐压值，耐压所需的绝缘距离、加压波纹管直径等各方面存在较大差异，考虑到 110、220kV GIS 设备交流耐压试验的便捷性，以及电抗器与其配套装置研制与布置的可操作性，需将电抗器分为两节，一节的额定电压值应为 220kV GIS 设备的交流耐压值，即为 460kV，另一节的额定电压值则为 750－460＝290（kV）。460kV 电抗器所需对地绝缘距离较大，定为上节；下节电抗器额定电压即为 290kV。

1．技术参数

（1）设计的 460kV 电抗器技术参数如下。

额定容量：2760kVA；工作频率：45～300Hz；额定电流：6.0A；工作热容量：6A/30min，4.2A/60min；冷却方式：ONAN；装置种类：户内；品质因数（Q）（f=45Hz）：64.14；总损耗：43031.26W；电感：271.15H；电阻：1195.313Ω；感应耐压：1.2×460kV 100Hz，1min；外施耐压：15kV 50Hz，5min（尾部）；质量：器身重（765kg）＋油重（485kg）＝总重（1250kg）。

（2）设计的 290kV 电抗器技术参数如下。

额定容量：1740kVA；工作频率：45～300Hz；额定电流：6.0A；工作热容量：6A/30min，4.2A/60min；冷却方式：ONAN；装置种类：户内；品质因数（Q）（f=45Hz）：59.41；总损耗：29289.3W；电感：170.94H；电阻：813.5917Ω；感应耐压：1.2×290kV 100Hz，1min；外施耐压：10kV 50Hz，5min（尾部）；质量：器身重（570kg）＋油重（380kg）＝总重（950kg）。

2. 防涡流导致发热

由于电抗器采用空心式结构，为防止试验时涡流产生的热效应损伤设备，特采取如下措施：

（1）外壳上下盖板、上下法兰均采用不导磁或反磁性板。

（2）电抗器底座采用防涡流绝缘底座，它能够有效防止金属平台在磁场作用下的涡流发热。

（3）电抗器均压环均不闭合，留有缺口。

3. 加强外绝缘

由于电抗器为车载式设备，车体内部高度减去电抗器底座高度，电抗器自身高度非常有限，低于 1.6m，故需采用紧凑型设计。对于 290kV 电抗器，此高度满足其外绝缘要求；而对于 460kV 电抗器，此高度满足干弧距离要求，但爬电距离难以满足绝缘要求。因此，采取如下措施：上节电抗器环氧树脂绝缘筒外壳采用伞裙结构，以增加爬电距离。

5.3.2.4 分压器

规程规定，高压试验时必须从高压侧直接测量电压，同时由于串联谐振系统的特殊性，也必须采用高压侧测量。高压分压器采用高压臂电容和低压臂电容串联组成，由于高压臂电容远远小于低压臂电容，因此整个分压器的电容由高压臂的电容量来决定。高压电容测量单元必须满足最高试验电压测量的要求，因此确定高压电容分压器测量单元的测量范围为 0～750kV。由于单节 750kV 分压器太高，同时考虑到 110、220kV GIS 设备交流耐压试验的便捷性，以及分压器与其配套装置研制与布置的可操作性，将分压器分为两节，上节的额定电压值为 460kV，下节的额定电压值为 290kV，与上、下节电抗器的额定电压保持一致。分压器的精度要求为 1%，以满足现场高压测试电压 3% 的误差要求，同时分压器应满足介质损耗小、温度系数低、电容变化小等要求。

技术参数如下。

工作方式：纯电容式；额定电容量：750kV/800pF，290kV/2069pF，460kV/1304pF；额定分压比：37880/25250/12620:1；工作频率：30～300Hz；测量误差小于 1.0%。

5.3.2.5 高压引线防晕参数选择

由于电压的升高，以及现场试验时电场的不均匀性，在高压试验过程中，会因为导线和设备表面场强过高而导致导线表面空气发生电离击穿而产生紫色的放电现象，电晕放电是极不均匀场一种特有的现象。从电学来说，发生电晕放电是对能量的一种损耗，因此电晕放电可以等效为电阻。在串联谐振回路里，整个回路的等效电阻直接决定了谐振系统的升压倍数。根据现场实际操作经验来说，一般最细的细铁丝的起晕电压为 30～40kV，6mm² 黄绿接地线的起晕电压为 60～70kV，而直径 3cm 的波纹管的起晕电压为 150～160kV，直径 10cm 的波纹管的起晕电压为 250～270kV。通过皮克公式可知，单位长度导线交流电压的电晕损耗与试验电压和起晕电压差值的平方成正比。通过以上分析，整个谐振回路的电流相同，可以得出，当电压较高时，系统等效电阻的主要部分由电晕损耗提供，因此当系统电晕损耗增加 1 倍时，等效电阻也增加近 1 倍，整个回路的 Q 值也降低近 1 倍，极大影响了系统的升压倍数。因此可通过提高系统的起始电晕电压来避免系统的 Q 值降低，从而降低励磁变压器输出电压限制和变频电源的有功输出限制。考虑现场使用的方便性，同时为了适应恶劣天气和现场环境（电气安全距离低、试验引线长），在 750kV 电压时选择直径为 45cm 的防晕波纹管，在防晕波纹管中穿铜线以保证试验电流 6A 的通流能力，同时还应穿上绝缘绳来保证整个高压引线的机械强度。

5.3.3　试验平台运行形态

试验平台是集机动化、集成化、自动化于一身的系统工程。将 750kV 高压串联谐振耐压成套设备以及其他多种设备和专业技术高度集成在经特殊改装的车辆上，且自动展开试验平台，试验设备无须下车，无须组装，内部无须每次接线，也无须依赖外部装卸机具，即可在车上独立完成所有试验。试验结束，逆向操作可使试验平台快速收回至储运状态，离开现场。

1. 试验平台储运状态

750kV 高压开关设备车载绝缘试验平台改装后长 8.91m、宽 2.48m、高 3.95m、重 16.5t，满足《超限运输车辆行驶公路管理规定》与 GB 1589—2016《汽车、挂车及汽车列车外廓尺寸、轴荷及质量限值》的规定，同时满足在主干道 4m、消防道路 3.5m、检修道路 3m 的变电站标准道路上的通行条件。平台左侧、右侧示意图如图 5–15、图 5–16 所示。

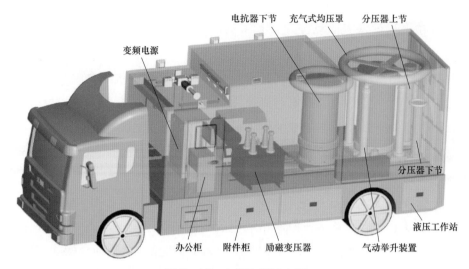

电抗器下节　充气式均压罩　分压器上节

变频电源

分压器下节

液压工作站

办公柜　附件柜　励磁变压器　气动举升装置

图 5-15　车辆左侧示意图

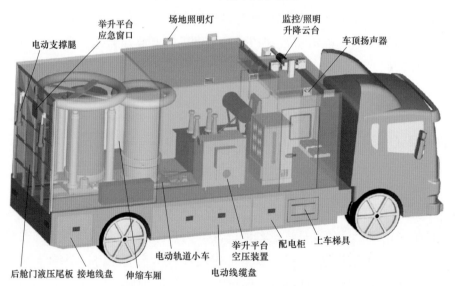

举升平台应急窗口　场地照明灯　监控/照明升降云台　车顶扬声器

电动支撑腿

电动轨道小车　举升平台空压装置　配电柜　上车梯具

后舱门液压尾板　接地线盘　伸缩车厢　电动线缆盘

图 5-16　车辆右侧示意图

2. 试验平台自动展开

750kV 高压开关设备车载绝缘试验平台自动展开依靠如下优化设计：① 带电动支撑的液压尾板；② 电动伸缩车厢；③ 电动轨道小车；④ 气动举升装置；⑤ 电抗器与分压器连为一体共用均压顶环结构。

试验平台自动展开后长 12.7m、宽 3m、最高点离地面距离 5.35m。试验状态示意图如图 5-17 所示。

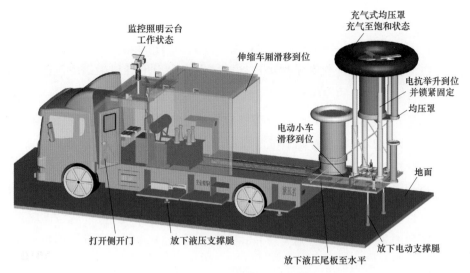

图 5-17　试验状态示意图

　　试验平台自动展开步骤如下（停靠到位后，试验平台所有准备工作最多 1h，即可开始试验）：① 将试验平台停靠到位，打开汽车电源；② 打开液压工作站电源；③ 操作自动液压系统，将试验平台上四个液压辅助支撑腿升起，然后打开试验舱尾板至水平位置；④ 操作电动操作系统，升起尾板支撑腿；⑤ 操作电动装置，将伸缩车厢向前滑移到位；⑥ 操作电动装置，将电动小车滑移到位，并进行固定；⑦ 操作气动举升装置，将电抗器举升到试验位置，并使用锁定机构将电抗器进行高位固定；⑧ 操作液压举升装置，将上节电抗器、分压器共用均压环举升到试验位置。

　　3. 安全绝缘距离

　　750kV 高压开关设备车载绝缘试验平台自动展开到位后，各高压设备与车体/地面之间的绝缘距离均满足在最高压试验时的安全绝缘距离要求。例如，上节电抗器、分压器均压环与车体/地面（地电位）之间的最小绝缘距离为 3.47m，下节电抗器均压环与车体/地面之间的最小绝缘距离为 1.7m。

　　4. 自动展开模式

　　试验平台所有展开及位移操作使用电动、液压、气动多种自动操作模式完成。通过操作自动液压系统将试验平台尾板展开到位；通过操作电动操作系统将车辆前后共四个液压支撑腿、尾板支腿、伸缩车厢和电动小车位移到位；通过操作气动举升装置将电抗器举升到位，并使用锁定机构在高位固定。

　　试验平台除外接电源以外所有自动操作模式的动力源均须由试验平台自身

解决。自动液压系统由车上配备的液压工作站提供动力；电动操作系统由车辆本身自带的汽车电瓶和外接单相 220V 电源提供动力；气动举升装置由车载静音气泵（气泵具有空气净化和干燥处理功能，在任何湿度环境中均能保证气缸内送至绝缘升降支柱筒的空气达到良好绝缘性能）提供动力。

试验平台上所有位移机构均设有限位装置，电动轨道小车还设置了限位开关。以确保试验设备位移准确到位及固定安全。

为保证在电动、液压、气动等自动位移操作偶发故障时试验能正常进行，试验平台配有相应的应急手动操作备份。例如，车载式液压工作站专门设置手动加长压杆进行应急液压操作，故障时打开液压工作站并逆时针旋转油路控制按钮即可使用手动加长压杆进行操作；电动位移操作发生故障时，可将电动传动机构解锁后，采用手推到位。

5. 试验连线

750kV 高压开关设备车载绝缘试验平台车载试验设备各部件之间连接线均采用固定接线方式。平台同时满足试验平台展开和试验设备位移工况，无须每次试验重复接线。除已固定接线外，其他需进行连接的位置均无须登高操作即可完成。

750kV 高压开关设备车载绝缘试验平台设备接线示意图如图 5-18 所示。

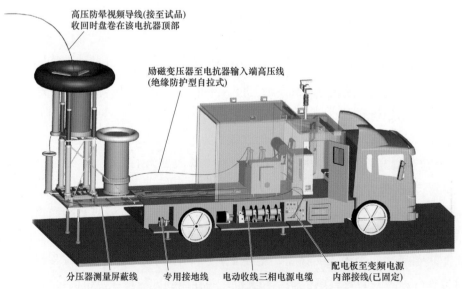

图 5-18 试验平台设备接线示意图

5.3.4　试验平台流程化操作

不同于具有随意性的常规吊装方式下的操作，试验平台采用流程化操作，减小了试验人员在试验过程中出错的概率，保证了试验的安全系数。

1. 试验平台展开操作

试验平台展开流程化操作步骤如下：

（1）选点定位。

1）选择现场平整硬化路面（试验平台尾部靠近被试品，保证试验平台与周围带电部分保持足够的安全距离）。

2）打开两侧所有裙边箱仓门。

3）取出垫块塞住车轮定位。

（2）支撑调平。

将垫块分别放于各支撑腿下部，将电瓶上方的电瓶开关合上，打开电动支撑腿控制箱电源开关，操作控制器放下电动支撑腿。观察水平仪指示，调整平台水平（若打为自动挡，可自行调平）。

（3）辅助接地。

1）拉出辅助设备接地线，将地线与主地网可靠连接。

2）将仓内接地引出插头与地线盘上的端子可靠连接（若接地不良，自动检测将报警）。

（4）接通辅助电源。

1）拉出设备电源电缆，将端头与现场单相 220V、大于等于 25A 电源可靠连接。

2）将仓内电源插头与线盘插座可靠连接。

（5）主电源接线。

1）分别拉出主电源线，端头对应与三相配电板 A、B、C 端可靠连接，合上绝缘罩。

2）另一端对应与现场三相 380V 电源可靠连接。

（6）打开两侧车门。

1）解锁抽拉梯限位销，将梯子拉出放下并翻开踏板。

2）打开试验平台右侧车门并锁定。

3）进入车厢，由内部打开左侧车门取下挂梯。

4）车下人员将左侧车门锁定并接下挂梯放至挂梯点。

（7）辅助设备送电。

1）合上配电控制板上的"220V总电源"开关、"交流电源"开关（表计、指示灯正常）。

2）进入车厢，根据需要，合上辅助设备电源控制箱上的开关。

（8）打开探照灯（需要时）。

1）取出写字桌抽屉内的探照灯桅杆控制器。

2）将控制器与线控器接口连接。

3）操作升起桅杆、调节方向和角度并打开探照灯。

（9）放尾板收滑移仓。

1）解锁滑移仓限位销。

2）打开液压电源开关（红灯亮），操作尾板控制器，将尾板放下至水平位置，同时观察水平尺，确保尾板与车厢地面保持水平一致。

3）确认滑移仓移动范围内无障碍物。

（10）放下尾板支撑腿调平。

操作综合控制器，将尾板支撑腿放下至地面，垂直并支撑到位，同时观察水平尺，使尾板保持平衡。

（11）解除设备紧固及限位。

1）将挂梯移至车厢后部挂梯点，并确认稳固。

2）拆除小车上电抗器紧固扎带，盘好放入附件箱。

3）拆除小车的轨道限位块。

（12）移出小车并固定。

1）确认平台运动范围内无障碍物，操作综合控制器将移动平台滑移至尾板后端（限位动作）。

2）安装轨道限位块将小车固定。

3）移动下节分压器至指定位置。

（13）举升电抗器。

1）启动空气压缩机。

2）操作气动举升控制器将电抗器举升至最高限位处（白色标线）。

3）旋转电抗器底部保险杠并将两端锁定在立柱上。

（14）举升均压环。

操作上节电抗器均压环的举升控制器，将双均压环结构举升至最高限位处。

（15）设备接地及连线检查。

1）取出平台内试验接地线盘，将试验设备与主地网可靠连接。

2）从附件箱取出各连接线附件连接设备。

3）根据试验需要，选择中间变压器连接方式。

4）检查试验连线是否正确。

（16）作业场地布置。

1）装设安全围栏。

2）布置主控操作人员位置。

3）取出便携式远程控制仪，安装控制线。

4）打开呼唱设备，调试无线话筒。

5）打开调试通道无线对讲电台。

（17）连接被试品。

使用高压伸缩管将电抗器与被试品连接，紧固牢靠。

（18）试验设备送电。

合上现场 380V 电源开关，合上三相配电板电源开关（表计显示正常）。

（19）试验。

1）自检试验（需要时）：断开试品空升检查系统，正常后恢复试品连接。

2）试验：合上试验电源，按试验方案进行交流耐压试验。

2. 试验平台复位操作

试验平台复位流程化操作步骤如下：

（1）试验设备断电及拆线。

1）断开三相配电板电源开关，断开现场 380V 电源开关。

2）电容分压器放电。

3）拆除电抗器与试品之间的伸缩管并复位。

4）拆除设备连接线及附件并复位。

5）拆除试验接地线并绕回线盘复位。

（2）均压环复位。

操作上节电抗器均压环的举升控制器将均压环下降复位。

（3）电抗器复位。

1）关闭空气压缩机电源。

2）保险杠解锁复位。

3）操作气动举升控制器将电抗器下降复位。

（4）收回小车。

1）拆除移动平台限位块。

2）确认平台移动范围内无障碍物。

3）操作控制器将平台移至初始运输位置。

4）移动下节分压器至初始运输位置。

（5）设备紧固复位。

1）安装小车限位块。

2）拉紧锁定电抗器紧固扎带。

（6）清理附件。

整理所有附件（试验接地线、连接导线等），按照标识一一存放并紧固牢靠。

（7）尾板支撑腿及滑移仓复位。

1）确认滑移仓移动范围内无障碍物。

2）操作控制器向后滑移到位并锁上限位销。

3）收起尾板支撑腿至完全复位。

（8）液压尾板复位。

1）操作尾板控制器，两人配合收拢尾板并锁定。

2）关闭液压电源开关。

（9）主电源电缆收线。

1）拆除主电源电缆。

2）合上配电板"主线盘电源"开关。

3）操作绕线盘自动收线装置，依次将电缆逐根绕回对应线盘并复位锁定。

（10）作业场地恢复。

1）拆除便携式远程控制仪并复位。

2）关闭无线话筒并复位。

3）关闭通道无线对讲电台并复位。

（11）探照灯桅杆复位。

1）操作探照灯控制器，关灯，复位桅杆。

2）复位控制器。

（12）辅助电源断电。

1）关断辅助设备电源控制箱上的所有电源开关。

2）断开配电控制板上"交流电源"开关、"220V 总电源"开关和现场单相电源开关。

3）拆除现场单相电源及地线。

（13）复位梯具锁闭车门。

1）分别复位抽拉梯及挂梯并锁定。

2）关闭试验平台车门并锁定。

3）将电瓶上方的电瓶开关断开。

5.4　标　准　解　读

5.4.1　750kV高压开关设备现场特殊试验相关标准要求

750kV 及以下高压开关设备交流耐压试验参照国际电工委员会（IEC）、国家标准、行业标准、企业标准等相关标准要求，主要包括以下标准。IEC 62271–203: 2022《高压开关设备和控制设备　第 203 部分：额定电压高于 52kV 的交流气体绝缘金属封闭开关设备》、GB/T 16927.1—2011《高电压试验技术　第 1 部分：一般定义及试验要求》、GB 50150—2016《电气装置安装工程　电气设备交接试验标准》、DL/T 618—2022《气体绝缘金属封闭开关设备现场交接试验规程》等。

（1）对于 750kV 气体绝缘金属封闭开关设备，绝缘试验可以选择下述试验程序之一进行：① 对主回路施加 $U_{ds}=U_p \times 0.45 \times 0.8$ 工频电压，即 760kV、1min 的工频耐受电压；在经受预加电压为 760kV、1min 后，在 $1.2U_r/\sqrt{3}$ 即 554kV 电压下，进行局部放电测量。② 对主回路施加 $U_{ds}=U_p \times 0.45 \times 0.8$ 工频电压，即 760kV、1min 的工频耐受电压；对主回路施加 $U_{ps}=U_p \times 0.8$ 雷电冲击耐受电压，即电压值为 1680kV，正负极性各三次。

（2）对于 750kV SF_6 交流断路器，主回路对地工频耐受电压值为出厂工频试验电压值的 80%，时间 1min；另外，对于 SF_6 罐式断路器尚需进行断口工频耐压试验，试验程序可根据现场试验条件任选一种进行：A.断路器断口两端轮流施加试验电压，另一端接地，工频耐受电压值为出厂工频试验电压值的 80%，时间 1min；B.断路器端口两端轮流施加试验电压为出厂工频试验电压值的 80%，另一端施加反向的 2/3 倍最高运行相电压，时间 1min。

（3）对于 750kV 隔离开关，工频耐压试验应满足下列程序之一要求：a.隔离开关安装完毕后，主回路处于合闸位置，接地开关处于分闸位置，对主回路施加 100%的出厂试验电压，时间 1min；b.隔离开关安装完毕对外观进行检查后，以瓷件探伤试验代替工频耐压试验。

对于 750kV 气体绝缘金属封闭开关设备，由于冲击耐压试验现场实施难度较大，一般采用程序①进行试验，即交流耐压试验补充局部放电测量的方式；对于 750kV SF$_6$ 罐式断路器，由于断路器断口另一端施加反向的 2/3 倍最高运行相电压现场难度较大，其断口耐压试验一般采用程序 A 进行试验，即断路器断口两端轮流施加试验电压、另一端接地的方式；对于 750kV 隔离开关，由于瓷件探伤试验现场较容易实施，且为非破坏性试验，一般采用程序 b 进行试验。

5.4.2　关于交接试验中的现场交流耐压试验值

GB 50150—2016《电气装置安装工程　电气设备交接试验标准》、DL/T 555—2004《气体绝缘金属封闭开关设备现场耐压及绝缘试验导则》、DL/T 617—2019《气体绝缘金属封闭开关设备技术条件》、DL/T 618—2022《气体绝缘金属封闭开关设备现场交接试验规程》中的现场交流耐压值均按照出厂值的 80%计算得出；GB/T 7674—2020《额定电压 72.5kV 及以上气体绝缘金属封闭开关设备》中是根据国际大电网会议（CIGRE）的研究成果，对于 SF$_6$ 气体绝缘，标准的试验耐受电压之间的特征比值为 $U_d/U_p = 0.45$，再结合现场耐受电压按出厂试验电压的 80%进行，采用公式 U_p（额定雷电冲击耐受电压值）$\times 0.45 \times 0.8$，并将结果圆整到下一个模为 5kV 的更高值，得出现场交流耐压值；两者计算方法不同，因此存在差异。

《关于加强气体绝缘金属封闭开关设备全过程管理重点措施》从促进 GIS 设备现场安装环节的工艺要求、施工质量，提高运行可靠性的角度出发，提出了高于现行标准的要求，与现行标准存在差异。

从现场执行情况看，现场按照全电压进行交流耐压试验，更有利于发现运输、安装、调试过程中的绝缘缺陷，促进各环节工艺质量的提高，减小 GIS 设备投运后绝缘故障的发生概率。

综合考虑反措要求，《国家电网公司关于印发电网设备技术标准差异条款统一意见的通知》（国家电网科〔2017〕549 号）建议交接试验时交流耐压值为出厂值的 100%。

5.4.3　开关电器交流耐压试验车相关标准要求

2020 年，DL/T 1399.4—2020《电力试验/检测车　第 4 部分：开关电器交流耐压试验车》颁布实施，该标准规定了开关电器交流耐压试验车的技术要求、试验和验收、运输和存放等要求，适用于采用变频串联谐振技术进行 72.5～550kV 开关电器交流耐压试验车的生产、验收、使用。

5.5　工　程　应　用

试验平台广泛应用于超、特高压大型基建工程与应急抢修中，已在 6 个省、30 余项变电站和换流站工程中得到应用，如安徽±1100kV 直流特高压古泉换流站、新疆±800kV 直流特高压哈密南换流站、湖北±420kV 渝鄂柔直工程南、北通道换流站、500kV 卧龙变电站、220kV 潜江北变电站等大型基建工程与应急抢修，实现了全国大范围推广应用，大幅提高了交流耐压试验的工作效率、水平和质量，有效缩短试验时间，减轻试验过程中繁重体力劳动，降低劳动成本，提高现场试验工作的灵活性、机动性及安全性，保证了基建工程与应急抢修的试验工期与质量。

昌吉—古泉±1100kV 特高压直流输电工程是目前世界上电压等级最高、输送容量最大、输送距离最远、技术水平最先进的"四最"特高压输电工程，哈密南—郑州±800kV 特高压直流工程是当时世界上电压等级最高、输送容量最大、输送距离最远的直流输电工程，±420kV 渝鄂背靠背直流联网工程是目前世界上电压等级最高、输送容量最大的柔性直流输电工程，该专利技术在国家这些大型工程中成功应用，大幅缩短试验时间，有效保证了工程早日投运与电网安全稳定运行，具有重要的政治意义和社会效益。

试验平台能大幅提高交流耐压试验的效率、水平和质量（工作效率至少提高 5 倍），有效缩短试验时间，降低工程成本，提高工作的灵活性和机动性，成功解决了常规吊装方式存在的工作效率低、流程复杂、安全风险大、规范性差等诸多问题，为电网的安全稳定运行提供了有力的技术支撑，在基建投产、故障抢修等过程中具有重大应用价值，引领和促进我国在相关研究领域的技术发展和进步。

5.5.1 试验平台首次现场应用效果

750kV 高压开关设备车载绝缘试验平台在哈密南—郑州±800kV 特高压直流工程中得到全面运用并创造多项第一。

（1）首次将国内外最高电压等级的 750kV 高压开关设备车载绝缘试验平台应用到±800kV 特高压换流站，极大地提高了工作效率。

750kV 高压开关设备车载绝缘试验平台是以特殊改装的车辆为载体，通过优化设计将 750kV 成套变频串联谐振试验装置以及其他多种设备和专业技术高度集成于车上，并具备自动展开试验平台和气动举升装置，无须依赖外部吊装设备，接线方便，从而实现了车上完成哈密南换流站 7 台 750kV 罐式断路器的现场交流耐压试验。首次将国内外最高电压等级的 750kV 高压开关设备车载绝缘试验平台应用到±800kV 直流特高压工程，极大地提高了工作效率。

750kV 罐式断路器的耐压试验需分三次进行：750kV 罐式断路器主回路对地耐压试验；在断开状态下进行断口耐压试验，断路器断口两端轮流施加试验电压，另一端接地。每台 750kV 罐式断路器之间的距离较远，故只能逐台分别进行交流耐压试验。这就要求在每台 750kV 罐式断路器开展试验时，将试验设备进行组装，试验完成后，还原至车内，并运输至下一台 750kV 罐式断路器相间道，再重复以上过程。

采用常规吊装方式时，由于试验电压高、容量大，设备体积、质量都较大，750kV 罐式断路器现场交流耐压试验通常需要若干辆车配合装载运输到现场，到了现场后，各种试验设备、仪器要通过人力和/或专门的吊装车辆进行搬卸、起吊（吊离装载车辆）、组装后才能进行试验。由于初期车辆的布局、结构及设备的配置等未做相应的规划，成套配合性相对较差，设备分散，车辆装载率低，现场试验场地空间要求大；设备的起吊、安装、组合非常烦琐，工作量大且机动性差，安装完成后移位非常麻烦；接线复杂，可靠性差，工作效率低。

待试验完成后，各种试验设备、仪器需再通过人力和/或专门的吊装车辆进行起吊、拆分、搬卸吊入若干装载车辆后，再运输至下一台 750kV 罐式断路器相间道，再重复上述过程。一台 750kV 罐式断路器仅两条相间道，且均很窄，却需停放若干装载车辆、吊车、试验设备等。因此，在若干装载车辆停放前以及设备的搬卸、起吊、组装、拆分过程中，还需充分考虑这些装载车辆、吊车、设备安放位置的合理布局，以及若干车辆吊入、吊出设备的先后顺序等，若布局与顺序安排稍有不合理，可能导致某些设备难以吊装、吊装过程中造成设备损伤或设备间的安全距离不够等。

常规吊装方式下完成 750kV 罐式断路器现场交流耐压试验非常烦琐，且工作量巨大，并涉及大量体力劳动，平均一台 750kV 罐式断路器现场交流耐压试验工作至少需十个人花一天半时间才能完成，在搬运吊装过程中也存在一定的安全隐患；且试验人员会将过多精力耗费在试验前后吊装设备的体力劳动与安全风险管控上，试验人员将会备感疲惫，可能导致试验过程中注意力难以集中，放松安全风险管控；此外，仪器所配套的各类试验线缆及其复杂多变的接线方式，不仅增加了试验设备的管理难度，更增大了试验人员在试验过程中出错的概率，在一定程度上影响了高压试验结果的正确性，并降低了试验的安全系数。因此，常规吊装方式下开展 750kV 罐式断路器现场交流耐压试验的安全风险较大，难以长时间连续开展工作。

而采用此试验平台时，750kV 成套变频串联谐振试验装置和辅助系统通过优化设计均集成于一台试验车上，运输快捷，到达现场后，其安放位置无须过多考虑，只需停在相间道上，方便连接高空引线且与周边设备保持足够安全距离即可。平台具备自动展开试验平台和气动举升装置，无须依赖外部吊装设备，自动化控制水平高，接线方便，只需完成电源至变频柜之间以及共用均压环至试品之间的连接线，其他设备之间的连接线均已基本固定，仅需两人在 40min 内即可完成试验前所有准备工作，试验完成后移位至下一台罐式断路器相间道也十分迅速。全过程中除少数接线工作外，几乎均为自动化操作，没有任何体力劳动，试验前后安全风险很小，试验人员将有更多精力投入到试验过程中的安全风险管控中。

与常规吊装方式至少需 10 人 10h 完成一台 750kV 罐式断路器现场交流耐压试验相比，750kV 高压开关设备车载绝缘试验平台仅需配备 5 个试验人员，仅 4h 即可完成，工作效率至少提高了 5 倍，为新疆哈密南换流站工程早日投运节省了宝贵的时间。

（2）首次在 750kV 罐式断路器与周边隔离开关支柱绝缘子的绝缘间隙较小、现场风沙较大、气候恶劣的环境下完成试验。

在常规变电站中，750kV 罐式断路器与周边隔离开关支柱绝缘子之间的距离一般至少 5m，这样才能满足 750kV 罐式断路器现场交流耐压试验电压值 768kV 的安全距离要求。而在特高压直流±800kV 哈密南换流站中，作为紧凑型设计，首次将 750kV 罐式断路器与周边隔离开关支柱绝缘子的绝缘间隙设计仅为 3.5m 左右，对此，试验前一般应将周边隔离开关支柱绝缘子的上端一或两节进行拆除，全站共有 11 台 750kV 罐式断路器，这样，共需拆除支柱绝缘子 66 节或 132 节，工作量巨大。此次试验中，通过首次应用紫外成像技术实现设备放电的识别和定位，确保试验全过程可控，避免了常规采用拆除隔离开关支柱绝缘子解决问题而带来的极大麻烦和不便，确保整个项目的工程进度，但这也给耐压试验难度带来极大挑战。如前所述，在首次升压过程中，当电压值升至 700kV 时，电压上升异常缓慢直至基本无变化。采用紫外局部放电成像仪精确定位，最终检测到被试验品均压环处接线板顶端（往周边隔离开关支柱绝缘子方向）电晕放电最为严重，光子数达到几万。拆除均压环处接线板后，成功解决了问题，避免了拆除隔离开关支柱绝缘子。

现场风沙较大、天气异常干燥，试验设备表面容易积污，导致试验过程中经常出现闪络，对此，采取了如下处理措施：风沙来袭时，马上停止试验；并在每次试验之前，先用气动举升装置的气管对电抗器、分压器等设备的表面进行充分吹洗，以将其表面的浮灰处理干净，再用沾有酒精的抹布对设备的表面进行充分擦拭，以将其表面的积污处理干净。通过这些处理，试验过程中由于表面污秽而产生闪络的概率几乎降为零。

5.5.2 试验平台的安全价值分析

试验平台通过优化设计分别将 750kV 成套变频串联谐振试验装置、电力变压器现场局部放电试验和交流耐压试验装置以及其他多种设备和专业技术高度集成于车上，运输快捷，采用电抗器分压器共用均压环一体化设计，具备自动展开试验平台和气动举升装置，无须依赖外部吊装设备，自动化控制水平高，接线方便，只需完成电源至变频柜之间以及共用均压环至试品之间的连接线，试验完成后装车、移位也十分迅速。全过程中除少数接线工作外，几乎均为自动化操作，没有任何体力劳动，试验准备、接线、进行、结束以及运输五个阶段全过程中安全风险很小，试验人员可将更多精力投入到试验过程中的安全风险管控中。

试验平台的核心价值可概括为移动平台、自动展开、车上试验、高效安全。

1. 试验准备阶段

试验仪器的高度集成化,使试验平台变成了一个可移动的小型试验室,尤其是气动举升装置、自动展开试验平台、有缝轨道无阻滞移动平台等优化设计,使得整个试验准备过程几乎全自动化,且平台展开过程平稳、安全,免去了人工搬运试验设备之苦,也相应省略了布置试验仪器的步骤,在一定程度上简化了试验流程,避免了试验人员被沉重的仪器砸伤等物理伤害的发生。

2. 试验接线阶段

试验平台接线简单、方便,只需完成电源至变频柜之间以及共用均压环至试品之间的连接线,其他设备之间的连接线均已基本固定,有效提高了试验效率,避免了常规吊装方式中试验线缆多、接线方式复杂多变而降低试验安全系数的问题。

3. 试验进行阶段

为确保操作人员人身安全、车载试验设备及被试设备的安全,本试验平台具有完善的接地保护系统,其中包括试验平台整车专用保护接地、车载设备的专用工作接地、车载试验系统试验用仪表专用电源的保护及工作接地。在保证车辆配备的常规安全设施不能缺少的前提下,仪器、设备在车内的布置以及固定充分考虑到了可能对人身造成的伤害,电气接线、绝缘、接地等保证了人身安全,高压带电体保证了足够的绝缘距离,同时设有紧急停止按钮。

尤其是,通过应用紫外成像技术实现设备放电的识别和定位,确保试验全过程可控。同时,大功率扩音器和警报系统能够保证仪器操作人员的呼唱更加清晰响亮,确保现场人员都能清楚听到仪器加压的警告,提高现场人员的警惕性。

4. 试验结束阶段

试验平台的收线线轴都安装了收线电动装置,使收线过程更加便捷轻松,只需要轻按按钮,就能完成试验线缆的收集工作;而同样是因为试验仪器高度的集成化、自动化,通过电动、液压、气动驱动控制按钮的开启,就可轻松完成整个试验仪器的整理装车工作,免去了搬运、吊装等所带来的安全风险。

5. 运输阶段

对车辆的任何改装,都完全没有降低车辆的安全性以及日后的可维性。充分考虑到仪器自重及结构,固定时加装减震器和采取减震措施,充分考虑到运输过程中的颠簸震动和刹车冲击;在设计时充分考虑了车辆的平衡问题,合理布置设备位置，对试验平台的轴荷分配、质心稳定性等进行了校核，并通过试验进行了验证，确保车辆长途运输以及现场应用中平稳行驶。

试验平台将 750kV 成套变频串联谐振试验装置整合在车辆上，用于开关设备现场交流耐压等电网主设备特殊试验，彻底解决了以往在现场作业搬运设备过程中试验仪器损坏以及现场仪器搬运组装时间长、工作效率低下、造成延长停电时间且安全风险大等诸多问题，提高了工作效率，缩短了工作时间，使现场工作环境有了很大改善，最大限度地保障了高压试验的安全。

在实际应用中可以发现，试验平台的有效应用，可极大地提高电网主设备特殊试验的效率、水平和质量，有效缩短试验时间，减轻试验过程中繁重的体力劳动，降低劳动成本和提高人员工作效率，提高现场试验工作的灵活性和机动性。这样不仅从试验环境和条件的提升上杜绝了安全事故的发生，也让试验人员有了更多的时间和精力去关注现场试验的安全问题，提高了高压试验的管理质量。

参 考 文 献

[1] 王亚舟，江健武，钟建灵，等. 电力综合试验车使用情况的理论分析及试验总结 [J]. 华中电力，2010，23（5）：59-62.

[2] 石峰，张大霖，韩涛. 变频谐振交流耐压试验在 GIS 故障检测中应用[J]. 东北电力技术，2010（10），41-43.

[3] 罗卓伟. 智能型特高压变频谐振试验电源的研制及工程应用 [D]. 长沙：湖南大学，2009.

[4] 沈从树. GIS 设备串联谐振交流耐压试验探讨 [J]. 电网技术，2011（10），32-34.

[5] 李晨. 500kV 变电站 GIS 系统的交流耐压试验研究 [J]. 电网技术，2012（2），14-16.

第 6 章
1200kV 特高压整装式绝缘试验平台研制和工程应用

6.1 概　　述

6.1.1　目的意义

我国 1000kV 特高压交流工程已进入全面建设阶段，第一条±1100kV 直流输电工程已于 2018 年投运送电。随着我国"一带一路"倡议的深入推进和全球能源互联网理念的广泛输出，特高压技术还将在多个国家落地。特高压 GIS 作为特高压工程主设备之一，其现场进行的交流耐压试验是投运前检验 GIS 设备安全性能最为重要的技术手段。特高压 GIS 在交接试验、调试过程及运行中的闪络击穿时有发生，特高压变电站由于容量大，故障停电的影响范围广，停电时间过长，严重影响区域经济效益。上述问题的出现使得特高压 GIS 现场绝缘试验的考核要求日趋严格，按照 DL/T 618—2022《气体绝缘金属封闭开关设备现场交接试验规程》的最新要求，特高压 GIS 现场绝缘试验电压由出厂值的 80% 提高到 100%，即 1100kV。

面对新标准中对特高压 GIS 现场绝缘试验的考核要求提高至 1100kV，传统散装式试验装备在现场试验中的低效和安全隐患日益成为制约特高压工程建设和运维检修效率的瓶颈。传统特高压 GIS 现场试验装备的电抗器和分压器通常为 4 节塔式结构，试验装备需专业人员在试验现场分别搭建而成，搭建的工作复杂、工作量大、试验准备效率低，且试验现场空间紧凑，易造成异常放电，影响试验安全。

整装式的特高压现场试验技术和试验方法使现场试验领域向更高效和更安全的方向发展，电抗器和分压器一体化技术及其相适应的自立式举升技术的实现，可以大幅减轻试验准备期的吊装工作量，减少试验的准备时间和占用空间，提高试验装置的抗干扰能力，减少必须由专业人员完成的现场拼装设备工作，显著提高现场试验的效率和安全性，促进现场试验装备的产业化发展，为特高压工程的安全稳定运行提供技术支撑。

6.1.2　发展现状

在超、特高压领域整装绝缘试验的技术研究与应用方面，实现了与电抗器一体化的电压测量系统，主要为外挂型或内挂型柱式电容分压器。现有研究及应用工作主要基于传统塔式结构的空心电抗器、电容分压器进行集成改进，并对车载式、集装箱式的现场高压试验装置进行布置改造，以便于实现对大型、重型、超/特高压现场试验装置的平卧运输与现场自立组装。

近年来，多家科研机构和设备制造厂家于此方面率先开展了深入研究及装备研制。例如，国网湖北电科院等单位首创研发了"750kV 超高压设备现场交流耐压车载试验平台"，采用柱式电容分压器外挂于或穿心内挂于空心电抗器的一体化结构，通过共用均压环以保持电抗器与分压器等电位，采用了气动垂直举升方式对上节电抗器、分压器进行举升，额定电压达到 750kV，在 ±800kV 天山换流站等众多重点工程中得到了应用；国网电力科学研究院有限公司研制了现场试验用 1000kV 标准电容式电压互感器，配套液压装置以实现装备竖立和卧倒的自动升降操作；南瑞集团有限公司等单位研制了"一体式冲击电压发生器的车载移动试验平台"，采用了液压翻转举升方式，运输时一体式冲击电压发生器平卧于移动平台上，底板与移动平台垂直，试验时液压装置控制升降支架伸缩，一体式冲击电压发生器竖立于移动平台上，底板水平放置于移动平台上。

上述装置多数设计为车载平台，即所有试验设备置于一台车体上。对于特高压成套绝缘试验装置，举升对象为一体化的特高压谐振电抗器和分压器，其举升质量远大于国内外已研制成功的其他试验装置，需在考虑机构整体外绝缘满足现场试验要求的同时，对举升结构进行优化设计，使其满足运输和转运要求。

6.1.3　研制难点

1. 一体化电抗器温升方面

传统的拼接式试验电抗器单节高度约 2m，一体化特高压试验电抗器的高度超过 7m。在试验过程中，由于绝缘油的自然对流过程，热油会积聚在电抗器的顶部。电抗器高度越高，顶部油的温升越显著，电抗器内部温度过高会造成绝缘老化、材料变形、应力变化等不良工况，影响设备的内绝缘水平。因此需要建立电抗器及其他部件的三维模型进行多物理场的仿真计算，温度场仿真计算中涉及流场、热场等多物理场的耦合，计算量大且计算时间长。基于多物理场的耦合模型可以对电抗器内部油道和绝缘油性能进行优化计算，为电抗器最终的温升控制设计提供依据。

2. 一体化电抗器机械性能方面

一体化特高压试验电抗器的长度超过 7m，且电抗器需卧倒运输，传统的电抗器结构其外壳和内部绝缘件的应力均无法满足需求，特别是内部线圈既要保证径向的应力支撑，还要加强轴向的应力支撑，需要通过应力分析和计算，在传统结构的基础上进行材料和支撑结构的优化。同时，在起竖举升的方法上，还要提出可行的优化举升方法，以满足电抗器卧倒运输、起竖举升和竖立试验等不同工作状态下的机械性能。

3. 整装式绝缘试验平台机动性能方面

为满足一体化特高压试验电抗器的机械特性的尺寸、质量和外绝缘，需使液压举升系统的推力效率更高，液压机构的尺寸、质量尽量优化，需通过整体结构的应力计算对液压机构的支撑点进行优化计算，选择最佳的液压举升支撑点。同时，整体平台长度超过 10m，如何保证平台在变电站内道路的正常行进，其转向轮的设计与优化也是装置研制过程中的难点。

6.2 关 键 技 术

本装置采用油浸式空心电抗器与分压器一体化设计，使用真空浸渍的玻璃钢筒作为电抗器外绝缘材料，内部线圈全部由环氧件固定，如图 6-1 所示。这种一体化的结构在满足特高压 GIS 现场绝缘试验电气性能的基础上，还具有无须多台电抗器搭接、便于卧倒运输的特点。

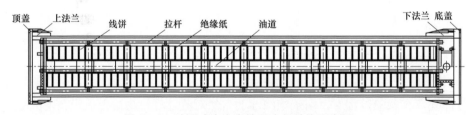

顶盖　上法兰　　线饼　　拉杆　绝缘纸　油道　　　　　　　　　下法兰 底盖

图 6-1　油浸式空心电抗器内部结构示意图

为满足大负载容量的 1100kV GIS 现场交流耐压试验的要求，其现场试验电压为 1100kV，按照 1.1 倍绝缘裕度，设计的电抗器和分压器最高试验电压为 1200kV。电抗器外壁上有复合绝缘伞裙，较传统无伞裙的电抗器外壁结构，可满足户外恶劣气候条件和长时间户外试验下的外壁绝缘水平下降，其雷电冲击耐压绝缘水平为 2400kV，操作冲击耐压绝缘水平为 1800kV。由于 1100kV GIS

一串单相的导体到壳体的电容量约 10~20nF，单次试验的被试设备负载电容量约为 30nF，在 1100kV 的试验电压下，其最大试验电流约为 11A，按照 1.1 倍的裕度，额定电流设计为 12A。

6.2.1　谐振电抗器温升抑制技术

为使电抗器在 60min 特高压试验过程中，内部温升满足要求，对电抗器建立了温度场−流场的有限模型，研究电抗器内部温度分布与油的循环过程，并根据计算结果对电抗器内部结构进行了优化设计。

1. 电抗器磁热耦合过程及热源计算

电抗器内部的热源主要由两个方面组成：一是空心电抗器本身的电阻性损耗，二是磁场在空心线圈中产生的涡流损耗。

电阻性损耗 P_r 的计算公式为

$$P_r = I^2 \rho \frac{L}{S} \qquad (6-1)$$

式中　I ——线圈电流；

　　　L ——导线长度；

　　　S ——导线截面积；

　　　ρ ——金属导体电导率。

在计算电抗器各包封线圈涡流损耗时，将该电抗器视为一个单包封空心电抗器。单匝圆导线的涡流损耗 $P_{c,i}$ 的计算公式为

$$P_{c,i} = \frac{\pi D \omega^2 d^4 B^2}{64\rho} \qquad (6-2)$$

式中　D ——线圈直径；

　　　B ——该导线的平均磁通；

　　　d ——导线直径；

　　　ω ——角频率。

根据式（6−1）及式（6−2）即可计算单匝圆形铜导线的总损耗，通过对各匝导线的累加可得电抗器线圈总生热量，在固定电抗器外形后，损耗主要与铜导线所处位置的磁场强度及导线电阻率相关，其中磁场强度可由场路耦合模型计算得出，导线电阻率为关于温度的函数，其计算公式为

$$\rho = 1.72 \times 10^{-8} \times [1 + (T - 298) \times 0.0039] \qquad (6-3)$$

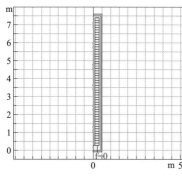

图 6-2　电抗器几何模型

因此将线圈电阻率设置为关于温度的函数，同时将计算所得线圈损耗作为温度场的热源输入，即可实现磁场与温度场的双向耦合。

2. 电抗器温度场-流场模型的建立

电抗器内部的有限元模型如图 6-2 所示，完整网格包含 46388 个域单元和 5358 个边界元。最小单元质量 0.1853，平均单元质量 0.91。模型中各材料参数设置如表 6-1 所示。

表 6-1　　　　　温度场材料参数

材料	密度（kg/m³）	导热系数（W·m⁻¹·K⁻¹）	比热容（J·kg⁻¹·K⁻¹）
线圈（铜）	8960	400	385
绝缘油	$1055-0.58T$	$0.134-8.05\times10^{-5}T$	C_{p_oil}
环氧材料	1673	$-0.03+0.00155T$	300

3. 电抗器内部温升计算

60min 的试验过程中，电抗器绝缘油以及线圈平均温度及最大温度瞬态变化如图 6-3 所示，从中可见，绝缘油及线圈温度随时间呈逐渐上升趋势，在 $t=3600\mathrm{s}$ 时刻，绝缘油最大温度为 72.29℃，平均温度 41.24℃；线圈最大温度为 71.62℃，平均温度为 62.72℃；电抗器线圈在 $t=3600\mathrm{s}$ 时刻的平均温升比绝缘油高 20.48℃。

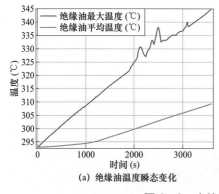
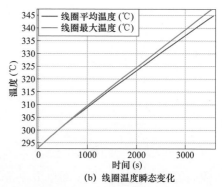

(a) 绝缘油温度瞬态变化　　　　　　(b) 线圈温度瞬态变化

图 6-3　电抗器温度瞬态变化

由于电抗器最大温度在 70℃以上，将温度范围分别设置为 70℃与 60℃以上，观测电抗器线圈与绝缘油热点分布，如图 6-4 所示。

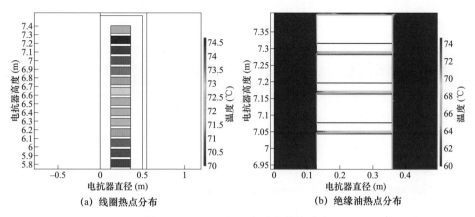

(a) 线圈热点分布　　　　　　　　(b) 绝缘油热点分布

图 6-4　*t*=3600s 电抗器热点分布

为进一步分析电抗器温度轴向与径向分布，分别研究电抗器线圈内、外径以及 1/2 半径处的温度轴向分布，以及底部、1/2 高度、顶部的温度径向分布，如图 6-5 所示。

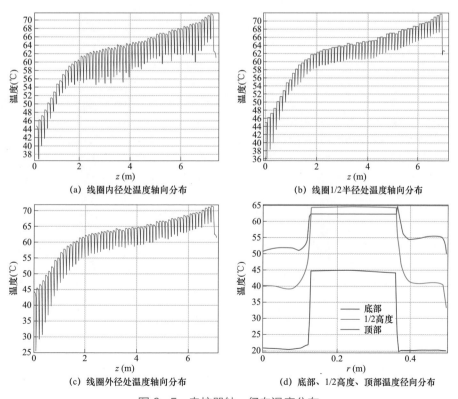

(a) 线圈内径处温度轴向分布　　　　(b) 线圈1/2半径处温度轴向分布

(c) 线圈外径处温度轴向分布　　　　(d) 底部、1/2高度、顶部温度径向分布

图 6-5　电抗器轴、径向温度分布

根据电抗器轴向温度分布可知，线圈内部温度径向分布较为平均，绝缘油在线圈两侧以及与外壳内表面接触面附近温度有较大梯度，根据公式，由于热能总是由温度高的物体向低温处传递，且温度梯度越大传热过程越明显，根据线圈轴向与纵向温度分布规律可以得出，线圈主要通过左右侧面与绝缘油进行热交换与热对流，上下表面由于油道较窄，上表面的热量传递过程相对并不明显。

4. 电抗器绝缘油流速计算

由特高压油浸式空心电抗器结构可知，电抗器内绝缘油包括线圈内部、线圈外部以及线圈间横向油道的绝缘油。电抗器内绝缘油与线圈的传热过程同时存在热传导与热对流，绝缘油流速大小及分布很大程度上影响电抗器内部的温度分布情况，能一定程度上对温度分布规律进行解释，并为后续温度场优化提供参考依据。电抗器内部绝缘油稳态流速分布如图 6-6 所示。

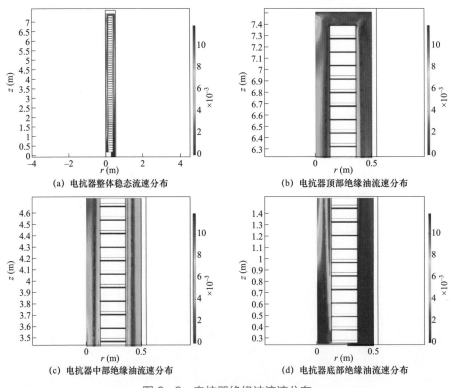

(a) 电抗器整体稳态流速分布

(b) 电抗器顶部绝缘油流速分布

(c) 电抗器中部绝缘油流速分布

(d) 电抗器底部绝缘油流速分布

图 6-6　电抗器绝缘油流速分布

5. 电抗器内部结构优化

从温度场与流场的计算结果中可见，电抗器顶层线圈温度以及线圈上表面处横向油道内绝缘油温度较大。因此，通过加宽线圈间横向油道的高度来改变绝缘油的流速，从而对电抗器温度分布进一步优化。

考虑电抗器温度最大处主要分布于 50～59 号线圈及其上部绝缘油中，将 51～60 号线圈的横向油道尺寸适当增大，考虑电抗器顶部线圈电压等级较高和顶部绝缘油的耐压水平，将电抗器外壳及内层绝缘油整体相应增高，改变上 10 层线圈间横向油道高度及电抗器整体高度后，在 $t=3600s$ 时刻电抗器整体温度分布如图 6-7 所示。

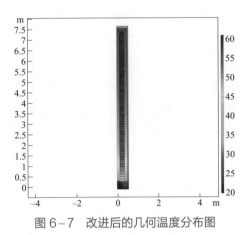

图 6-7　改进后的几何温度分布图

为更清晰地显示电抗器内部温度较高区域，将温度范围分别设置为 55℃ 及 60℃ 以上，电抗器温度分布如图 6-8 所示。

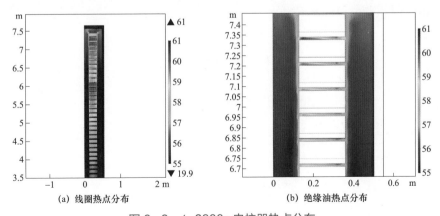

(a) 线圈热点分布　　　　　　　　(b) 绝缘油热点分布

图 6-8　$t=3600s$ 电抗器热点分布

为验证电抗器结构优化后的温升，对优化后的电抗器开展了温升试验，试验条件如图 6-9 所示。

图 6-9　一体化装置温升试验现场照片

　　温升试验通过测量一体化装置电抗器的直流电阻监测电抗器的绕组温升情况，根据铜绕组的电阻温升计算公式和 GB/T 1094.2—2013《电力变压器　第 2 部分：液浸式变压器的温升》自然冷却油浸式电抗器的绕组温升折算方法，如式（6-4）和式（6-5），将试验电流折算至额定电流 12A 下的绕组温升。折算结果表明，实测结果略低于仿真计算的温升约 60K，表明电抗器优化后的效果较好，也可以满足实际试验的需要。

$$\Delta T = \frac{R_2 - R_1}{R_1(234.5 + T_1)} - (T_2 - T_1) \qquad （6-4）$$

$$\Delta T = \Delta T' \left(\frac{I_0}{I_{test}} \right)^{1.3} \qquad （6-5）$$

式中　R_1、R_2——试验前后电抗器直流电阻；

　　　T_1、T_2——试验前后室温；

　　　I_0——电抗器额定电流；

　　　I_{test}——试验电流。

6.2.2　谐振电抗器机械性能优化

　　1200kV 的一体化电抗器采用了整体式的结构，内部线圈由数十个线圈饼绕组组合而成，如图 6－10 所示。每组线圈饼之间设置了加厚绝缘支撑筒，线圈中间设置了贯穿性的支撑筒，两种支撑筒共同承担了线圈在径向上的载荷。轴向上，在线圈的顶部和底部设置了底板，并通过周围的绝缘拉杆将两个底板紧固，保证线圈在轴向上的固定。每个线圈饼之间设置了油道，供电抗器油的循环散热。内部的支撑筒、底板和拉杆均为环氧树脂，电抗器外筒则选择了特高压 GIS 套管。GIS 套管的绝缘性能、密封性能和力学性能均较普通的电抗器环氧外筒更优。

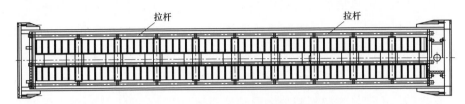

图 6－10　一体化电抗器的内部结构示意图

1. 电抗器卧倒状态的力学校核

一体化电抗器在卧倒状态下，其内部支撑件的受力示意图如图 6－11 所示。其支撑件主要承受了线圈的重力载荷，由改图支撑点位置可知，其内部为典型的简支梁，中心支撑筒作为电抗器内部的主梁，加厚支撑筒提供辅助承载力，两端的底板为支撑点，线圈的重力载荷均匀分布在主梁上。

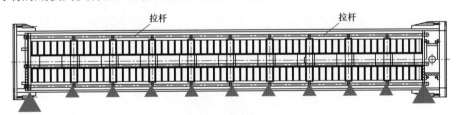

图 6－11　电抗器卧倒状态下的内部受力示意图

由简支梁的支撑力计算公式可知底板的支撑力 R 为

$$R = m_{Cu} \times g/2 \qquad (6-6)$$

式中　m_{Cu}——线圈的总质量；

　　　　g——重力加速度。

将线圈的载荷简化为均匀分布的平均载荷，则载荷密度 q 为

$$q = m_{Cu} \times g/l \qquad (6-7)$$

式中　l——中心支撑筒的长度。

中心支撑筒在中间位置受到的最大剪力 F_{smax} 和最大弯矩 M_{max} 分别为

$$F_{smax} = R \qquad\qquad (6-8)$$
$$M_{max} = ql^2/8 \qquad\qquad (6-9)$$

对应在中心支撑筒中间位置产生的最大挠度 f_{max} 为

$$f_{max} = 5ql^4/384E \qquad\qquad (6-10)$$

其中，环氧树脂的弹性模量 E 取 200MPa，计算的最大挠度可以在线圈的制造误差范围内，不会对线圈造成形变。

考虑到中心支撑筒的抗剪裕度较小，为增加中心支撑筒的抗剪强度，在加厚支撑筒的基础上，在筒和电抗器外筒之间增加了支撑垫块。如图 6-11 可知，内部线圈力学结构变为数段长度同为 l_2 的简支梁，则中心最大剪力 F_{smax2} 为

$$F_{smax2} = ql_2/2 \qquad\qquad (6-11)$$

中心支撑筒的中间最大剪力减少为原结构的十分之一，中心支撑筒和线圈的径向剪切裕度增加至约 10 倍，内部线圈和环氧件稳定、可靠。

2. 电抗器起竖过程中的力学校核

在电抗器起竖举升过程中，如图 6-12 所示，电抗器内部线圈和绝缘件所承

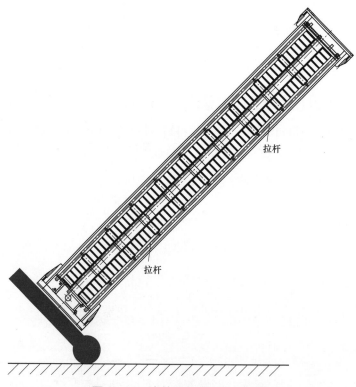

图 6-12 电抗器起竖举升示意图

受的应力逐渐由径向载荷变为轴向载荷，但其径向载荷小于卧倒状态的径向载荷，而轴向载荷也小于竖立状态的轴向载荷，因此，在起竖举升过程中，电抗器内部并未承受最大载荷，而电抗器的外壳因其典型的悬臂梁结构而承受着最大应力。

电抗器内部总质量为 m_2，电抗器底部支座的支撑力 R_2 和力矩 M_2 为

$$R_2 = m_2 g \tag{6-12}$$

$$M_2 = m_2 g l/2 \tag{6-13}$$

电抗器外筒受到的平均载荷 q_2 为

$$q_2 = m_2 g/l \tag{6-14}$$

电抗器受到的最大剪力 F_{smax2} 和最大弯矩 M_{max2} 为

$$F_{smax2} = R_2 \tag{6-15}$$

$$M_{max2} = q_2 l^2/2 \tag{6-16}$$

对应在中心支撑筒中间位置产生的最大挠度 f_{max2} 为

$$f_{max2} = q_2 l^4/8E \tag{6-17}$$

电抗器外筒采用了特高压 GIS 套管的外筒，电抗器实际承受的最大剪力远大于该承受载荷。因此，在无加固结构下，该电抗器无法承受起竖举升过程中的剪力。为减小电抗器外壳在起竖举升过程中的最大剪力，将电抗器与分压器组合成一体式的框架结构，如图 6-13 所示。

电抗器与分压器首尾两端通过金属件固定，形成框架式结构，同时为一体化装置设计托架，使举升过程中电抗器承受的悬臂梁结构变为简支梁，支撑底座上承受的剪力转移至托架上。由于电抗器外壳变为简支梁，且托架中间还增设两个支撑件，电抗器外壳承受的最大剪力为原结构的四分之一。该结构下的最大挠度为

$$f_{max2} = 5q_2 l_2^4/384E \tag{6-18}$$

电抗器外壳的形变量和承载量均可满足实际需要。

3. 电抗器竖立状态的力学校核

为计算电抗器竖立状态下的稳定性，需在大风条件下对力学特性进行校核。风速和风压的关系通过流体力学中的伯努利方程可表示为

$$w = 0.5\rho v^2 = 0.5\frac{\gamma}{g}v^2 \tag{6-19}$$

式中 w ——风压（kN/m²）；

ρ ——空气密度（t/m²）；

v ——风速（m/s）。

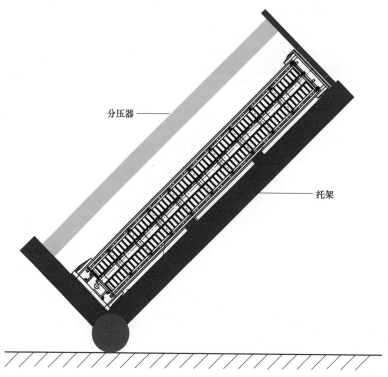

分压器

托架

图 6-13 电抗器起竖举升加固结构示意图

在标准大气压下，$0.5r/g$ 约为 1/1630，各地气压情况不同，数值也不同，在我国有关风压的规范中，统一取为 1/1600。8 级风对应的风速 $v=17.2\sim22.7$m/s，则风压约为 250Pa。

图 6-14 中，F_1 为均压环处的风力，F_2 为电抗器承受的风力。均压环的受风面积约 4m²，均压环处 8 级风产生的风力 F_1 约为 1000N；对应的电抗器的受风面积约 8m²，电抗器处 8 级风产生的风力 F_2 约为 2000N。

由静力学平衡方程得

$$\sum M_\mathrm{A} = 8F_1 + 4F_2 \qquad (6-20)$$

带入风力与压力关系，得 $p=1.689$kPa，$v=51.99$m/s，$F_1=21957$N，$F_2=28375$N。

因此，要使平台发生倾覆，两处风力分别为 21957N 和 28375N，远大于

8 级风所产生的风力 1000N 和 2000N。因此平台在 8 级风力的作用下不会发生倾覆。

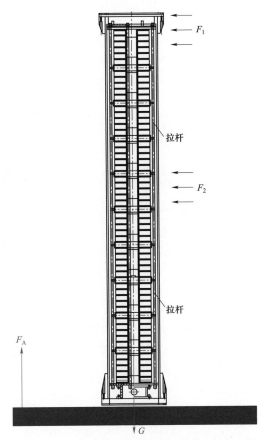

图 6－14　电抗器在 8 级风下的受力分析示意图

F_1、F_2—电抗器处风力和均压罩处风力；F_A—支撑腿处的反力

6.2.3　整装式平台机动性能优化

为满足在变电站中不借助吊车和货运车辆而自行转运的需求而研制的自立式举升平台在前中后部共设置三组轮胎。由于变电站中需要转运的场景多数为直线运动，较少情况下需要转向，为了减少装置总质量，仅设置前轴为转向轴，且两侧各为 1 个转向轮，其余两轴两侧各 2 个随动轮，如图 6－15 所示。

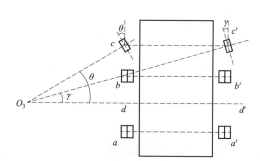

图 6-15 装置转向示意图

θ、γ—转向轮内外侧转向角；$a-a'$、$b-b'$、$c-c'$—三个车轮轴（$c-c'$ 为转向轴）

装置在转向时需满足阿克曼转向原理，即所有车轮均围绕一个瞬时转向中心做纯滚动运动，且转向轮内外转向角应满足

$$\cot\gamma = \cot\theta + \frac{\text{轮距}}{\text{轴距}} \qquad (6-21)$$

对于本平台的转运装置，中轴与后轴可等效为两轴中点的 $d-d'$ 轴，装置的瞬时转向中心应为内外转向轮平面的垂线与 $d-d'$ 轴延长线的交点 O_3。因此，式（6-21）可转化为

$$\cot\gamma = \cot\theta + \frac{2.9}{l_{ac} - l_{ad}} \qquad (6-22)$$

根据变电站设计规范，750kV 及以上变电站内道路转弯半径不宜小于 9m，因此，在内转向角取最大值 θ_{max} 时，该转运装置的最小转弯半径 R_{min} 应满足

$$R_{min} = \frac{l_{ac} - l_{ad}}{\sin\gamma} = 9 \qquad (6-23)$$

联立式（6-22）和式（6-23），可求得在最小转弯半径 9m 的条件下装置的转向角、第一轴距 l_{bc} 和第二轴距 l_{ab}。

6.3 试 验 装 备

6.3.1 电抗器与分压器一体化装置

1. 一体化装置电场强度研究

对一体化装置进行电场仿真分析，电压边界条件设置如表 6-2 所示。在油中空气和水含量达标的情况下，油浸式电抗器内部的放电强度远小于外部空气部分的放电强度，故仅计算电抗器的外电场，并认为电抗器内部绕组的电压在垂直方向均匀分布。

表 6-2　　　　　　　　　　　　电场仿真电压边界条件设置

名称	电压边界条件（峰值）（kV）
套管均压环、导体、绕组高压侧	$1200\sqrt{2}$
绕组低压侧	$24\sqrt{2}$
接地体	0
悬浮屏蔽筒、电容分压屏（仅对铁心式）	悬浮电位

电场仿真结果如图 6-16 所示，其中场强主要集中于均压环侧面与电抗器底部法兰处，场强值分别为 1.146kV/mm 与 0.876kV/mm，均远小于干燥空气中局部放电的场强 3.0kV/mm，故满足现场试验的要求。

一体化装置可有效地降低电抗器和分压器之间同一水平面上因电位不均而产生局部放电的危险。为简化计算，做出如下的简化：① 将电抗器-分压器系统视为平行圆柱系统，即两圆柱内部径向场强均匀，可用 $E=\Delta U/d$ 计算，其中

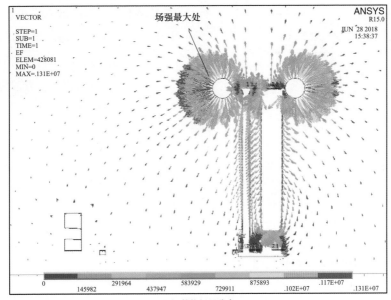

(a) 整体场强分布

图 6-16　油浸式空心电抗器方案的电场仿真结果（一）

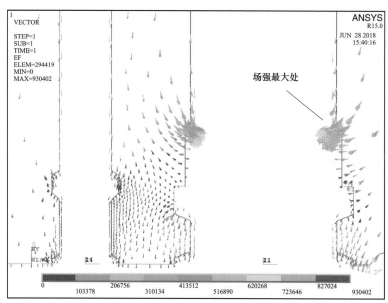

场强最大处

（b）底座处局部场强分布

图6-16 油浸式空心电抗器方案的电场仿真结果（二）

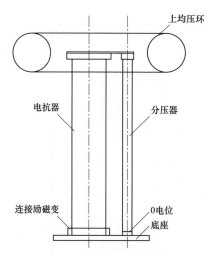

上均压环

电抗器

分压器

连接励磁变

0电位

底座

图6-17 单节式电抗器、分压器
一体化测量系统内部电场计算示意图

ΔU 为某水平面上电抗器与分压器的电位差，d 为二者间距；② 认为电抗器与分压器顶端的电位相等，且为额定电压的最大值，即 $U_N=1200\sqrt{2}\text{kV}$；③ 分压器底部接地，即电压 0kV，电抗器底部连接励磁变压器，以实际最低的品质因数 $Q_{min}=30$ 计算，其电位为 $U_L=40\sqrt{2}\text{kV}$；④ 电抗器与分压器从上至下电位线性分布。计算示意图如图6-17所示。

根据简化条件，电位差最大值出现在电抗器底部与励磁变压器相连之处，即 $\Delta U=U_L=40\sqrt{2}\text{kV}$，故可得电抗器、分压器之间同一水平面最大场强计算结果，如图6-18所示。可见，在一体化单节式方案的设计下，二者间距只需 19mm 即可满足表面最大场强小于 3.00kV/mm 的空气放电场强。

168

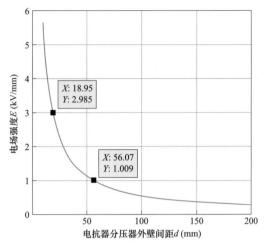

图 6-18 电抗器、分压器之间同一水平面最大场强计算结果

2. 一体化装置磁场分布研究

空心电抗器磁场模型基于 Comsol 软件建立，如图 6-19（a）所示。该模型包含电抗器绝缘外壳、线圈、绝缘油以及线圈之间填充的绝缘纸，为简化计算，模型中合理忽略了各种连接件、螺母等。图 6-19（b）为模型的顶部视图，其最外层为电抗器环氧外壳，内层为绝缘油；图 6-19（c）为模型的底部视图，其底部为电抗器底部的环氧材质绝缘垫物。电抗器整体视图如图 6-19（d）所示，整个计算域包括了电抗器顶部 10m、电抗器右侧 20m 的空气域以及电抗器底座下高 10m 的土壤模型，其外围使用无限远场单元以提高模型准确度。

施加 1100kV 工频正弦电压时电抗器的磁场仿真模型如图 6-20 所示，其中图 6-20（a）为整体磁场分布云图，图 6-20（b）为电抗器顶部磁场分布局部

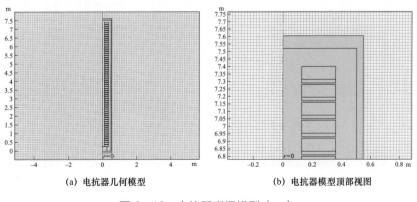

(a) 电抗器几何模型   (b) 电抗器模型顶部视图

图 6-19 电抗器磁场模型（一）

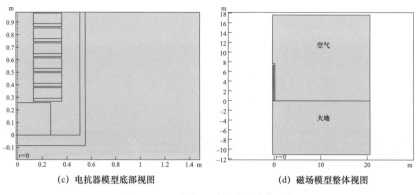

（c）电抗器模型底部视图　　　　　　（d）磁场模型整体视图

图 6-19　电抗器磁场模型（二）

视图，图 6-20（c）为电抗器底部磁场分布局部视图，图 6-20（d）为电抗器线圈磁场分布局部视图。电抗器的磁场主要为集中于中心部分的主磁通，还有通过右侧空气或者线圈外侧绝缘油部分的漏磁通，漏磁通明显小于中央的主磁通。

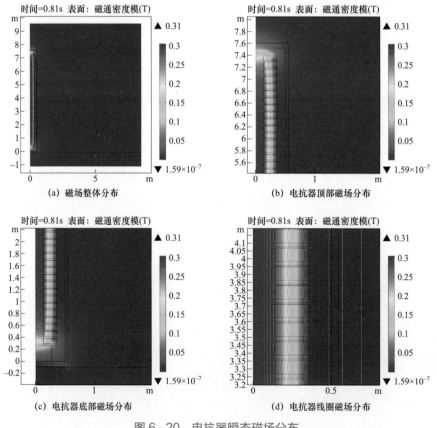

（a）磁场整体分布　　　　　　　　（b）电抗器顶部磁场分布

（c）电抗器底部磁场分布　　　　　　（d）电抗器线圈磁场分布

图 6-20　电抗器瞬态磁场分布

　　为分析电抗器产生的磁场对位于电抗器一侧电容分压器的测量结果的影响，对电抗器轴向与径向磁场随轴向距离、径向距离的变化趋势进行了计算，计算结果如图 6-21、图 6-22 所示。

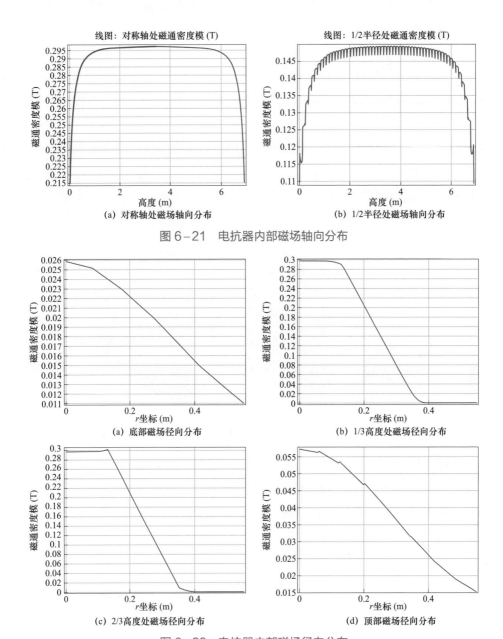

图 6-21　电抗器内部磁场轴向分布

图 6-22　电抗器内部磁场径向分布

6.3.2 一体化装置测量准确度研究

为研究电抗器与分压器靠近时，电抗器对分压器测量准确度的影响，以作为电抗器与分压器间距合理设计的依据，研制了较低电压等级的电抗器与分压器作为缩比模型进行了实测研究。

1. 互感对分压器分压比的影响分析

一体化装置的部分内部结构示意图如图 6-23 所示。其中，电抗器采用多线饼结构，内部充有绝缘油，每两个线饼之间有作为油道的间隙，外壳为环氧树脂筒，其外部设有橡胶伞裙增强抗污闪能力，线饼与外壳、线饼之间都使用绝缘支撑件固定。柱式分压器内部则通常采用电容堆叠方式，其高压臂的电容为多个聚苯电容呈螺旋状堆叠而成，外壳也为环氧树脂筒，筒内充有 SF_6 气体做绝缘介质。分压器的低压臂为独立外置电容，外置绝缘外壳屏蔽，故不参与互感的计算。

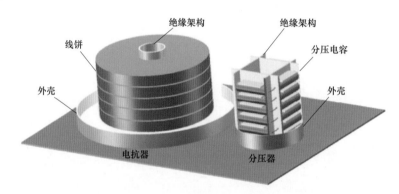

图 6-23　一体化装置部分内部结构示意图

电抗器与分压器线圈截面示意图如图 6-24 所示。其中，a_1、a_2 分别为电抗器、分压器的高度；t_1、t_2 为二者线圈的厚度，即内外半径之差，由于分压器视为单匝螺线管，故 t_2 视为导线直径；d_1 为电抗器线饼的平均直径，d_2 为分压器线圈直径；x 为二者中点高度之差，y 为二者轴线间距。

根据《电感计算手册》，可先将电抗器的矩形截面线圈的电感视为直径为平均直径 d 的螺线管来计算电感，再计算因线圈厚度而产生电感修正量。螺线管电感计算式为

$$L_0 = \frac{\mu_0 \pi}{16} \frac{N^2 d}{\alpha^2} \left(\frac{1}{\beta} - \frac{8}{3\pi} - \frac{\beta^3}{8} \right) \tag{6-24}$$

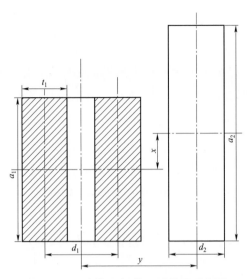

图 6-24　电抗器与分压器截面示意图

厚度引起的修正量 ΔL 为

$$\Delta L = \frac{\pi}{8} \mu_0 N^2 \frac{d}{\alpha^2} \left(\frac{4}{3} \alpha \rho - \frac{2}{3} \alpha \rho^2 \right) \tag{6-25}$$

其中，N 为线圈匝数；μ_0 为真空磁导率；参数 α 为长度 a 与平均直径 d 的比，即 $\alpha = a/d$；参数 $\beta = \dfrac{1}{\sqrt{1 + 4\alpha^2}}$；参数 ρ 为线圈厚度与直径之比，$\rho = t/d$。随后可由式（6-26）求出电感值 L 为

$$L = L_0 - \Delta L \tag{6-26}$$

再根据《电感计算手册》计算系统的互感 M 为

$$M = \frac{\pi}{64} \mu_0 N_1 N_2 \frac{d_1^2 d_2^2}{a_1 a_2} \left(\frac{Z_1}{b_1} - \frac{Z_2}{b_2} - \frac{Z_3}{b_3} + \frac{Z_4}{b_4} \right) \tag{6-27}$$

其中，Z_k（$k = 1$，2，3，4）的表达式为

$$Z_k = \rho_2' \rho_2'' - \frac{1}{4} \alpha_k^2 (\rho_4' \rho_2'' + \delta^2 \rho_2' \rho_4'') P_2(\gamma_k) \tag{6-28}$$

其中，$b_k = \sqrt{c_k^2 + y^2}$；$\alpha_k = d_1 / (2b_k)$；$\gamma_k = c_k / b_k$；$\delta = d_2 / d_1$；$c_1 = x - (a_1 + a_2)/2$，$c_2 = x - (a_1 - a_2)/2$，$c_3 = x + (a_1 - a_2)/2$，$c_4 = x + (a_1 + a_2)/2$；$P_2(\gamma_k)$ 为以 γ_k 为参数的二阶勒让德多项式；ρ_2'、ρ_4' 为 ρ' 的函数，$\rho' = r_1 / d_1$；ρ_2''、ρ_4'' 为 ρ'' 的函数，$\rho'' = r_2 / d_2$，其表达式为 $\rho_2 = 1 + \dfrac{2}{3!} \rho^2$，$\rho_4 = 1 + \dfrac{4 \times 3}{3!} \rho^2 + \dfrac{4 \times 3 \times 2}{5!} \rho^4$。

根据自感与互感的计算结果，基于集总参数电路模型计算互感对分压比的影响。在考虑电抗器与分压器互感的情况下，串联谐振绝缘试验的简化等效电路如图 6-25 所示。其中，U_S 为励磁变压器的高压端输出，L 为电抗器电感值；C_1、C_2 分别为分压器高压、低压桥臂电阻电容值，L_C 为分压器寄生电感值，M 为电抗器与分压器之间的互感；C_x 为待试电力设备的等效电容，其取值为特高压 GIS 试验间隔电容估算值的最大与最小值；R_L 为电抗器、电源等设备的内阻与考虑电晕损耗时的等效电阻之和；考虑谐振回路品质因数较低的情况，品质因数 Q 取 30。图 6-25 中各参数的取值如表 6-3 所示。

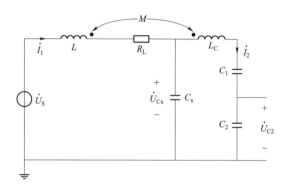

图 6-25　考虑电抗器与分压器互感影响的试验等效电路

表 6-3　　　　　　　　　　　试验等效电路中的参数值

电路符号	参数值	电路符号	参数值
U_S	40kV	C_1	927.5pF
L	327.5H	C_2	5.564μF
R_L	3483Ω	L_C	0.114mH
C_x	10nF，30nF	M	1.04mH

在考虑电抗器与分压器互感的情况下，代入最极端情况下的参数 $M=1.04\times10^{-3}$H 可得，待试电容 C_x 为 10nF 与 30nF 时，k_M 值均为 6000.015:1 与 6000.014:1。因此，即便在电抗器与分压器间距最近距离时，分压器的分压比也几乎不会受到其与电抗器互感的影响，故这种整装式试验平台中电抗器与分压器的紧凑化设计可满足试验精度的要求。

2. 缩比模型对分压器测量准确度的验证

由于主要考察电抗器与分压器间距对分压器测量结果的影响，在缩比模型中，选择额定电压 $U_N=300kV$ 的电抗器，并设定电抗器与分压器的间距 $d=0.140m$。此外，为了和传统分体式元件所搭建的串联谐振回路做比较，设计了电抗器与分压器间距 $d=0.400m$ 的测量准确度测试试验，以模拟实际中二者间距 $d=1.600m$ 的情况。为此，搭建缩比模型如图6-26所示。

图6-26 缩比模型测试分压测量准确度试验（距离140mm时）

将作为标准源的分压器放置在距电抗器 1000mm 处，分别测量待测分压器与电抗器间距为 140mm 和 400mm 的这两种情况下，20～200kV 范围内的电压测量值。对比测量结果如图6-27所示，从中可见，在电抗器和待测分压器间距为 140mm 与 400mm 时，在所有电压值下的测量误差均小于 0.5%，且无明显变化趋势，因此，由寄生电容变化，或电抗器与分压器同一水平高度不同电位，这两种因素对变比造成的影响可以忽略。

为验证电抗器与分压器一体化装置的测量准确度，通过中国国家高电压计量站开展了分压器的校准试验验证。检测结果表明，研制的电抗器与分压器一体化装置的电压测量准确度可以达到±1%。校准结果如表6-4所示。

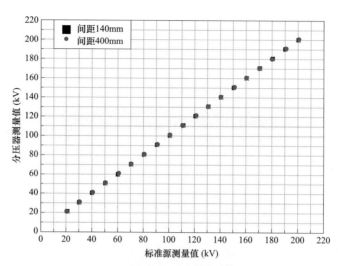

图 6-27　缩比模型测试分压器准确度的测量结果

表 6-4　　　　　　　　　　　　分压器校准试验结果

实测电压（kV）	被检示值（kV）	准确度
208.74	207.7	− 0.50%
323.64	324.1	0.14%
438.47	439.0	0.12%
510.12	508.9	− 0.24%
609.90	607.9	− 0.33%
719.69	718.3	− 0.19%
821.68	819.8	− 0.23%
906.93	906.5	− 0.05%
972.33	972.7	0.04%

6.3.3　自立式举升平台

为实现对一体化电抗器和分压器的可靠举升，且避免机械装置影响高压试验的外绝缘，设计了一种基于举升托架的自立式举升平台，其结构如图 6-28 所示，包括绝缘试验设备和具备自立举升功能的可移动平台。

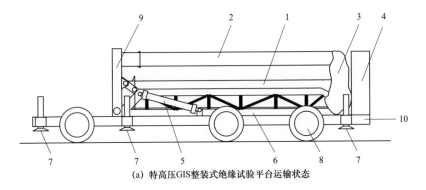

(a) 特高压GIS整装式绝缘试验平台运输状态

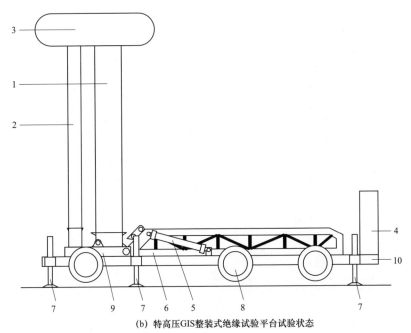

(b) 特高压GIS整装式绝缘试验平台试验状态

图6-28　特高压GIS整装式绝缘试验平台示意图

1—谐振电抗器；2—电容分压器；3—可伸缩式均压环；4—液压泵站；5—主液压缸；
6—托架；7—液压支撑腿；8—轮子；9—底座；10—平台底盘

　　绝缘试验设备通过托架和底座置于可移动平台上，其托架和底座可由主液压缸推动完成90°的翻转竖起，托架和底座之间采用可拆卸的插销可靠连接，托架在拆掉插销后可独立完成卧倒收起。

1. 液压缸支撑点的选择

　　主液压缸支撑点的位置决定了液压缸的性能参数、平台底盘的主梁位置和底盘支撑脚的位置，同时还会影响底盘轮胎的安装位置，因此液压缸支撑点的位置至关重要。液压缸需要托举的器件包括电抗器、分压器、托架和翻转底座，设计时为保留一定的裕度,按照托举质量 20t 考虑,其计算示意图如图 6-29、图 6-30 所示。

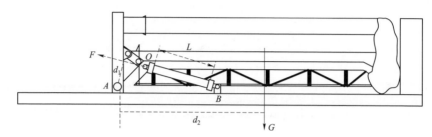

图 6-29　液压缸受力分析示意图

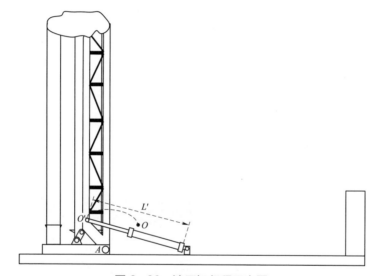

图 6-30　液压缸行程示意图

液压缸支撑点选择计算示意图如图 6-31 所示,支撑转动轴为 A 点,液压缸的支撑点为 B 和 O,其中 B 点应在平台上,O 点应在托举架上,当液压缸完成竖立举升后,托架上的 O 点应移动至 O' 点,托架的高度 L_{OX} 已知,α 角为液压缸的起始推力角度,α' 为液压缸完成行程后的最终推力角度。托架上的 O 点是通过托架的应力结构选取,托架为框架式的钢梁焊接而成。图中,$\triangle AXO$ 与 $\triangle O'CA$ 为完全相等的三角形,即 $L_{OX}=L_{CA}$,$L_{AX}=L_{O'C}$。

当起始角度 α 为 45° 时,液压缸为最省力的起始位置,则可算得液压缸的最大行程,如图 6-32 所示

$$L_{OB}=L_{OX}/\sin45° \tag{6-29}$$
$$L_{O'B}=[L_{AX}^2+(L_{OX}+L_{AB})^2]^{0.5} \tag{6-30}$$

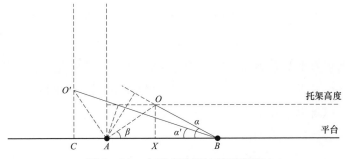

图6-31　支撑点选择计算示意图

此时，$L_{O'B}>2L_{OB}$，即液压缸行程过小，无法满足实际需要。由图6-31可知，液压缸的推力力矩与 $\sin\alpha$ 成正比；而液压缸行程越大，需 α 越小。

可得

$$L_{O'B}=\sqrt{L_{AX}^2+(L_{OX}+L_{AX}+L_{OX}\cot\alpha)^2}<2L_{OB} \qquad (6-31)$$

求解该式可得

$$\sin^2\alpha<0.3179$$
$$\Rightarrow\alpha<34.32° \qquad (6-32)$$

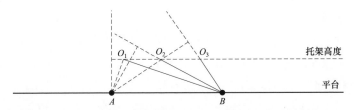

图6-32　不同液压缸起始推力角度下的液压行程比较示意图

综合式（6-29）~式（6-32）可知，当 α 角度小于 34.3° 时，$L_{O'B}$ 为 L_{OB} 的 2 倍，且 α 角度越大，液压缸起始推力效率越高，考虑液压缸的行程通常略小于液压缸本体的长度，并考虑一定的行程裕度，设计的液压缸起始推力角度 α 最大为 30°，其具体的设计方案如图6-33所示。

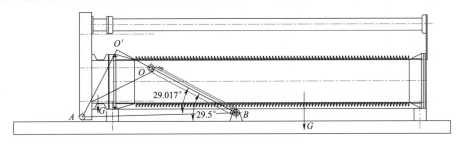

图6-33　主液压缸计算示意图

179

根据上述液压缸的支撑点位置关系，对液压缸的活塞尺寸进行了设计计算

$$2 \times FL_{AO'} = GL_2 \qquad (6-33)$$

式中　F——单缸油缸顶出力；

　　　G——电抗器及托架总质量，考虑一定的裕度为 20000kg；

　　　L_2——电抗器及托架力臂；

　　　$L_{AO'}$——液压缸推力力臂。

由液压缸的推力计算式

$$F = \frac{\pi}{4}D^2P \qquad (6-34)$$

式中　P——油缸工作压力；

　　　D——液压缸的内径。

得到

$$D = \sqrt{\frac{4F}{\pi P}} \qquad (6-35)$$

根据液压缸内径尺寸，并考虑一定的出力裕度，可选择相应的液压缸型号。

2. 举升过程中电抗器的力学分析

在上述分析的基础上，对电抗器竖立过程中的力学稳定性进行了力学分析。对装置动力学模型做如下简化：① 装置整体为左右对称，质心位于底盘纵轴线上；② 忽略路面坡度与倾斜度；③ 所有轮胎特性一致；④ 忽略各零部件之间的摩擦力。特高压一次设备整装式绝缘试验平台结构如图 6-34 所示。

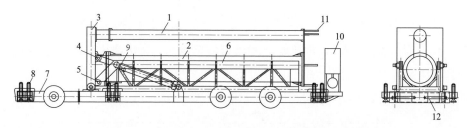

图 6-34　特高压一次设备整装式绝缘试验平台结构图

1—电容分压器；2—电抗器；3—本体底盘；4、5—托架与本体底盘连接轴；6—托架；7—整体底盘；
8—垂直支撑缸；9—变幅伺服缸；10—液压站；11—气体均压环连接件；12—伸缩缸

为分析液压缸的受力情况，将起竖机构简化为图 6-35。图 6-35 中，O 为液压缸活塞与托架底座铰接点，O_1 为托架与装置底盘铰接点，O_2 为液压缸与底盘铰接点，G 为分压器、电抗器和托架构成的旋转部分的整体重心，L 为重心 G

到铰点 O_1 的距离，l 为 O_2 到 O_1 的距离，l_1 为 O 到 O_1 的距离，l_2 为 O 到 O_2 的距离，h_G 为水平状态下重心 G 到 O_2 的垂直距离，α 为液压缸与水平面夹角，β 为 G 到 O_1 连线与水平面夹角，δ 为托架底边与水平面夹角（以下称为起竖角）。

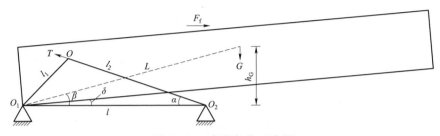

图 6-35　起竖机构示意图

由图 6-35 可以看出，将分压器、电抗器和托架视为一个整体时，影响装置起竖的力主要有液压缸推力 T、整体重力 G 和试验场地的风载荷 F_f。根据设计，电抗器长 7.5m、直径 1m，该装置在最大风速 10m/s 以下时允许使用，当装置处于垂直状态的试验位置时风载荷 F_f 最大，即

$$F_{fmax} = S_{max} P_f \qquad (6-36)$$

其中

$$S_{max} = 7.5 \times 1 = 7.5 \ (m^2) \qquad (6-37)$$

平均风压

$$P_f = \frac{V^2}{1600} = 0.0625 \, (kN/m^2) \qquad (6-38)$$

式中　V——平均风速。

即

$$F_{fmax} = 0.0625 \times 7.5 = 468.75 \ (kN)$$

分压器、电抗器和托架的整体质量约为 18t，即起竖部分整体所受重力为

$$G = 18000 \times 9.8 = 17.64 \times 10^5 \ (N)$$

由此可知，机构所受重力远大于最大风载荷，为简化计算，将风载荷忽略不计。

为保持整个装置的稳定性，起竖机构设计为从水平状态到垂直状态耗时 10min 且匀速运动，即电抗器旋转角速度为 0.15°/s，此缓慢运动可视为装置除启动和停止的瞬间外，整个起竖过程一直处于受力平衡状态，由此可得重力 G 和液压缸推力 T 对于旋转支点 O_1 的力矩满足以下方程式

$$GL\cos\beta = Tl\sin\alpha \qquad (6-39)$$

其中

$$\beta = \arcsin\frac{h_{\mathrm{G}}}{L} + \delta, \quad \delta \in \left(0 \sim \frac{\pi}{2}\right) \qquad (6-40)$$

为计算 α 与起竖角 δ 的关系，将图 6-35 继续简化，如图 6-36 所示。

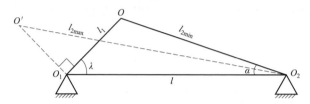

图 6-36　起竖机构简化示意图

由图 6-36 可以看出，随着电抗器的旋转，α 逐渐减小，且最终 OO_1 旋转 90° 到 $O'O_1$。将 $\angle OO_1O_2$ 记为 λ。

根据设计图可计算出 $\lambda_{\min} = \arccos\left(\dfrac{l^2 + l_{2\min}^2 - l_1^2}{2ll_1}\right) = 40°$，因此 $\lambda = 40° + \delta$。

根据三角函数定理有以下方程式

$$\sin\alpha = \sqrt{1 - \cos^2\alpha} \qquad (6-41)$$

$$l_2 = \sqrt{l^2 + l_1^2 - 2ll_1\cos\lambda} \qquad (6-42)$$

联立式（6-39）和式（6-42）可得

$$T = \frac{GL\cos\left(\arcsin\dfrac{h_{\mathrm{G}}}{L} + \delta\right)}{ll_1\sin(\lambda_{\min} + \delta)}\sqrt{l^2 + l_1^2 - 2ll_1\cos(\lambda_{\min} + \delta)} \qquad (6-43)$$

$$= 16\frac{\cos(\delta + 8.6°)}{\sin(\delta + 40°)}\sqrt{13 - 8.6\cos(\delta + 40°)} \times 10^5 \; (\mathrm{N})$$

由式（6-43）可以看出，液压缸推力 T 随着起竖角 δ 的变化而变化，如图 6-37 所示。

从图 6-37 中可看出，起竖力在起竖开始时刻为最大值，随着起竖时间的增加而逐渐减小；当起竖角达到 81° 左右时，推力减为 0；随着起竖的进行，推力变为负值，说明此时液压缸活塞不再提供推力而是拉力，这一过程与实际中活塞的受力情况是相符的。

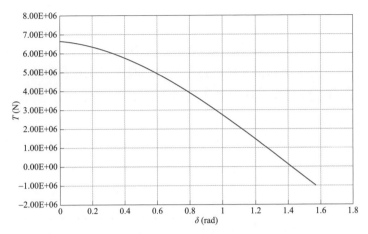

图 6-37 液压缸推力 T 与起竖角 δ 的关系

6.3.4 无局部放电充气式均压环

传统铝制或不锈钢制均压环和均压帽，因其体积大、安装笨拙等因素，严重影响了试验系统的集约发展，也影响了现场高压试验快速、安全的开展。当均压环体积和质量越大时，安装过程中难度不断提升，耗时越长，不仅影响了试验效率，而且也增加了劳动强度和危险性，严重影响了现场试验工作的效率。为此，研发了一种基于铝箔玻纤布和充气式内胆的充气式均压环，如图 6-38 所示。

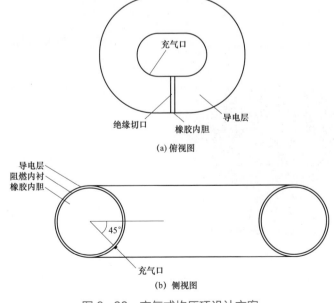

图 6-38 充气式均压环设计方案

均压环从外到内分别由导电层、阻燃内衬和橡胶内胆组成。其中，导电层采用导电性能良好的自粘型铝箔玻璃纤维布制成，充气内胆采用高强度复合PVC材料制成。导电布外侧预留有绝缘切口，防止试验装置漏磁造成均压环内的涡流损耗；均压环的充气接口处于均压环有效屏蔽区间内，充气接口不会造成局部电场畸变。

为验证充气式均压环在试验过程中的表面场强分布，研究表面场强与均压环管直径的关系，对其进行了有限元电厂仿真，如图6-39所示。

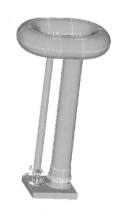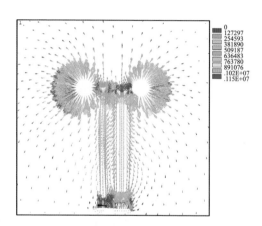

(a) 均压环电抗器的设计方案有限元示意图 (b) 均压环表面电场仿真

图6-39 充气式均压环表面场强仿真

图6-40 充气式均压环实物照片

根据仿真结果可知，试验平台的场强主要集中于均压环表面，其次为下法兰表面，均压环表面最大场强随管直径减小明显，如使用1400～1500mm管直径的均压环可将表面电场值控制在1.0kV/mm左右。

研制的充气式均压环实物如图6-40所示。将充气式均压环在泄压状态直接通过连接构件将其固定到高压试验设备套管顶端，并通过充气装置在10min内完成对均压环充气至额定压力。

6.4 标 准 解 读

6.4.1 DL/T 618—2022《气体绝缘金属封闭开关设备现场交接试验规程》

2022 年，国家能源局发布了电力行业标准 DL/T 618—2022《气体绝缘金属封闭开关设备现场交接试验规程》。该标准规定了 GIS 设备在现场安装后、投入运行前应进行的交接试验项目和技术要求，供安装和使用单位进行交接试验时执行。与 DL/T 618—2011（已作废）相比，DL/T 618—2022《气体绝缘金属封闭开关设备现场交接试验规程》在第 14 章主回路绝缘试验中明确规定了现场交流耐压试验（相对地）电压值为出厂耐压试验时施加电压值的 100%，即，对于特高压 GIS 设备，现场交流耐受电压应为 1100kV。

该标准同时规定了特高压 GIS 设备交流耐压试验程序，即，从零电压升压至 200kV，持续 20min；再升压至 300kV，持续 20min；再继续升压至 $U_\mathrm{m}/\sqrt{3}$（U_m 为系统最高电压），持续 10min；再升压至 $1.2U_\mathrm{m}/\sqrt{3}$，持续 20min；最后升压至耐压值 U_ds，持续 1min。耐压试验结束后降至 $1.2U_\mathrm{m}/\sqrt{3}$，停留 30min 后进行局部放电测试。交流耐压试验整体持续时间为 100min。

6.4.2 GB/T 24846—2018《1000kV 交流电气设备预防性试验规程》

GB/T 24846—2018《1000kV 交流电气设备预防性试验规程》规定了 1000kV 交流电气设备预防性试验的项目、周期、方法和判断标准。

该标准在表 7 "GIS（HGIS）试验项目、周期和要求" 中规定了 GIS 设备在大修后交流耐压试验电压为出厂试验电压值的 80%。

6.4.3 DL/T 474.4—2018《现场绝缘试验实施导则 交流耐压试验》

DL/T 474.4—2018《现场绝缘试验实施导则 交流耐压试验》提出了高压电气设备交流耐压试验所涉及的试验接线、试验设备和注意事项等技术细则，适用于发电厂、变电站现场和车间、实验室等条件下对高压电气设备进行交流耐压试验。

该标准针对 GIS、发电机和变压器、交联电缆、高压断路器等电容量较大、试验电压高的被试品，规定了串联谐振试验装置的试验回路原理图、试验装置分类以及装置使用条件。

6.4.4 DL/T 849.6—2016《电力设备专用测试仪器通用技术条件 第6部分：高压谐振试验装置》

DL/T 849.6—2016《电力设备专用测试仪器通用技术条件 第 6 部分：高压谐振试验装置》规定了高压谐振试验装置的定义、产品分类和命名、技术要求、试验方法、检验规则、标志和技术文件、包装、运输和储存等。适用于调频率式、调电感式和调电容式谐振试验装置。

该标准在表 4"油浸式励磁变压器和电抗器各部分温升限值"中规定了油浸式谐振电抗器在额定频率、额定电流以及满足整套试验装置的运行时间要求下，绕组温升限值为 65K、顶层油温升限值为 55K。

6.4.5 DL/T 1399.4—2020《电力试验/检测车 第4部分：开关电器交流耐压试验车》

DL/T 1399.4—2020《电力试验/检测车 第 4 部分：开关电器交流耐压试验车》规定了开关电器交流耐压试验车的组成结构、技术要求、试验方法、检验规则、运输和存放等要求，适用于采用变频串联谐振技术进行 72.5～550kV 开关电器交流耐压试验车的生产、验收和使用。

该标准规定了开关电器交流耐压试验车由车辆平台、串联谐振试验装置以及包含移动平台、举升装置、支撑装置和展开装置的辅助设备组成，明确了谐振电抗器安装于移动平台上，实现储运时内置于密闭车厢中，工作时移出至试验位置。对于内置于车厢中的电抗器绝缘水平不能满足试验电压要求的情况，该标准规定应对谐振电抗器进行分节设计并通过举升装置将上节电抗器举升至合适高度进行试验。

6.4.6 T/HBAS 005—2020《整装式变频串联谐振耐压试验装置技术规范》

考虑到电气设备现场试验的电压等级越来越高，试验的准备时间越来越短，整装式的试验装置需求日益增加。国网湖北电科院在特高压 GIS 整装式绝缘试验平台的研制基础上，结合 750kV GIS 绝缘试验车载平台的研制经验和其他车载试验平台的研发积累，开展了 T/HBAS 005—2020《整装式变频串联谐振耐压试验装置技术规范》的编制。

该技术规范针对的是配置有垂直举升或翻转起竖机构和一体式谐振单元的整装式变频串联谐振耐压试验装置。相对于 DL/T 849.6—2016《电力设备专用测试仪器通用技术条件　第 6 部分：高压谐振试验装置》所针对的传统散装式高压谐振试验装置，本标准在原有电气试验的基础上，结合试验装置的研发成果，增加了整装式设备所必需的机械性能试验和保护类要求。同时，本标准主要聚焦在变频串联谐振类试验装置上，该方法所需试验设备体积较小、设备较少、输出电压等级高，更容易现场实施，是现场交流耐压高压试验的主流技术方法。传统的调压器和发电器的工频耐压试验装置多应用于工厂内的出厂试验和高压试验大厅内的室内试验。因此，本标准聚焦的试验方法和装置类型更具针对性，也更符合高压试验现场检测技术的发展方向。

本标准主要针对主流的垂直举升式机构类和翻转竖起式机构类的整装装置提出了相关要求，包含这两类机构中普遍采用的气压机构和液压机构，增加了机构负载性能试验、同步精度测试、机构可靠性检查等主要性能类试验。国网湖北电科院于 2019 年 11 月对特高压 GIS 整装式绝缘试验平台的机械性能首次开展了相关试验，并对本标准涉及的试验项目进行了试验验证。由于该类装置所使用的液压机构和气动机构需进行成套整装的试验，无法直接引用相关机构类设备的标准。验证试验过程中，首次提出了多机构同步精度测试的试验方法和试验标准。

综合上述标准分析，特高压整装式绝缘试验平台的研制应遵循以下原则：

（1）谐振试验装置的绝缘水平应满足被试品出厂试验电压值的 100%。

（2）在额定工况下谐振电抗器的绕组温升不应超过 65K、顶层油温升不应超过 55K。

（3）整套试验装置除了应满足道路运输要求外，其站内运转能力还应符合特高压变电站（换流站）站内道路转弯半径的要求。

6.5　工　程　应　用

国网湖北电科院研制的 1200kV 特高压整装式绝缘试验平台自投入使用以来，先后在 ±1100kV G 换流站、1000kV W 特高压变电站、1000kV J 特高压变电站和 ±800kV W 换流站等新建、扩建工程 500kV 及以上电压等级开关设备的交接试验和检修后的预防性试验中得到了大量应用。下面以 ±1100kV G 换流站

为例介绍本装置在工程实际中的应用。

采用本套装置在±1100kV G 换流站开展了 GIS 的现场绝缘试验，试验现场如图 6-41 所示。共完成 9 个间隔的 1000kV GIS、1 组 1000kV 断路器和 25 个间隔的 500kV GIS 试验，试验的准备和转场过程中均无须吊车，仅在试验设备准备完成后，采用一台高空作业车进行高压扩径导线的连接，每次试验准备时间仅需半天，约 4h 内完成。

(a) ±1100kV G 换流站 1000kV GIS 现场绝缘试验　　(b) ±1100kV G 换流站 1000kV 断路器
现场绝缘试验

(c) ±1100kV G 换流站 500kV GIS 现场绝缘试验

图 6-41　整装式绝缘试验平台在±1100kV G 换流站现场应用

1. 试验规划布置

以 G 换流站 1100kV GIS 设备为例。该站 1100kV GIS 设备共有 9 个断路器间隔，3 个完整串，考虑到 GIS 母线长度和间隔数，试验规划分 3 个阶段共 3 个部分进行，三次试验规划如下：第一次试验包含第一串 GIS 间隔、1 母前半段、2 母前半段和 1 母 A 相的电压互感器（TV）；第二次试验包含第二串 GIS 间隔、2 母后半段和 2 母的 TV；第三次试验包含第三串 GIS 间隔和 1 母后半段。

2. 试验参数估算

根据 GIS 设备厂家提供的结构尺寸，计算得到每个组部件的电容量如表 6-5 所示。在此基础上，依据 GIS 的实际布置图，对每次试验的电容量进行了估算，估算结果如表 6-6 所示。估算结果表明，容量最大的一次试验是第二串 C 相，其电容量为 26180pF，且该次试验还带有 2 母的 C 相 TV。

表 6-5　　　　　　　　　G 换流站 1100kV GIS 设备电容参数

母线和 GIL	一个断路器间隔	套管	TV
50pF/m	1750pF	420pF	200pF

表 6-6　　　　　　　　　G 换流站 1100kV GIS 试验分段容量估算

试验范围	相序	负载容量（pF）
第一次（第一串 GIS 间隔、1 母前半段、2 母前半段、1 母 A 相 TV）	A	24110
	B	24830
	C	26060
第二次（第二串 GIS 间隔、2 母后半段、2 母 TV）	A	23070
	B	24400
	C	26180
第三次（第三串 GIS 间隔、1 母后半段）	A	23370
	B	23700
	C	24050

根据分压器的电容量为 1000pF，该次试验总的负载电容量为 27180pF，试验电抗器的电感量为 350H，则试验频率为

$$f = \frac{1}{2\pi\sqrt{LC}} = 51.6（Hz）\qquad（6-44）$$

试验频率大于 50Hz，能够满足 TV 厂家在 1100kV 耐压下的试验要求。

根据 1100kV 试验电压，计算得到高压端的最大电流为

$$I_c = 2\pi f U C = 9.7（A）\qquad（6-45）$$

该试验电流小于电抗器额定电流 12A，符合试验条件。

考虑到一定的裕度，按照现场试验的品质因数 Q 最低 40 进行估算，所需的

励磁变压器容量为

$$P = \frac{UI_c}{Q} = 266.6\,(\text{kW}) \qquad (6-46)$$

该试验容量小于试验变压器的额定容量 450kVA，符合试验要求。

试验中，如选择励磁变压器变比为 20000V/500V，则最大输入三相电流为

$$I_o = I_c N / \sqrt{3} = 223.8\,(\text{A}) \qquad (6-47)$$

依据该估算结果，试验中应选择不小于 300A 的 380V 试验电源。根据 G 换流站的实际试验条件，试验中的试验电源最大为 630A，采用了 120mm² 的输入电缆。

3. 1100kV GIS 现场交流耐压试验结果

针对上述试验容量最大的第二串 C 相试验，进行了试验回路参数的监测，试验结果如表 6-7 所示。试验回路的谐振频率为 51.8Hz，与估算结果相近，符合试验预期，能够满足 TV 试验的要求。

表 6-7　　　　换流站 1100kV GIS 第二串 C 相耐压试验结果

试验频率（Hz）	51.8		
温度（℃）	32.6		
试验变比	20 000/500		
湿度	40%		
试验电压（kV）	635	762	1100
低压进线电流（A）	53	86.2	244
低压出线电流（A）	230	273	386
品质因数 Q	125	108	87.5

该试验结果验证了特高压 GIS 整装式绝缘试验平台能够满足现阶段特高压 GIS 现场绝缘试验的要求，且平台的电气性能非常契合特高压 GIS 母线长、容量大和带 TV 耐压试验的特点要求。

参 考 文 献

[1] 朱秦川，吴经锋，张璐，等. GIS 现场耐压试验方法及装置参数研究 [J]. 电网与清洁能源，2017，33（10）：89-93.

[2] 刘瑞卿. 垂直发射导弹地面风载荷响应特性研究 [D]. 北京：北京理工大

学，2015：44.

[3] 肖海萍，周福庚，张代胜，等. 轴距与轮距对汽车转向轮偏转角关系的影响 [J]. 合肥工业大学学报，2005，28（12）：1499-1502.

[4] 袁召. 筒式多包封空心电抗器的热、磁优化研究 [D]. 武汉：华中科技大学，2014.

[5] 陈振堂. 空心液压缸设计及双缸同步控制系统研究 [D]. 太原：太原科技大学，2014.

[6] 梁超. 特高压电气设备的电场特性及绝缘性能的研究 [D]. 沈阳：沈阳工业大学，2010.

[7] 吴声治，吴迪顺，鄢庶. 干式空心电抗器设计和计算方法的探讨 [J]. 变压器，1997，34（3）：18-22.

第7章

特高压交流输电线路参数测试和现场抗干扰技术

7.1　概　　述

架空输电线路的工频序阻抗参数是保护整定、方式计算、稳定校核的关键参数。由于输电线路沿途地理环境复杂，受线路弧垂、集肤效应和大地回路等因素的影响，其工频参数难以通过理论准确计算。线路施工及验收、继电保护整定等相关规程明确要求线路在新建、改建后，应对线路工频参数进行实测。

传统的工频法，如倒相法、移相法，在干扰水平不高的情况下能够保证测量的准确度，但是随着电网结构的日益发展壮大，临近带电线路对被试线路会产生较高幅值、组成复杂的电磁干扰，严重影响测量精度。采用异频法进行参数测量，能够分离工频干扰分量，有效提升抗干扰水平。在同杆线路带电运行的情况下，特高压线路的感应电水平甚至会威胁到人员和设备的安全，需要对电磁和静电感应采取抑制措施。

由于特高压线路距离较长、途经环境复杂，沿线的电压分布不均匀，线路的分布参数对测试结果也会产生较大影响，导致线路入端的阻抗参数随着线路长度的增加呈非线性变化，需要采用传输线理论对测试数据进行校正，确保测试结果的准确有效。

7.1.1　线路参数测试技术

常用的工频法一般通过倒相或者移相的方法来消除工频干扰的影响。如果试验电源电压足够高（测量电压与干扰电压比大于10），在干扰电压相位不变的情况下，干扰电压幅值的变化引起的阻抗值测量误差较小。实际测量中，需要用大容量的隔离变压器，以增大测量信号输出，这就使得试验设备体积庞大和质量超重，不利于现场开展测试工作。如果干扰信号过强，仍然存在测试信号难以大幅超过干扰信号的情况。此外，干扰信号相位的变化也会引起较大的测量误差，实际操作过程中通常要求测量人员在尽可能短的时间内完成测试读数，尽量减少干扰信号扰动对测试结果的影响。

异频法能够在频域提取异频测试信号，理论上可以消除工频干扰，实践上具有较好的抗干扰效果。

1. 异频法技术原理

异频法是在线路测量端输入异于工频 f_0（50Hz）的激励信号，在频域直接分离工频干扰信号和有用的异频测试信号，达到消除工频干扰影响的目的。一般地，取两个测试频点 f_1（$f_1=f_0-\Delta f$）和 f_2（$f_2=f_0+\Delta f$）进行测量，结果折算到 f_0 以后，加权平均两次测量结果，以使测量结果具有很好的频率等效性。

测量仪器输出测试激励源的频率为 f_1 或 f_2，则线路上响应信号与干扰信号的混叠结果分别为

$$\begin{cases} u=u_{f0}+u_{f1}=U_0\sin\left(2\pi f_0+\varphi_{u0}\right)+U_1\sin\left(2\pi f_1+\varphi_{u1}\right) \\ i=i_{f0}+i_{f1}=I_0\sin\left(2\pi f_0+\varphi_{i0}\right)+I_1\sin\left(2\pi f_1+\varphi_{i1}\right) \end{cases} \quad (7-1)$$

或者

$$\begin{cases} u=u_{f0}+u_{f2}=U_0\sin\left(2\pi f_0+\varphi_{u0}\right)+U_2\sin\left(2\pi f_2+\varphi_{u2}\right) \\ i=i_{f0}+i_{f2}=I_0\sin\left(2\pi f_0+\varphi_{i0}\right)+I_2\sin\left(2\pi f_2+\varphi_{i2}\right) \end{cases} \quad (7-2)$$

式中　U_0、I_0、φ_{u0}——工频干扰信号的电压、电流和相角；

　　　U_1、I_1、φ_{u1}——频率 f_1 的输入电压、电流和相角；

　　　U_2、I_2、φ_{u2}——频率 f_2 的输入电压、电流和相角。

混频信号在阻抗上的响应满足叠加原理，采集到的混频信号数字化后，通过快速傅里叶变换（fast fourier transformation，FFT），分离出异频信号 u_{f1} 和 i_{f1}、u_{f2} 和 i_{f2}，求取两个测试频点下阻抗的幅值和相位，通过运算求得两个频点下的 R_1 和 X_1、R_2 和 X_2，折算到工频后，加权平均后得到最后结果为

$$\begin{cases} R_0=\left(R_1\dfrac{f_0}{f_1}+R_2\dfrac{f_0}{f_2}\right)\div 2 \\ X_0=\left(X_1\dfrac{f_0}{f_1}+X_2\dfrac{f_0}{f_2}\right)\div 2 \end{cases} \quad (7-3)$$

异频法可以在较小的异频信号与工频干扰信号比值下分离干扰信号，降低了测量电压和电流信号水平，使得试验电源容量和体积大大减小，更利于现场测试实施。

2. 频率等效性分析

由于大地的影响，线路零序电感与频率是非线性相关的，采用偏离工频 $\pm\Delta f$ 测试频点，再取加权平均值的方法，会带来系统误差，不同 $\pm\Delta f$ 会显著影响测试结果的等效性，下面将对此进行分析。

线路单位长度的零序阻抗为

$$Z_0=R_a+3R_g+\text{j}0.4335\lg\frac{D_g}{r'} \quad (7-4)$$

其中　　　　　　　　　　$R_g=9.869\times10^{-4}\times f$

$$D_{\mathrm{g}} = \frac{660}{\sqrt{f/\rho}}$$

式中　R_{a} ——线路单位长度电阻；

　　　R_{g} ——大地电阻；

　　　D_{g} ——等值深度；

　　　ρ ——大地电阻率；

　　　r' ——相分裂导线的有效半径。

零序阻抗中的大地电阻 R_{g} 与频率线性相关，加权平均后误差影响可以消除。电抗分量与频率为非线性对数相关，近似认为电抗 $x \propto \lg f$ 时，产生的误差 $\Delta x\%$ 为

$$\Delta x\% = \frac{\left[\dfrac{f}{f-\Delta f}\times\lg(f-\Delta f) + \dfrac{f}{f+\Delta f}\times\lg(f+\Delta f)\right]\div 2 - \lg f}{\lg f}\times 100\% \quad (7-5)$$

从等值深度的物理意义上看，频率的变化导致了导线间和导线与大地间的电磁耦合程度的非线性变化，从而引起了电感的非线性变化，各个频点的单独试验结果将会偏离工频下的结果。以工频为基准，不同的 Δf 对应的加权平均后的误差 $\Delta x\%$ 见表 7-1。

表 7-1　　　　　　　　　　　　　频 偏 与 误 差 关 系

Δf（Hz）	10	7.5	5	2.5
$\Delta x\%$	2.53	1.38	0.62	0.15

根据表 7-1，如果采用的测试频点偏离工频大于 5Hz，会引起超过 0.5%的系统误差。根据误差传递的原则，测试仪器的准确度将很难保证达到 1.0%。为减小频点偏移引起的误差对测试结果的影响，应该选择偏离工频小于 5Hz 的测试频点。当频率偏差 Δf 不大于 2.5Hz 时，引起的系统误差为 0.15%，能够保证异频法测量的等效性。

7.1.2　工频干扰抑制与分离技术

1. 工频干扰分析

虽然异频法具有较好的抗干扰能力，但是干扰严重的情况下，还是会对测量的稳定度和准确度产生影响，甚至会危及测试仪器和测试人员的安全，有必要采取措施对感应电进行抑制。

　　根据电路理论可知，临近带电线路对被试线路的工频干扰包括电容耦合分量和电磁耦合分量。当被测线路两端都悬空不接地时，如图 7-1 所示，邻近带电线路电场通过回间电容耦合，在被试线路将感应一个电动势，可看作在导线对地电容（C_{10}）支路中并接了一个等效的电磁感应电动势 E_C。根据干扰线路电压等级和耦合紧密情况的不同，干扰电压值从几百伏到几十千伏不等，该电压可以采用静电电压表进行测量。

　　当线路平行或同杆架设时，带电运行线路的电流产生的磁场将在被测线路上感应出电压，如图 7-2 所示，它正比于运行线路的电流 I_2 和两线路之间的互感 M_{21}，其作用相当于在线路导线上沿纵向串接了一个磁感应电动势 E_M。根据临近带电线路潮流变化，电磁感应干扰会发生变化。

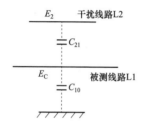

图 7-1　测量中电容耦合干扰示意图

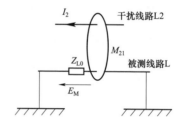

图 7-2　测量中电磁耦合干扰示意图

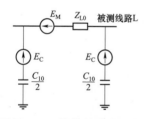

图 7-3　干扰等效电路示意图

　　由于测量中，被测线路短接和接地方式的不同，在各序参数测量中，感应干扰电压是不同的，但是可以综合等效为图 7-3 的电路。

　　以华东某 1000kV 特高压同塔双回线路为例进行电磁干扰计算。两回线路同塔长度为 164km，导线型号为 $8 \times$ LGJ-630/45。两回逆相序排列，且已换位。一回线路带电运行，负荷电流为 2500A 时，采用 ATP-EMTP 对另一回停电线路的静电感应电压、电流和电磁感应电压、电流进行计算，如表 7-2 所示。

表 7-2　　　　　　　　　　特高压同塔双回感应电干扰水平

类型	干扰水平	备注
静电感应电压（kV）	25.36	停运线路两侧均不接地
静电感应电流（A）	5.37（接地端）	停运线路一侧接地
电磁感应电压（kV）	1.33（开路端）	
电磁感应电流（A）	41.79	停运线路两侧接地

相关研究表明，静电感应电流和电磁感应电压受线路长度影响显著，电磁感应电流随线路长度增加而减小并趋于稳定。静电感应电压、电流几乎不随负荷电流改变而改变，电磁感应电压、电流随负荷电流增加而增加。总之，在临近线路带电运行的情况下，被试线路会产生较高的感应电压和电流，有必要采取干扰抑制措施，提升测量的准确性和安全性。

2. 感应电抑制技术

根据干扰等效电路，设计动态抑制网络，按图 7-4 的方式接入。

图 7-4 中，Z_1 是高阻抑制网络，主要用于抑制被试线路的电磁耦合电流。根据干扰电流的不同，控制 Z_1 的阻抗值，在保证将干扰电流抑制到安全水平的同时，保证测试电源 E_S 能可靠输出到被测线路。

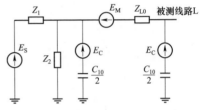

图 7-4　干扰动态抑制网络接入

在零序阻抗测量时，对于 50～100km 的线路，干扰电流抑制倍数可以达到 15，抑制后，仪器测量回路流过的干扰电流一般小于 5A；对于 50km 以下的线路，干扰电流抑制倍数可以不小于 20，抑制后，仪器测量回路流过的干扰电流一般小于 3A；对于 100km 以上的线路，干扰电流抑制倍数可以不小于 10，抑制后，仪器测量回路流过的干扰电流一般小于 7A。

测量仪器的额定测试电流为 5A，流经测量回路的电流不超过 12A，降低了试验电源容量的要求，较小的回路电流简化了仪器的可靠性设计。根据上述指标，电流测试线选择为 4mm²，即可满足现场试验的通流能力要求，相对细的测试线也增加了接线的方便程度，减轻了劳动强度。

图 7-4 中，Z_2 是低阻抗网络，负责钳制来自线路的电容耦合电压，根据感应电压的不同，控制 Z_2 的阻抗值，在将感应电压钳制到安全水平的同时，保证输入激励电压具有较高的幅值。

对于 100km 的线路，干扰电压抑制倍数可以达到 100，抑制后设置的保护值为 500V，即，此种情况下，可以应对的感应电压（线路开路时）为 50kV；对于 50km 以下的线路，干扰电压抑制倍数可以不小于 150，可以应对的感应电压（线路开路时）为 75kV；对于 100km 以上的线路，干扰电压抑制倍数可以不小于 50，可以应对的感应电压（线路开路时）为 25kV。

因为对干扰电压的抑制倍数很高，所以在仪器可靠接地的情况下，只要按照规程操作,实际上测试电压和干扰电压混叠后,在仪器内部不会出现超过500V的电压,大大增强了可靠性和安全性。

3. 异频法信号分离

异频法的关键在于不同频率信号的分离,要准确分离测试信号和干扰信号以得到稳定的测试结果,干扰信号在测试频点的衰减要达到40dB及以上。现有方法采用离散傅里叶变换,采集一个或者两个工频周期被测信号,对信号进行谐波分析,在频域上分离有用的异频测试信号和工频干扰信号。由于异频测试中测试信号频点距离工频(50Hz)频点很近,一般取±2.5Hz或者±5Hz,则必然导致信号数据序列对异频测试信号非整周期采样,虽然可以采用补零方法补足整周期,但也必然会导致频域的频谱泄漏,从而导致系统误差。只有在信噪比为1:1或者2:1的条件下才能达到衰减20dB的要求,这在现有干扰环境条件下,导致试验电源系统庞大,而且测试结果的数据准确性和稳定性均不能满足测量要求。

测试频率 ω_1 ($\omega_2 \pm \Delta f$) 和和频率 ω_2 (50Hz) 的混叠信号 $x(n)$ ($|\omega_2 - \omega_1| = 5\pi \times m$, m 为正整数),如图7-5和图7-8所示,混叠比例分别为1:1和1:10。采集时间长度为10K工频周期(K 为1~10的正整数),补偿混叠的异频测试信号为整周期,使频谱泄漏理论上为零。设计窄带滤波器 $h(n)_i$ ($i=1$, 2),对应的傅里叶变换为 $H(e^{j\omega_1})$ 和 $H(e^{j\omega_2})$,利用窄带数字滤波器对被测信号进行滤波处理 $y(n)_i = x(n) * h(n)_i$,获取频域分离信号 $y(n)_i$ ($i=1$, 2),准确分离异频信号 $y(n)_1$ (如图7-6和图7-9所示)和工频干扰信号 $y(n)_2$ (如图7-7和图7-10所示)。信号分离能力得到提高,能在异频测试信号和工频干扰信号比值为1:10的条件下进行信号频域分离。

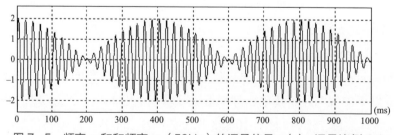

图7-5 频率 ω_1 和和频率 ω_2 (50Hz) 的混叠信号 $x(n)$,混叠比例1:1

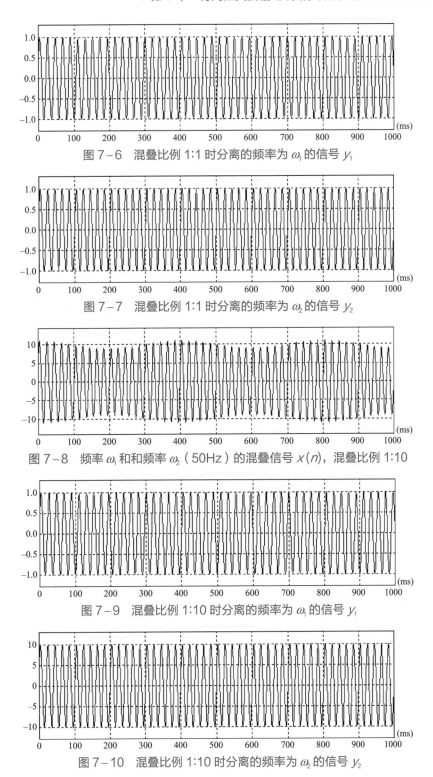

图 7-6　混叠比例 1:1 时分离的频率为 ω_1 的信号 y_1

图 7-7　混叠比例 1:1 时分离的频率为 ω_2 的信号 y_2

图 7-8　频率 ω_1 和和频率 ω_2（50Hz）的混叠信号 $x(n)$，混叠比例 1:10

图 7-9　混叠比例 1:10 时分离的频率为 ω_1 的信号 y_1

图 7-10　混叠比例 1:10 时分离的频率为 ω_2 的信号 y_2

7.1.3 基于传输线理论的长线工频参数测量技术

1. 长线参数测量误差分析

根据传输线理论，如图 7-11 所示，线路单位长度的电阻、电感、泄漏电导和电容分别记为 R_0、L_0、G_0 和 C_0，线路长度为 l，长线两端口电路方程为

$$\begin{bmatrix} \dot{U}_s \\ \dot{I}_s \end{bmatrix} = \begin{bmatrix} \cosh(\gamma l) & Z_c \sinh(\gamma l) \\ \dfrac{\sinh(\gamma l)}{Z_c} & \cosh(\gamma l) \end{bmatrix} \begin{bmatrix} \dot{U}_r \\ \dot{I}_r \end{bmatrix} \qquad (7-6)$$

其中，波阻抗 $Z_c = \sqrt{Z_0 / Y_0}$；$Z_0 = R_0 + \mathrm{j}wL_0$，$Y_0 = G_0 + \mathrm{j}wC_0$；传输常数 $\gamma = \sqrt{Z_0 Y_0}$。

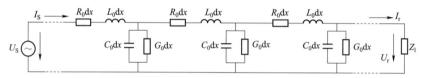

图 7-11 传输线模型示意图

令 $\tanh\varepsilon = Z_1 / Z_c$，可以得到，首端入口阻抗为

$$Z_{in} = Z_c \frac{\tanh\varepsilon + \tanh\gamma l}{1 + \tanh\varepsilon\tanh\gamma l} = Z_c \tanh(\gamma l + \varepsilon) \qquad (7-7)$$

当末端短路时，$Z_1 = 0$，有 $\tanh\varepsilon = Z_1 / Z_c = 0$，可得 $\varepsilon = 0$，则

$$Z_{inD} = Z_c \tanh(\gamma l) \qquad (7-8)$$

当末端开路时，$Z_1 = \infty$，有 $\tanh\varepsilon = \infty$，可得 $\varepsilon = \mathrm{j}\dfrac{\pi}{2}$，则

$$Z_{inK} = Z_c \tanh\left(\gamma l + \mathrm{j}\frac{\pi}{2}\right) = Z_c \coth(\gamma l) \qquad (7-9)$$

采用异频法单端测量工频参数时，实际测量结果是线路测量对端短路接地或者开路时的线路首端输入阻抗 Z_{inD} 和 Z_{inK}。考虑到波阻抗 Z_c 和传输常数 γ 均是与线路分布参数相关的常数，则实际测量数据是线路长度的双曲正切函数。当线路长度较长时，单端测量阻抗不能满足式（7-8）和式（7-9）成立所要求的前提条件，传输线分布参数效应不能忽略，造成工程上不可容忍的误差。

对式（7-8）进行泰勒级数展开，取 4 阶泰勒展开式

$$Z_{inD} = Z_c \times \left[\gamma l - \frac{(\gamma l)^3}{3} + \frac{2(\gamma l)^5}{15} - \frac{17(\gamma l)^7}{315} \right] \qquad (7-10)$$

对不同的线路长度 l，从 100km 开始，以步长 80km 增加至 1000km，分

布参数分别取 $R_0 = 0.061\Omega / \text{km}$、$L_0 = 0.6 \times 10^{-3}\text{H} / \text{km}$、$G_0 = 10^{-11}\text{S} / \text{km}$、$C_0 = 0.022 \times 10^{-6}\text{F} / \text{km}$，分别计算线路入端阻抗的电阻分量 R_{inD} 和电抗分量 X_{inD}。并按照异频法，计算频率为（50 ± 2.5）Hz 时，线路电阻 $R_{\pm\Delta\text{f}}$ 和电抗 $X_{\pm\Delta\text{f}}$。按照下列公式计算相对误差

$$\Delta R_{\pm\Delta\text{f}}\% = \frac{R_0 - R_{\pm\Delta\text{f}}}{R_0} \times 100\%$$

$$\Delta X_{\pm\Delta\text{f}}\% = \frac{X_0 - X_{\pm\Delta\text{f}}}{X_0} \times 100\%$$

$$(7-11)$$

计算的阻抗数据（单位长度值）和对应的误差数据列表如表 7-3 所示，曲线如图 7-12 所示。

表 7-3　　　　　　　　　　　　±2.5Hz 频偏时测量误差

项目	线路长度（km）											
	100	180	260	340	420	500	580	660	740	820	900	980
$R_{\pm2.5}(\Omega/\text{km})$	0.0611	0.0625	0.0646	0.0676	0.0716	0.0771	0.0845	0.0944	0.1082	0.1276	0.1557	0.1979
$X_{\pm2.5}(\Omega/\text{km})$	0.1873	0.1898	0.1928	0.1967	0.2018	0.2083	0.2164	0.2663	0.2384	0.2528	0.2692	0.2857
$\Delta R_{\pm2.5}$ (%)	0.08%	2.51%	5.94%	10.80%	17.45%	26.42%	38.49%	54.85%	77.38%	109.17%	155.33%	224.44%
$\Delta X_{\pm2.5}$ (%)	−0.57%	0.74%	2.33%	4.42%	7.13%	10.56%	14.85%	20.12%	26.53%	34.18%	42.90%	51.65%

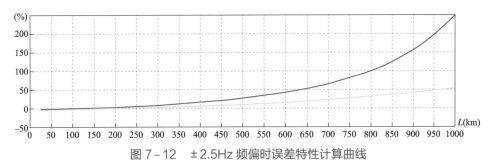

图 7-12　±2.5Hz 频偏时误差特性计算曲线

（红色：$\Delta R_{\pm2.5} - L$，黄色：$\Delta X_{\pm2.5} - L$）

从列表数据和曲线中可以看出，线路入端电阻和电抗随着线路长度的不同呈非线性变化。当线路长度为 340km 时，电阻分量的测量误差已经超过了 10%，电抗分量的误差接近 5%，超过或者接近了工程误差容许水平；线路长度超过 500km 以后，测量误差均超过 10%，需要采用分布式参数测量技术。

2. 基于传输线理论的长线工频参数测量技术

按照图 7-13（a），将线路末端短路，首端施加三相正序电压，测量线路首

端的三相电压 $\boldsymbol{U}_{\mathrm{S}}=[\dot{U}_{\mathrm{S.a}} \quad \dot{U}_{\mathrm{S.b}} \quad \dot{U}_{\mathrm{S.c}}]^{\mathrm{T}}$ 和电流 $\boldsymbol{I}_{\mathrm{S}}=[\dot{I}_{\mathrm{S.a}} \quad \dot{I}_{\mathrm{S.b}} \quad \dot{I}_{\mathrm{S.c}}]^{\mathrm{T}}$，按照式（7-12）计算三相正序短路阻抗 $\boldsymbol{Z}_{\mathrm{S.1}}$

$$\boldsymbol{Z}_{\mathrm{S.1}}=\frac{[1 \quad a \quad a^2]\boldsymbol{U}_{\mathrm{S}}}{[1 \quad a \quad a^2]\boldsymbol{I}_{\mathrm{S}}} \qquad (7-12)$$

其中，$a=\mathrm{e}^{\mathrm{j}2\pi/3}$。

再按照图 7-13（b），将线路末端开路，首端施加三相正序电压，测量线路首端的三相电压 $\boldsymbol{U}_{\mathrm{O}}=[\dot{U}_{\mathrm{O.a}} \quad \dot{U}_{\mathrm{O.b}} \quad \dot{U}_{\mathrm{O.c}}]^{\mathrm{T}}$ 和电流 $\boldsymbol{I}_{\mathrm{O}}=[\dot{I}_{\mathrm{O.a}} \quad \dot{I}_{\mathrm{O.b}} \quad \dot{I}_{\mathrm{O.c}}]^{\mathrm{T}}$，按照式（7-13）计算三相正序开路阻抗 $\boldsymbol{Z}_{\mathrm{O.1}}$

$$\boldsymbol{Z}_{\mathrm{O.1}}=\frac{[1 \quad a \quad a^2]\boldsymbol{U}_{\mathrm{O}}}{[1 \quad a \quad a^2]\boldsymbol{I}_{\mathrm{O}}} \qquad (7-13)$$

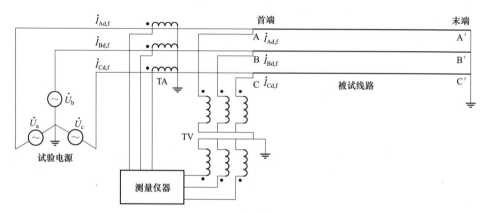

(a) 末端短路接地

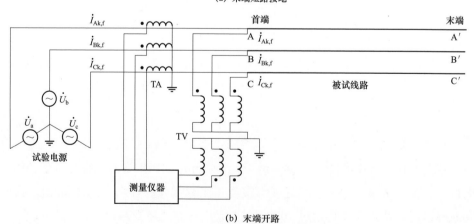

(b) 末端开路

图 7-13 正序阻抗测量接线原理图

按照图 7-14（a），将线路末端短路，首端施加零序电压，测量线路首端的三相电压 $\dot{U}_{S.0}$ 和电流 $\dot{I}_{S.0}$，按照式（7-14）计算三相零序短路阻抗 $\boldsymbol{Z}_{S.0}$

$$\boldsymbol{Z}_{S.0} = \frac{\dot{U}_{S.0}}{\dot{I}_{S.0}/3} \qquad (7-14)$$

再按照图 7-14（b），将线路末端开路，首端施加零序电压，测量线路首端的电压 $\dot{U}_{O.0}$ 和电流 $\dot{I}_{O.0}$，按照式（7-15）计算三相零序开路阻抗 $\boldsymbol{Z}_{O.0}$

$$\boldsymbol{Z}_{O.0} = \frac{\dot{U}_{O.0}}{\dot{I}_{O.0}/3} \qquad (7-15)$$

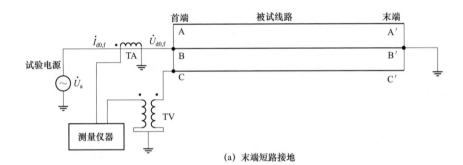

(a) 末端短路接地

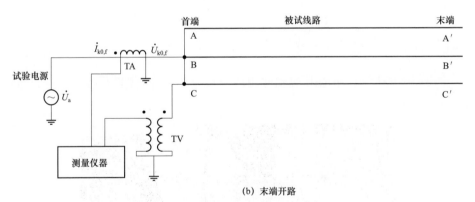

(b) 末端开路

图 7-14　零序阻抗测量接线原理图

根据传输线理论，正序特征阻抗和传输常数计算如下

$$z_{C.1} = \sqrt{\boldsymbol{Z}_{S.1}\boldsymbol{Z}_{O.1}} \qquad (7-16)$$

$$\gamma_1 = \frac{\operatorname{arc\,coth}\sqrt{\boldsymbol{Z}_{O.1}/\boldsymbol{Z}_{S.1}}}{l} \qquad (7-17)$$

可得，单位长度的正序阻抗和导纳分别为

$$\begin{cases} z_1 = z_{C.1}\gamma_1 \\ y_1 = \gamma_1 / z_{C.1} \end{cases} \qquad (7-18)$$

零序特征阻抗和传输常数计算如下

$$z_{C.0} = \sqrt{\boldsymbol{Z}_{S.0}\boldsymbol{Z}_{O.0}} \qquad (7-19)$$

$$\gamma_0 = \frac{\operatorname{arc\,coth}\sqrt{\boldsymbol{Z}_{O.0} / \boldsymbol{Z}_{S.0}}}{l} \qquad (7-20)$$

可得，单位长度的零序阻抗和导纳分别为

$$\begin{cases} z_0 = z_{C.0}\gamma_0 \\ y_0 = \gamma_0 / z_{C.0} \end{cases} \qquad (7-21)$$

进而可得，单位长度的正序电阻 r_1、电感 l、电容 c_g 为

$$r = \operatorname{Re}(z_1) \qquad (7-22)$$

$$l = \frac{\operatorname{Im}(z_0 + 2z_1)}{3\omega} \qquad (7-23)$$

$$c_g = \frac{\operatorname{Im}(y_0)}{\omega} \qquad (7-24)$$

7.2 试 验 装 备

7.2.1 输电线路大功率、分体式工频参数测试仪

如图 7-15 所示，特高压交流输电线路参数测试仪（YTLP-D）由参数测试模块和干扰抑制模块构成。

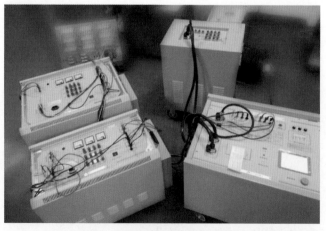

图 7-15 特高压交流输电线路参数测试系统（YTLP-D）

1. 参数测试模块

参数测试模块测试速度快、精度高、重复性好、接线简单、操作方便，各种参数的测试、测试端的接线倒换全部在内部自动完成。接一次线，完成所有序参数测试（能够快速准确完成线路的正序电容、正序电抗、零序电容、零序电抗等参数的测量），还可进行线路间互感和耦合电容测量，极大地提高了现场测试工作效率。如果对端操作配合熟练，一般完成一回线路试验的时间为 20min。测试过程不需要换线，可以保证测试人员和仪器设备的安全。

测试频率选择 47.5、52.5Hz，异频测试的频率接近 50Hz，具有更好的测试等效性，测试频率偏移导致的阻抗测试系统误差小于 0.15%。该测试模块已经考虑短线路的测试，可以分辨 0.01μF 的电容和 0.01Ω 的电阻和电抗，在电容为 0.01μF 时的测试准确度可以保证 ±3% 读数；在电阻或电抗为 0.01Ω 时的测试准确度可以保证 ±3% 读数；

该测试模块在测试信号与干扰信号为 1:10 的情况下，可以准确分离工频干扰和异频测试信号，从而准确测试线路工频参数。

2. 干扰抑制模块

如图 7-16 所示，干扰抑制模块起到抑制干扰影响的作用，抗干扰的原理是将现场的干扰电压泄放，抑制比最大可以达到 200，将干扰电流减小，最大可以减小 15 倍。

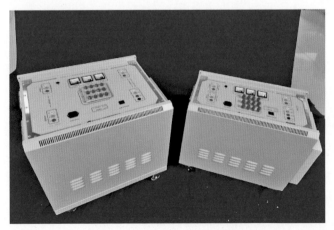

图 7-16　工频线路参数综合测试系统干扰抑制模块（YTID1、YTID2）

7.2.2　输电线路集成式工频参数测试仪

输电线路集成式工频参数测试仪（FYLP-001）可快速准确完成线路的正序电容、正序阻抗、零序电容、零序阻抗等参数的测量，还可以测量线路间互感和耦合电容；抗干扰能力强，能在异频信号与工频干扰信号之比为 1:10 的条件下准确测量，如图 7-17 所示。

FYLP-001 外部接线简单，可直接使用 220V 移动电源单独供电，设备体积小可单人搬运，抗干扰能力强。该设备仅需一次接入被测线路的引下线就可以完成全部的线路参数测量。测试过程快捷，仪器自动完成测试方式控制、升压降压控制和数据测量和计算，并打印测量结果。测量精度高，设备实现了工频及杂波干扰分离，有效实现小信号的高精度测量，解决了现有测试手段存在的测试接线倒换、抗干扰、稳定度、精度等方面存在的问题。

图 7-17　输电线路集成式工频参数测试仪
（FYLP-001）

7.3　标　准　解　读

7.3.1　测试要求

依据 DL/T 1179—2021《1000kV 交流架空输电线路工频参数测量导则》，特高压交流线路参数测试项目包含以下内容。

（1）感应电压（电磁感应电压和静电感应电压）、接地电流。

（2）相别核对、绝缘电阻和直流电阻测量。

（3）正序阻抗、零序阻抗、正序电容和零序电容。

（4）多回同杆或并行线路测量项目，还包含回路之间的零序互阻抗和零序耦合电容。

7.3.2　仪器要求

1. 工作条件

工作条件应符合以下要求：

（1）工作温度：-10~50℃。

（2）相对湿度：≤90%。

（3）电源频率：50Hz（1±1%）。

（4）电源电压：单相 220V（1±10%），或三相 380V（1±10%）。

注：在其他特殊环境下使用时，由用户与制造商协商。

2. 安全性能

测试仪交流电源输入端、输出端对机壳及地之间，各端子之间的绝缘电阻不应小于 20MΩ。

电源输入端、输出端对机壳及地间应能耐受 2kV 工频电压 1min，应无击穿、飞弧现象。

保护功能应符合如下要求：

（1）具备过压保护功能，可设定输出电压保护值，当电压信号测量端口电压达到设定值时，能切断输出，将输出端子对地短路，并给出保护动作信息。

（2）具备过流保护功能，可设定输出电流保护值，当电流信号测量端口电流达到设定值时，能切断输出，将输出端子对地短路，并给出保护动作信息。

（3）具备抑制感应电功能，为防止线路感应电对设备及人员的伤害，测试仪内应配置安全防护单元（隔离单元）。

3. 测试电源

测试电源为三相电源，电源频率为 45~55Hz，以下以 45Hz 和 55Hz 为例介绍测试仪的技术要求和试验方法。功率输出特性应符合表 7-4 要求。

表 7-4　　　　　　　　测试电源输出特性参数要求

序号	参数名称		性能要求
1	相电压	额定输出值	≥200V
2		稳定度	≤1%设定值/min
3		调节细度	≤1V
4		谐波总畸变率	≤3%
5		三相电压不平衡度	≤1%

序号	参数名称		性能要求
6	相电流	额定输出值	≥3A
7	频率	范围	45～55Hz
8		频率扫描方式	自动/手动
9		稳定度	≤0.1%设定值/min
10	额定功率		≥1800W
11	工作时间		额定功率下大于1min

4. 性能要求

测试仪测量主要性能应符合表7-5要求。

表 7-5   测量控制单元主要性能参数要求

序号	参数名称		性能要求		
1	电压	量程	100V 挡	1000V 挡	
2		分辨力	0.1V	1V	
3		最大允许误差	±（0.4%读数+0.1%量程）		
4	电流	量程	0.1A 挡	1A 挡	10A 挡
5		分辨力	0.001A	0.01A	0.1A
6		最大允许误差	±（0.4%读数+0.1%量程）		
7	频率	范围	45～55Hz		
8		分辨力	0.01Hz		
9		最大允许误差	±0.1%读数		
10	相位	范围	−90.00°～90.00°		
11		分辨力	0.01°		
12		最大允许误差	±0.2°		
13	正序阻抗	测量范围	0.2～100Ω		
14		最大允许误差	±（3%读数+0.1Ω）		
15	零序阻抗	测量范围	0.2～100Ω		
16		最大允许误差	±（5%读数+0.1Ω）		
17	互感阻抗	测量范围	0.2～100Ω		
18		最大允许误差	±（5%读数+0.1Ω）		
19	正序电容	测量范围	0.1～10μF		
20		最大允许误差	±（3%读数+0.01μF）		

续表

序号	参数名称		性能要求
21	零序电容	测量范围	$0.1\sim10\mu F$
22		最大允许误差	±（3%读数+0.01μF）
23	耦合电容	测量范围	$0.1\sim10\mu F$
24		最大允许误差	±（3%读数+0.01μF）

7.4　工　程　应　用

以华中某1000kV特高压交流工程线路参数测试为例开展现场应用。该特高压交流工程线路一、二回为平行架设，三、四回为同塔架设。采用大功率、分体式工频参数测试仪进行参数测试。

7.4.1　序阻抗参数测量

交流线路的序阻抗参数主要包含正序阻抗、零序阻抗、正序电容和零序电容。以某特高压交流一、二回线路参数测试为例进行说明，线路详见表7-6。

表 7-6　　　　　　　　某 1000kV 线路导地线信息

线路名称	导线型号	地线型号	长度（km）
一回	8×JL1/G1A-500/35	JLB20A-170/OPGW-175	284.790
二回	8×JL1/G1A-500/35	JLB20A-170/OPGW-175	281.807

1. 干扰水平测量

使用钳形电流表与感应电压测试棒分别测量被试线路的感应电流和感应电压，结果如表7-7和表7-8所示。从测量结果可以看出，一、二回线路同停的情况，临近平行交叉线路较少，干扰水平较低。

表 7-7　　　　　　　　一回线路静态干扰水平测量结果

三相	静电感应电压（V）		电磁感应电压（V）	感应电流（A）	
	交流	直流		交流	直流
A 相	39	0	6.40	0.02	0.11
B 相	38	0	6.16	0.03	0.11
C 相	24	0	5.09	0.02	0.15

表 7-8 二回线路静态干扰水平测量结果

三相	静电感应电压（V）		电磁感应电压（V）	感应电流（A）	
	交流	直流		交流	直流
A相	14	0	4.10	0	0.05
B相	19	3	4.85	0	0.06
C相	21	210	4.56	0	0.04

2. 序阻抗参数测量

使用线路参数测试仪，按照 7.1.3 节单端测量校正方法，分别测量某特高压交流一、二回线路正序参数，测量结果如表 7-9 和表 7-10 所示。可以看出，校正前后正序参数的相对偏差为 3%～5%，零序参数的相对偏差为 5%～10%，表明长线的分布式效应对测试结果影响较大。

表 7-9 某 1000kV 特高压交流输电线路正序参数

线路名称	校正情况	正序电阻（Ω/km）	正序电感（mH/km）	正序电容（nF/km）
一回	校正前	0.0087	0.8534	14.7
	校正后	0.0082	0.8273	14.2
	相对偏差	−5.7%	−3.0%	−3.4%
二回	校正前	0.0086	0.8559	14.6
	校正后	0.0081	0.8298	14.1
	相对偏差	−5.8%	−0.3%	−3.4%

表 7-10 某 1000kV 特高压交流输电线路零序参数

线路名称	校正情况	零序电阻（Ω/km）	零序电感（mH/km）	零序电容（nF/km）
一回	校正前	0.1517	2.360	9.0
	校正后	0.1359	2.243	8.4
	相对偏差	−10.4%	−5.0%	−6.7%
二回	校正前	0.1510	2.314	9.3
	校正后	0.1352	2.200	8.8
	相对偏差	−10.5%	−4.9%	−5.4%

7.4.2 互感参数测量

对于多回同杆线路还需测量回路之间的零序互阻抗和零序耦合电容，以该工程中同杆并架的三、四回线路互阻抗和耦合电容测量为例。其中三回线路全长为 339.948km，四回线路全长为 340.341km，线路基本信息详见表 7-11。

表 7-11　　　　　　　某 1000kV 线路导地线信息

起止塔号	导线型号	地线型号	长度（km）
首端-N4001	8×JL1/G1A-630/45	2×OPGW-185	89.975
N4001-N4151	8×JL1/G1A-630/45	2×OPGW-185	76.717
N4151-N4154	6×JLHA1/G6A-500/280	2×OPGW-300	3.900
N4154-N6001	8×JL/G1A-630/55	2×OPGW-185	90.941
N6001-N6010	8×JL1/G1A-630/55	2×OPGW-185	4.298
N6010-NL6033	8×JL1/G1A-500/65	OPGW-240/JLB20A-240	10.620
NL6033-N6038	8×JL1/G1A-500/45	OPGW-170/JLB20A-170	2.705
N6010-N6032	8×JL1/G1A-500/65	OPGW-240/JLB20A-240	10.233
N6032-N6038	8×JL1/G1A-500/45	OPGW-170/JLB20A-170	2.699
N6038-N6060	8×JL1/G1A-630/55	2×OPGW-185	10.523
N6060-N6164	8×JL1/G1A-630/55	2×OPGW-185	50.510
N6164-末端	8×JLK/G1A-725（900）/40	2×OPGW-185	0.152

将三、四回线末端分别接地或悬空，在首端测量两回线路的回间互阻抗与耦合电容，测量结果如表 7-12 所示。

表 7-12　　　　　　　回路间参数测量结果

线路	互阻抗			耦合电容（μF）
	电阻（Ω）	电抗（Ω）	阻抗角	
回间参数	50.380	139.311	70.12°	0.917

参 考 文 献

[1] 沈其工，方瑜，周泽存，等. 高电压技术（第四版）[M]. 北京：中国电科

院出版社，2012.

[2] 肖遥，胡志坚，赵进全，等. 输电线路参数测量方法与计算 [M]. 北京：中国电力出版社，2021.

[3] 林莘，李学斌，徐建源. 特高压同塔双回线路感应电压、电流仿真分析[J]. 高电压技术，2010，36（9）：2193－2198.

第8章
特高压悬式瓷绝缘子零值
检测技术

8.1 概　　述

大吨位瓷绝缘子是特高压线路不可或缺的重要部件，其状态直接影响输电线路的安全稳定运行。近年来，受产品自身质量的影响，在新投运及挂网运行瓷绝缘子零值问题屡屡发生，给跨区域电网运行安全带来隐患，如图 8-1 和图 8-2 所示。如 2017 年华东多条 1000kV 特高压线路先后在首检或年度检修中发现多片零值绝缘子。

图 8-1　某特高压瓷绝缘子伞裙脱开　　图 8-2　某特高压瓷绝缘子铁帽内部瓷件裂纹

零值检测是发现特高压瓷绝缘子劣化状态的最有效手段，也是最常规的例行试验项目。对于安装前的特高压瓷绝缘子，《国家电网有限公司关于印发十八项电网重大反事故措施（修订版）》（国家电网设备〔2018〕979 号）要求，盘型悬式瓷绝缘子安装前现场应逐个进行零值检测。传统方法是绝缘电阻测试法，采用不小于 5000V 的绝缘电阻表逐片测量绝缘电阻值，测试时间 1min，绝缘子电阻应不小于 500MΩ，如图 8-3 所示。但实际应用中发现，由于测试电压过低，不能有效发现部分特高压低值绝缘子，存在漏检可能。

对于在运特高压瓷绝缘子，DL/T 741—2019《架空输电线路运行规程》要求，瓷绝缘子投运后 3 年内应普测一次，每隔 3～6 年进行绝缘子抽检，根据绝缘子劣化率和运行经验适当延长检测周期。传统方法有火花间隙法、分布电压测量法、电场测量法、泄漏电流法、紫外成像法、红外检测法，其中火花间隙法是应用最广泛的方法。作业人员采用手持带火花间隙的绝缘子杆逐片检测绝缘子状况，但特高压绝缘子串超长，登塔火花间隙法安全风险高、工作量大、效率低，如图8-4所示。

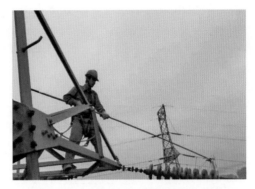

图8-3 塔下绝缘电阻表检测零值　　图8-4 塔上火花间隙法检测零值

近年来针对特高压瓷绝缘子零值检测方法的局限性，提出了两种新型检测技术，即高压脉冲法和红外检测法。下面针对上述两种方法的原理、装置及应用进行详细介绍。

8.2 关 键 技 术

8.2.1 劣化瓷绝缘子串电气性能试验

1. 工频耐压试验

试验表明，对于大吨位零值瓷绝缘子，其耐压水平会大幅降低，工频击穿电压一般不超过25kV。

劣化特高压瓷绝缘子预处理试验如表8-1所示。

表8-1　　　　　　　　　劣化特高压瓷绝缘子预处理试验

型号	编号	#A1	#A2	#A3	#A4	#A5
U420B/205	零值（MΩ）	16.2	16.1	42	16.2	10.3
	工频击穿（kV）	24.1	21.2	21	23	21
	编号	#B1	#B2	#B3	#B4	#B5
	正常（MΩ）	631	638	820	824	1065
	工频击穿（kV）	大于140	大于140	大于140	大于140	大于140

依据GB/T 1001.1—2021《标称电压高于1000V的架空线路绝缘子　第1部

分：交流系统用瓷或玻璃绝缘子元件　定义、试验方法和判定准则》，采用 5 片标准短串模拟试验不同位置和数量零值绝缘子的劣化特高压瓷绝缘子串工频耐压水平。

劣化特高压瓷绝缘子串工频击穿试验如表 8-2 所示。

表 8-2　　　　　　　　　　劣化特高压瓷绝缘子串工频击穿试验

编号	#1	#2	#3	#4	#5	击穿电压（kV）
串 1 （MΩ）	#A1	#A2	#A3	#A4	#A5	54.9
	16.2	16.1	42	16.2	10.3	
串 2 （MΩ）	#B1	#A2	#A3	#A4	#A5	109.8
	631	16.1	42	16.2	10.3	
串 3 （MΩ）	#A2	#A3	#A4	#A5	#B1	112.1
	16.1	42	16.2	10.3	631	
串 4 （MΩ）	#A2	#A3	#B1	#A4	#A5	110.5
	16.1	42	631	16.2	10.3	
串 5 （MΩ）	#B1	#A2	#A3	#A4	#B2	191.4
	631	16.1	42	16.2	638	
串 6 （MΩ）	#B1	#B2	#A2	#A3	#A4	182.5
	631	638	16.1	42	16.2	

试验表明，零值绝缘子的存在导致劣化绝缘子串工频耐压水平明显降低，耐压水平与零值绝缘子的数量相关，而与零值绝缘子的位置无明显相关性。

高速摄影机记录零值绝缘子串工频闪络路径如图 8-5 所示。

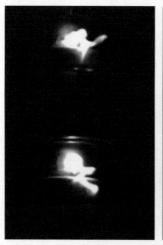

图 8-5　高速摄影机记录零值绝缘子串工频闪络路径

2. 雷电冲击耐压试验

试验表明，对于大吨位瓷绝缘子，当存在零值问题时，耐雷水平降低，雷电击穿电压一般不超过 45kV。

劣化特高压瓷绝缘子预处理试验如表 8－3 所示。

表 8－3　　　　　　　　　劣化特高压瓷绝缘子预处理试验

型号	编号	#A1	#A2	#A3	#A4	#A5
U420B/205	零值（MΩ）	16.2	16.1	42	16.2	10.3
	雷电击穿（kV）	36.8	33.4	43.9	37.6	35.5
	编号	#B1	#B2	#B3	#B4	#B5
	正常（MΩ）	631	638	820	824	1065
	雷电闪络（kV）	251.5	256.3	263.1	253.4	263.9

依据 GB/T 1001.1—2021《标称电压高于 1000V 的架空线路绝缘子　第 1 部分：交流系统用瓷或玻璃绝缘子元件　定义、试验方法和判定准则》，采用不少于 5 片绝缘子的标准短串模拟不同位置和数量零值绝缘子的劣化特高压瓷绝缘子串雷电冲击闪络电压。

特高压瓷绝缘子串正极性雷电冲击试验如表 8－4 所示，劣化特高压瓷绝缘子串负极性雷电冲击试验如表 8－5 所示。

表 8－4　　　　　　　　特高压瓷绝缘子串正极性雷电冲击试验

编号	#1	#2	#3	#4	#5	#6	闪络电压（kV）
串 1（MΩ）	#B1	#B2	#B3	#B4	#B5	—	616.81
	631	638	820	824	1065	—	
串 2（MΩ）	#B1	#B2	#B3	#B4	#B5	#B6	731.93
	631	638	820	824	1065	519	
串 3（MΩ）	#B1	#B2	#B3	#B4	#B5	#A1	610.63
	631	638	820	824	1065	16.2	
串 4（MΩ）	#B1	#B2	#B3	#A1	#B4	#B5	624.08
	631	638	820	16.2	824	1065	
串 5（MΩ）	#B1	#A1	#B2	#B3	#B4	#B5	630.47
	631	16.2	638	820	824	1065	
串 6（MΩ）	#B1	#B2	#B3	#B4	#A1	#A2	506.42
	631	638	820	824	16.2	16.1	
串 7（MΩ）	#B1	#B2	#B3	#A1	#A2	#B4	503.58
	631	638	820	16.2	16.1	824	
串 8（MΩ）	#B1	#A1	#A2	#B2	#B3	#B4	510.66
	631	16.2	16.1	638	820	824	

表 8-5　　　　　　劣化特高压瓷绝缘子串负极性雷电冲击试验

编号	#1	#2	#3	#4	#5	#6	闪络电压（kV）
串 1（MΩ）	#B1	#B2	#B3	#B4	#B5	—	789.17
	631	638	820	824	1065	—	
串 2（MΩ）	#B1	#B2	#B3	#B4	#B5	#B6	948.77
	631	638	820	824	1065	519	
串 3（MΩ）	#B1	#B2	#B3	#B4	#B5	#A1	786.91
	631	638	820	824	1065	16.2	
串 4（MΩ）	#B1	#B2	#B3	#A1	#B4	#B5	777.22
	631	638	820	16.2	824	1065	
串 5（MΩ）	#B1	#A1	#B2	#B3	#B4	#B5	788.43
	631	16.2	638	820	824	1065	
串 6（MΩ）	#B1	#B2	#B3	#B4	#A1	#A2	631.71
	631	638	820	824	16.2	16.1	
串 7（MΩ）	#B1	#B2	#B3	#A1	#A2	#B4	630.94
	631	638	820	16.2	16.1	824	
串 8（MΩ）	#B1	#A1	#A2	#B2	#B3	#B4	630.47
	631	16.2	16.1	638	820	824	

试验表明，雷电 $U_{50\%}$ 冲击闪络电压和间隙距离大致呈线性关系。零值绝缘子的存在会降低绝缘串整体雷电耐压水平，耐压水平降低幅度与零值绝缘数量正相关，而与位置无明显相关性。

高速摄影机记录零值绝缘子串雷电冲击闪络路径如图 8-6 所示。

（a）设备图　　　　　　　　　　　　　　　（b）记录图

图 8-6　高速摄影机记录零值绝缘子串雷电冲击闪络路径

3. 零值瓷绝缘子的危害

上述试验表明，零值瓷绝缘子可视为短接状态，会降低瓷绝缘子串整体耐压水平。当绝缘子串发生闪络时，雷电或工频电流均会通过瓷绝缘子铁帽内部穿透。

零值绝缘子闪络路径如图8-7所示。

(a) 实物图　　　　　　　(b) 示意图

图8-7　零值绝缘子闪络路径

零值绝缘子电气性能降低后，更容易导致瓷绝缘子串沿面污秽闪络和雷击闪络，闪络击穿后，数千安级的工频故障续流经过零值绝缘子铁帽内部，会造成水泥、潮气等物质瞬时急剧发热膨胀，最终铁帽炸裂掉串。这类瓷绝缘子掉串事件在220kV及以下绝缘子串上已多次发生，如图8-8所示。

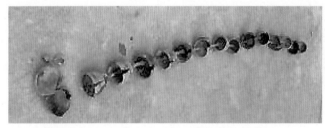

图8-8　输电线路瓷绝缘串炸裂现场

8.2.2　红外检测法

1. 瓷绝缘子发热模型

瓷绝缘子等效电路如图8-9所示，C_0 为极间电容，R_l 为内部穿透性泄漏电流损耗等效电阻，R_j 为介质损耗发热等效电阻，R_w 为表面泄漏电流损耗等效电阻。绝缘子等效电导如式（8-1）所示。

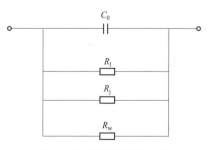

图8-9　绝缘子等效电路

$$\frac{1}{R_{\mathrm{X}}} = \frac{1}{R_{\mathrm{j}}} + \frac{1}{R_{\mathrm{l}}} + \frac{1}{R_{\mathrm{w}}} \qquad (8-1)$$

绝缘子的发热由三部分组成，一部分为电介质在工频电压作用下极化效应发热，即电介质损耗发热；一部分为内部穿透性泄漏电流发热，即绝缘子劣化通道等效电阻发热；另一部分为表面爬电泄漏电流发热。

同时考虑以上三种发热，绝缘子的总发热功率 P 可以用式（8-2）表示

$$P = \frac{U_{\mathrm{k}}^2}{R_{\mathrm{j}}} + \frac{U_{\mathrm{k}}^2}{R_{\mathrm{l}}} + \frac{U_{\mathrm{k}}^2}{R_{\mathrm{w}}} = U_{\mathrm{k}}^2 \omega C_0 \tan\delta + \frac{U_{\mathrm{k}}^2}{R_{\mathrm{l}}} + \frac{U_{\mathrm{k}}^2}{R_{\mathrm{w}}} \qquad (8-2)$$

其中，$R_{\mathrm{j}} = 1/\omega C_0 \tan\delta$，对于瓷绝缘子，介质损耗角正切值 $\tan\delta$ 约为 0.02，则工频条件下 R_{j} 约为 3185MΩ；U_{k} 为绝缘子两端电压。

绝缘子铁帽发热主要受电介质损耗和内部穿透性泄漏电流影响，其发热功率为

$$P = U_{\mathrm{k}}^2 \omega C_0 \tan\delta + \frac{U_{\mathrm{k}}^2}{R_{\mathrm{l}}} \qquad (8-3)$$

2. 劣化瓷绝缘子铁帽发热机理

由瓷绝缘子发热模型可知，瓷绝缘子发热由三部分组成：电介质损耗发热、内部穿透性泄漏电流发热和表面爬电泄漏电流发热。其中铁帽发热主要是由电介质损耗发热和内部穿透性泄漏电流发热所致；瓷盘发热主要是由表面爬电泄漏电流发热所致。

绝缘性能正常且表面无湿污的情况下，绝缘子内的穿透性泄漏电流及绝缘子表面的泄漏电流可以忽略不计，故正常绝缘子的发热主要是第一种，即电介质损耗发热，该发热主要通过绝缘子铁帽的温升体现；绝缘子发生劣化后，劣化绝缘子内部穿透性泄漏电流变大，逐渐成为绝缘子发热的主要因素，该发热也是通过绝缘子铁帽的温升体现。

瓷绝缘子极间电容 C_0 一般为 40~60pF，介质损耗角 $\tan\delta$ 约为 0.02。则 $X_{\mathrm{c}} = \dfrac{1}{\omega C_0}$，为 53~79MΩ；$R_{\mathrm{j}} = \dfrac{1}{\omega C_0 \tan\delta}$，为 2652~3979MΩ；正常瓷绝缘子 R_{l} 约为 1000MΩ；$R_{\mathrm{i}} = R_{\mathrm{j}} // R_{\mathrm{l}}$，约为 700MΩ。

对于正常绝缘子，$R_{\mathrm{i}} \gg X_{\mathrm{c}}$，$U$ 主要由分布电容大小决定

$$U^2 = \frac{X_c^2 \times R_i^2}{X_c^2 + R_i^2} \times I_0^2 = \frac{X_c^2}{\dfrac{X_c^2}{R_i^2} + 1} \times I_0^2 \tag{8-4}$$

单片绝缘子可等效为 $C_0 \parallel R_j \parallel R_l \parallel R_w$ 的并联电路，如图 8-10（a）；表面无湿污的情况下，忽略表面电阻 R_w，如图 8-10（b）；R_j 和 R_l 均导致铁帽内部发热，铁帽内部电阻 $R_i = R_j // R_l$，如图 8-10（c）。因此，铁帽发热主要在于研究 R_i 的发热功率。

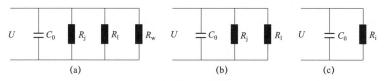

图 8-10　绝缘子铁帽等效电路

当串中存在单片或少量劣化绝缘子时，整串泄漏电流的大小基本不受影响，可以认为泄漏电流幅值不变。但是，泄漏电流的路径发生了改变，在绝缘子极间电容和内部电阻出现了分流变化。正常绝缘子，泄漏电流由电容电流 I_c、极化电流 I_l、内部泄漏电流 I_j 和表面泄漏电流 I_w 组成。结合绝缘子铁帽等效电路，研究绝缘铁帽发热时，可将绝缘子泄漏电流等效为由电容电流 I_c、极化电流 I_i 组成，如图 8-11 所示。当绝缘子出现劣化时，R_i 减小，I_c 减小，I_i 增大。

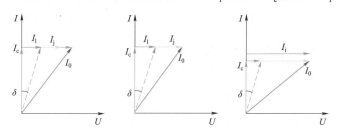

图 8-11　绝缘子铁帽泄漏电流路径等效

电容电流 I_c 产生无功，内部泄漏 I_i 产生有功。因此，针对 I_i 产生的发热功率进行研究分析

$$P_{R_i} = I_i^2 R_i = \frac{X_c^2 R_i}{X_c^2 + R_i^2} I_0^2 = \frac{X_c^2}{\dfrac{X_c^2}{R_i} + R_i} I_0^2 \tag{8-5}$$

令

$$f(R_i) = \frac{X_c^2}{R_i} + R_i \tag{8-6}$$

则

$$f'(R_i) = 1 - \frac{X_c^2}{R_i^2} \qquad (8-7)$$

劣化绝缘子发热功率与损耗等效电阻的关系曲线如图 8-12 所示，当 $0 < R_i < X_c$，$f'(R_i) < 0$，$f'(R_i)$ 单调递减，P_{R_i} 单调递增；当 $R_i > X_c$，$f'(R_i) > 0$，$f'(R_i)$ 单调递增，P_{R_i} 单调递减；当 $R_i = X_c$，P_{R_i} 有最大值。

$R_i \to \infty$，$P_{R_{i正常值}} \approx 6.35I_0^2$；$R_i \to X_c$，$P_{R_{i最大值}} \approx 40I_0^2$；$R_i \to 0$，$P_{R_{i最小值}} = 0$。

令劣化绝缘子 $P_{R_i} = 6.35I_0^2$，则 $R_i \approx 6.5\text{M}\Omega$，定义为 R_0。

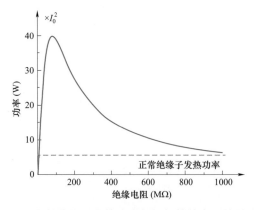

图 8-12 劣化绝缘子发热功率与损耗等效电阻的关系曲线

因此，劣化绝缘子发热功率将主要集中在铁帽内部。当 $R_i \to X_c$ 时，铁帽发热功率持续增大，且大于正常绝缘子铁帽发热功率，铁帽呈正温差特征；当 R_i 由 X_c 趋向于 R_0 时，铁帽发热功率持续减小，但大于正常绝缘子铁帽发热功率，铁帽呈正温差特征；当 R_i 由 R_0 持续减小时，铁帽发热功率持续减小，且小于正常绝缘子铁帽发热功率，铁帽呈负温差特征。

3. 红外图像预处理

（1）依据红外图像，按编号提取各相绝缘子的铁帽测点温度，即铁帽区域平均温度，形成绝缘子串温度分布曲线。

（2）对于分为两张红外图像拍摄的特高压绝缘子串，分别生成两条分段绝缘子串的温度分布曲线。

4. 诊断方法

（1）非首末端绝缘子铁帽测点温度的温差为该绝缘子铁帽测点温度与其前

后相邻两片绝缘子铁帽测点温度的平均值之差，计算公式为

$$\Delta T_{ijk} = T_{ijk} - (T_{i(j-1)k} + T_{i(j+1)k})/2 \tag{8-8}$$

其中，$i=$A、B、C，代表绝缘子串的相别；$j=2,\cdots,N-1$，代表绝缘子在串中的位置编号，导线端绝缘子位置编号为 1，接地端绝缘子位置编号为 N；$k=1,\cdots,M$，代表并联绝缘子串的编号；ΔT_{ijk} 为 i 相第 k 联绝缘子串第 j 片绝缘子的温差；T_{ijk}、$T_{i(j-1)k}$ 和 $T_{i(j+1)k}$ 分别是 i 相第 k 联绝缘子串位置编号为 j、$j-1$ 和 $j+1$ 的绝缘子铁帽测点温度。

（2）首末端绝缘子铁帽测点温度的温差为该绝缘子铁帽测点温度与另外两相相同位置绝缘子铁帽测点温度的平均值之差，计算公式为

$$\Delta T_{Ajk} = T_{Ajk} - (T_{Bjk} + T_{Cjk})/2 \quad (j=1 \text{ 或 } N) \tag{8-9}$$

$$\Delta T_{Bjk} = T_{Bjk} - (T_{Ajk} + T_{Cjk})/2 \quad (j=1 \text{ 或 } N) \tag{8-10}$$

$$\Delta T_{Cjk} = T_{Cjk} - (T_{Bjk} + T_{Ajk})/2 \quad (j=1 \text{ 或 } N) \tag{8-11}$$

式中　ΔT_{Ajk}、ΔT_{Bjk} 和 ΔT_{Cjk}——A、B、C 相第 k 联绝缘子串第 j 片绝缘子的温差；

$\quad\quad$ T_{Ajk}、T_{Bjk} 和 T_{Cjk}——A、B、C 相第 k 联绝缘子串第 j 片绝缘子铁帽测点温度。

5. 诊断判据

（1）$\Delta T \leqslant -0.5$K 应诊断为零值绝缘子；$\Delta T \geqslant 0.5$K 应诊断为低值绝缘子；$|\Delta T| \geqslant 0.5$K 应诊断为劣化瓷绝缘子。

（2）$|\Delta T|$ 处于 $0.3 \sim 0.5$K 时，可结合三相绝缘子串铁帽温度分布曲线形态相似度分析是否为劣化瓷绝缘子串。

（3）对于诊断出的劣化瓷绝缘子串，宜采用火花间隙法或高压脉冲法进一步逐片复核后再进行更换。

6. 现场检测

（1）环境要求。

1）作业当天天气应良好，无降雨，宜在阴天或日出前、日落后及夜间进行作业。

2）环境温度不宜低于 0℃。

3）环境相对湿度不宜大于 85%，绝缘子串无覆冰、覆雪、凝露。

4）离地面 2m 处风速不宜大于 5m/s。

（2）设备要求。

1）红外成像设备有效像素数不应低于 30 万，测温精度不应低于 ±2℃或读

数的±2%，热灵敏度不应低于 50mK，测温范围宜为－20～150℃。

2）宜配置红外图像处理模块，红外图像处理模块可对绝缘子串红外图像自动处理，生成绝缘子串温度分布曲线。

（3）距离要求。

1）在保证安全条件下，红外设备宜靠近被测绝缘子。

2）采用 19～25mm 焦距无人机红外设备时，检测距离不宜大于 10m；采用50mm 焦距无人机红外设备时，检测距离不宜大于 20m。

（4）拍摄要求。

1）应避免绝缘子串红外图像与复杂背景叠加，宜以天空为背景，不应有发热干扰源。

2）应合理选择拍摄方向，瓷绝缘子铁帽不应被瓷盘遮挡，应有效区分瓷绝缘子铁帽与瓷盘。

3）对于耐张串绝缘子，无人机悬停点宜位于绝缘子串下方安全位置。

4）对于悬垂串绝缘子，无人机悬停点宜位于导线外侧与待测串等高位置。

5）分别拍摄 A、B、C 三相绝缘子串和跳线绝缘子串红外图像，被测绝缘子串宜充满红外热像仪视场，保证图像清晰、完整，且串与串之间不应相互遮挡干扰。

6）对于特高压绝缘子串，除了应拍摄 1 张包含绝缘子串整体的红外图像，还应对绝缘子串导线端与接地端分别拍摄成对红外图像；其中应包含导线端和接地端全部红外特征，同时两张图像应包含 4 片以上重叠绝缘子，并使两张红外图像中待测串红外特征清晰。

导线端红外图谱及温度曲线如图 8-13 所示。

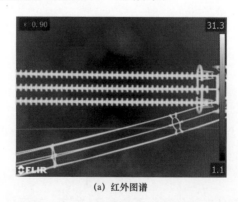

(a) 红外图谱

图 8-13 某特高压绝缘子串导线端红外图谱及温度曲线（一）

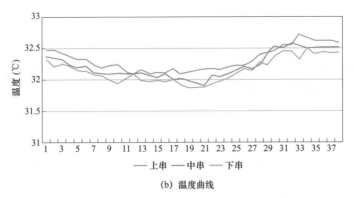

(b) 温度曲线

图 8-13　某特高压绝缘子串导线端红外图谱及温度曲线（二）

7. 典型案例

2022 年 5 月 21 日，在某 1000kV 线 55 塔小号侧右相检测出劣化绝缘子。现场阴天、温度 4.5℃、湿度 56%、风速 0.5m/s。红外图谱如图 8-14 所示，图谱分析如图 8-15 所示，上、中、下绝缘子串温度分布曲线如图 8-16 所示。

图 8-14　红外图谱

图 8-15　图谱分析

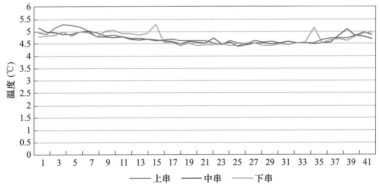

图 8-16　上、中、下绝缘子串温度分布曲线

经过诊断，上串和中串为正常绝缘子串，下串为劣化绝缘子串，其中第 15、34 片为劣化绝缘子。

8.2.3 高压脉冲法

8.2.3.1 理论依据

绝缘电阻试验使用范围中指出，由于绝缘电阻试验所施加的电压较低，绝缘电阻试验只适用于检测贯穿性缺陷和普遍性缺陷，而对于一些集中性缺陷，即使是很严重的缺陷，在测量时也会显示绝缘电阻仍然很大的现象，存在导致漏检问题。某正常和劣化特高压瓷绝缘子采用绝缘电阻表和 60kV 交流耐压试验的对比结果如表 8-6 所示。

表 8-6 绝缘电阻表与 60kV 交流耐压试验结果

检测装置	测试电压（kV）	15s（GΩ）		60s（GΩ）	
		劣化	正常	劣化	正常
绝缘电阻表	2.5	>20	>20	>20	>20
	5.0	>20	>20	>20	>20
交流耐压	10	通过	通过	通过	通过
	20	通过	通过	通过	通过
	30	击穿	通过	击穿	通过

依据 DL/T 626—2015《劣化悬式绝缘子检测规程》的要求，通过绝缘子电阻检测发现不合格数大于 0.02% 时，应逐只开展 60kV 干工频耐压试验，提高电压会进一步提升瓷绝缘子零值检测准确率。综合考虑高输出电压、小型化需求，特提出基于高压脉冲法检测零值瓷绝缘子。试验研究表明，一般情况下，零值绝缘子脉冲耐受电压小于 30kV，低值绝缘子脉冲耐受电压小于 40kV，且低值绝缘子一般能够在 40ms 以内被击穿，如图 8-17 所示。

固体介质加直流电压 U 后，会出现极化吸收现象，相同脉冲宽度条件下，测试电压越大，极化越严重，绝缘子电阻测量值越小。因为在此过程中所检测到的回路电流 i 实际上包含初始阶段毫秒级衰减的电容电流 i_c 和分钟级衰减的吸收电流 i_a，以及电介质中离子在电场作用下定向移动所形成的恒定的电导电流或泄漏电流 i_g，如图 8-18 所示。绝缘电阻实际值 $R = \dfrac{U}{i_g}$，绝缘电阻测量值 $R = \dfrac{U}{i}$，绝缘电阻随时间变化曲线如图 8-19 所示。

不同测试电压条件下绝缘子电阻值测量结果如表 8-7 所示。

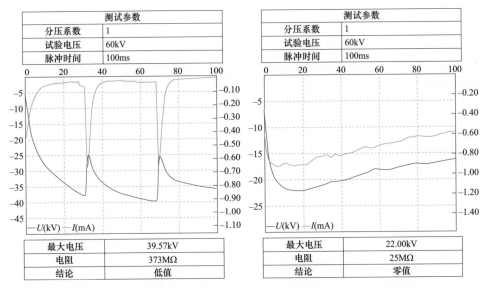

图 8-17　劣化绝缘子击穿电压

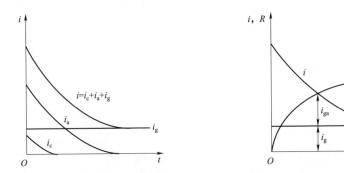

图 8-18　电介质中的电流和时间的关系　　图 8-19　绝缘电阻随时间变化曲线

表 8-7　　　　　　　不同测试电压条件下绝缘子电阻值测量结果　　　　单位：MΩ

测量条件	30kV/100ms	60kV/100ms
T0001#	33	18
T002#	909	759
T003#	699	314
T004#	1052	415
T005#	356	61

因此，受极化吸收过程影响，绝缘电阻测量值实际上是随着测量时间增长而增大的。表 8-8 为 T002# 在 60kV 作用下，不同脉冲宽度的测量结果。

表 8−8　　　　　　　　60kV 条件下不同脉冲宽度的测量结果

测量时间（ms）	第 1 次（MΩ）	第 2 次（MΩ）	第 3 次（MΩ）
50	374	382	229
100	759	741	759
200	1472	1472	1389
500	3364	3364	3006

DL/T 626—2015《劣化悬式绝缘子检测规程》规定，500kV 及以上电压等级绝缘子的绝缘电阻不小于 500MΩ，即测试时间 60s 时，绝缘子电阻值 R_{60} > 500MΩ。试验表明，100ms 的 60kV 脉冲高压能够较好地反映瓷绝缘子绝缘电阻值，即 $R_{0.1}$ > 500MΩ。根据图 2−15，随着测试时间延长，绝缘电阻值只会更大。受绝缘介质极化吸收过程影响，无论传统绝缘电阻表测量的 R_{60}，或是脉冲高压装置测量的 $R_{0.1}$，均并非指绝缘子实际绝缘电阻，但两者均小于实际绝缘电阻。

另外，脉冲高压装置的直流脉冲源是上升沿 10ms 的方波，试验表明低值绝缘子一般能够在 40ms 以内被击穿。脉冲宽度过小，可能不能反映低值绝缘子；过大会消耗脉冲源电量，也无必要；综合考虑数据采集计算，取 100ms 的脉冲宽度较为合理。低值绝缘子击穿波形如图 8−20 所示。

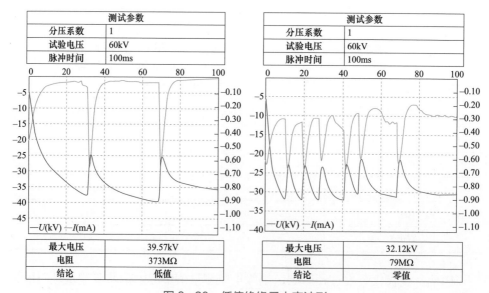

图 8−20　低值绝缘子击穿波形

8.2.3.2 绝缘电阻计算

1. 绝缘电阻检测计算原理

基于高压脉冲法研制的瓷绝缘子零值检测装置是将低压直流经过升压逆变和倍压整流处理，并控制升压幅值和周期，产生设定周期的直流脉冲高压输出；然后将直流脉冲高压分压处理成低压脉冲；并采集绝缘子两端的脉冲低压信号和与绝缘子串联的采样电阻两端电压信号，通过采集的脉冲低压信号计算出绝缘子两端的实际电压；通过采集的采样电阻两端电压信号，计算出绝缘子两端的实际电流，并通过绝缘子两端的实际电压和实际电流得到绝缘子绝缘性的检测结果。结构示意图如图 8-21 所示。

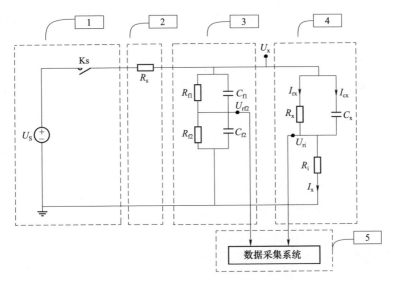

图 8-21 便携式瓷绝缘子零值检测仪结构示意图

U_S—直流脉冲电源电压；U_x—被检测绝缘子检测电压；Ks—快速开关；R_s—充电限流电阻；
R_{f1}、C_{f1}、R_{f2}、C_{f2}—组成冲击电压阻容分压器；R_x、C_x—被检测绝缘子绝缘电阻和等效电容；
R_i—被检测绝缘子泄漏电流取样无感电阻；I_x—被检测绝缘子总泄漏电流；
I_{rx}—被检测绝缘子绝缘电阻泄漏电流；I_{cx}—被检测绝缘子等效电容电流

如图 8-21 所示，将直流高压通过快速开关投入到被检测绝缘子两端，产生高压脉冲试验电源信号，限流电阻限制高压脉冲电源输出电流，保护检测装置，电压取样阻容分压器完成对被检测绝缘子电压信号的分压取样，采用无感电阻取样流过被检测绝缘子总泄漏电流。

开关 Ks 闭合，测量空载电压信号曲线，其中，U_{x1} 为空载实时电压，τ_1 为空载时间常数。

$$U_{x1} = U_s \left[1 - e^{-(t/\tau_1)} \right] \quad\quad (8-12)$$

绘制电压信号曲线,如图 8-22 所示。

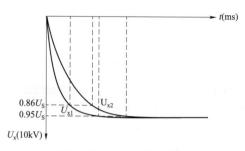

图 8-22　U_{x1} 曲线示意图

根据式（8-12）可知，$t = 2\tau_1$ 时，$U_{x1} = 0.86U_s$；$t = 3\tau_1$ 时，$U_{x1} = 0.95U_s$。在电压信号曲线上寻找 $0.86U_s$ 和 $0.95U_s$ 相对应的时刻 t_1 和 t_2，则有

$$t_1 = 2\tau_1 \quad\quad (8-13)$$

$$t_2 = 3\tau_1 \qu\quad (8-14)$$

计算空载时时间常数 τ_1

$$\tau_1 = \frac{t_1/2 + t_2/3}{2} \qu\quad (8-15)$$

由于 $R_s \ll R_f$，忽略 R_f 的影响。

计算阻容分压器等效电容

$$C_f = \tau_1 / R_s \qu\quad (8-16)$$

接入被检测绝缘子，开关 Ks 闭合，则

$$U_{x2} = U_s \left[1 - e^{-(t/\tau_2)} \right] \qu\quad (8-17)$$

$$\tau_2 = R_s (C_f + C_x) \qu\quad (8-18)$$

采集带载时电压信号 U_{x2}，绘制电压信号曲线，如图 8-23 所示。

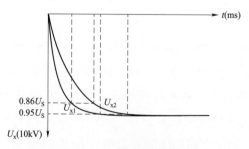

图 8-23　U_{x2} 曲线示意图

根据式（8–17）可知，$t=2\tau_2$ 时，$U_{x1}=0.86U_s$；$t=3\tau_2$ 时，$U_{x2}=0.95U_s$。在电压信号曲线上寻找 $0.86U_s$ 和 $0.95U_s$ 相对应的时刻 t_1 和 t_2，则有

$$t_1=2\tau_2 \tag{8–19}$$

$$t_2=3\tau_2 \tag{8–20}$$

计算空载时时间常数 τ_2

$$\tau_2=\frac{t_1/2+t_2/3}{2} \tag{8–21}$$

计算绝缘子等效电容 C_x

$$\tau_2=R_s(C_f+C_x) \tag{8–22}$$

$$C_x=\frac{\tau_2}{R_s}-C_f \tag{8–23}$$

绝缘子等效电容的电流为

$$I_{cx}=\frac{U_S}{R_s}e^{-(t/R_sC_x)} \tag{8–24}$$

又根据基尔霍夫定律

$$I_x=I_{rx}+I_{cx} \tag{8–25}$$

则计算出绝缘子绝缘电阻泄漏电流为

$$I_{rx}=I_x-I_{cx} \tag{8–26}$$

绝缘子总泄漏电流 I_x、绝缘子等效电容电流 I_{cx}、绝缘子绝缘电阻泄漏电流 I_{rx} 曲线示意图如图 8–24 所示。

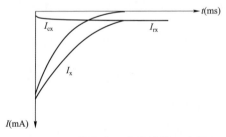

图 8–24　绝缘电阻电流计算示意图

根据负载时绝缘子实际电压 U_{x2} 和该电压信号在负载时间 t' 下持续的宽度 T，对负载时绝缘子实际电压 U_{x2} 进行积分并取绝对值，计算绝缘子电压有效值 $U=\sqrt{\int_0^T U_{x2}^2 \mathrm{d}t}$；

根据绝缘子绝缘电阻泄漏电流 I_{rx} 和该电流信号在负载时间 t' 下持续的宽度 T，对绝缘子绝缘电阻泄漏电流 I_{rx} 进行积分并取绝对值，计算绝缘子电流有效值 $I = \sqrt{\int_0^T I_{rx}^2 dt}$。

则绝缘电阻的实际有效电阻为

$$R_x = \frac{\sqrt{\int_0^T U_{x2}^2 dt}}{\sqrt{\int_0^T I_{rx}^2 dt}} \qquad (8-27)$$

2. 绝缘电阻检测计算案例

针对正常绝缘子电阻值进行检测，具体测量过程如下：

（1）首先不连接绝缘子，取样分压器的实际电压 U_{x1}，绘制电压信号曲线图；然后在曲线上寻找 $0.86U_s$ 和 $0.95U_s$ 相对应值的时间，根据式（8-17）可计算得 $t_1 = 2.8ms$ 和 $t_2 = 3.8ms$；计算时间常数 $\tau_1 = \dfrac{t_1/2 + t_2/3}{2} = 1.33$（ms）。

由公式 $C_f = \tau_1 / R_s$，其中 $R_s = 10M\Omega$，可以计算出阻容分压器等效电容，$C_f = 1.33 \times 10^{-10} F$。

（2）连接待测绝缘子，采集绝缘子的实际电压信号 U_{x2}，绘制电压信号曲线图；在曲线上寻找 $0.86U_s$ 和 $0.95U_s$ 相对应值的时间，得到 $t_1' = 3.8ms$ 和 $t_2' = 5ms$，计算时间常数 $\tau_2 = \dfrac{t_1'/2 + t_2'/3}{2} = 1.78$（ms）。

由于 $R_s \ll R_f$、$R_i \ll R_s$，在脉冲高压发出后，R_s 作为限流电阻给阻容分压器电容 C_f 和绝缘子等效电容 C_x 充电，由公式 $\tau_2 = R_s(C_f + C_x)$，则 $C_f + C_x = \dfrac{\tau_2}{R_s} = 1.78 \times 10^{-10}$（F），则计算出绝缘子等效电容 $C_x = 4.5 \times 10^{-11} F$。

（3）根据步骤（2）中计算的绝缘子等效电容 C_x，按照式（8-24）计算出绝缘子等效电容电流 I_{cx}。又根据式（8-25）计算出绝缘子绝缘电阻泄漏电流 I_{rx}。然后将计算出来不用时刻的绝缘子总泄漏电流 I_x、绝缘子等效电容电流 I_{cx}、绝缘电阻泄漏电流 I_{rx} 记录下来，并绘制曲线。

（4）计算绝缘子的绝缘电阻：取积分时间 $T = 50ms$，根据带载的电压曲线数据和校正后的绝缘电阻电流曲线数据，计算绝缘子的实际电阻为

$$R_\text{x} = \frac{\sqrt{\int_0^T U_\text{x2}^2 \mathrm{d}t}}{\sqrt{\int_0^T I_\text{rx}^2 \mathrm{d}t}} = 1186\ （\text{M}\Omega）$$

（5）对比实例：同样采用高压脉冲法对应用实例中相同的绝缘子进行测量，直接通过 AD 采集高值绝缘子两端的低压脉冲信号，经阻容分压比计算出绝缘子两端的实际高压 U_x2；通过 AD 采集与绝缘子串联的采样电阻两端的电压信号，通过 I/V 转换得到绝缘子的实际电流 I_rx，并通过绝缘子两端的实际电压 U_x2 和实际电流 I_rx 在时间周期 T 内积分得到有效值，计算出绝缘子电阻为

$$R_\text{x} = \frac{\sqrt{\int_0^T U_\text{x2}^2 \mathrm{d}t}}{\sqrt{\int_0^T I_\text{rx}^2 \mathrm{d}t}} = 795\ （\text{M}\Omega）$$

对比结果可以看出本项目测量方法，消除了绝缘子等效电容对冲击高压下检测绝缘子绝缘电阻带来的误差，其计算结果比未消除误差直接计算的值更加精确。

8.2.3.3　诊断方法

基于绝缘电阻值与测试脉冲电压波形联合诊断劣化特高压瓷绝缘子，具体诊断判据如下：

（1）特高压绝缘子测试仪测试电阻值大于等于 500MΩ，且电压信号放电脉冲个数为零，则诊断为高值绝缘子。

（2）特高压绝缘子测试仪测试电阻值大于 50MΩ 小于 500MΩ，且电压信号放电脉冲个数大于 1，则诊断为低值绝缘子。

（3）特高压绝缘子测试仪测试电阻值小于等于 50MΩ，且电压信号放电脉冲个数为零，则诊断为零值绝缘子。

8.2.3.4　现场检测

1. 作业准备

（1）绝缘子尽量保证表面干燥，表面不应出现可能导致贯穿性导电通道的异物，必要时应对绝缘子表面进行擦拭。

（2）对带有包装物的绝缘子，应确保电极能可靠接触到绝缘子钢帽、钢脚。

（3）在检测时，两条测试线不得相互缠绕。

2. 设备接口

（1）高压端，绝缘子测试脉冲高压输出，连接到被测试绝缘子另一端。

（2）低压端，连接到被测试绝缘子一端。

（3）装置应可靠接地，接地桩连接到大地。

（4）电源开关，仪器总电源开启按钮。

（5）一键启停，启动和开启测试电源按钮。

（6）充电接口，对测量装置充电。

便携式瓷绝缘子零值检测仪接口如图 8-25 所示。

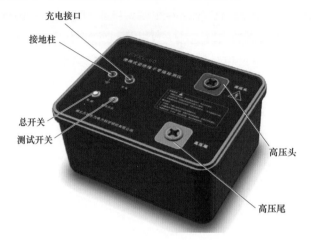

图 8-25　便携式瓷绝缘子零值检测仪接口

3. 接线方式

（1）确保地线可靠连接。

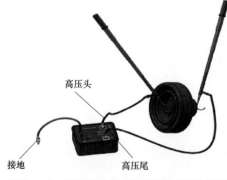

图 8-26　便携式瓷绝缘子零值检测仪接线

（2）高压端和低压端分别与钢帽和钢脚可靠连接。

便携式瓷绝缘子零值检测仪接线如图 8-26 所示。

4. 操作步骤

（1）按下总电源开启按钮，总电源接通；再按下一键启停轻触开关，启动测试系统。

（2）操作界面。

1）开启平板高压绝缘子检测装置 APP。

2）找到仪器蓝牙 ID，点击连接，进入连接成功测试界面，如图 8-27 所示。

（3）测试操作。

1）进行测试前的参数设置，选择试验电压等级，测试脉冲时间，点击下载参数，提示参数下载成功则设置成功，如需片号自增则勾选片号自增选项。

2）进行升压，开始测试。

3）测试完成后进行数据传输、后台数据处理，显示曲线和试验结论。测试完成界面如图 8-28 所示，红色曲线为电压曲线，单位为千伏，绿色为电流曲线，单位为毫安。

4）按下保存数据按钮，保存测试数据。

5）所有样品测试完成后点击关闭电源，进行放电。

6）按下一键启停按钮关闭系统，再按下总开关，关闭总电源。

（4）数据查看。

选择数据按钮即可查看已经保存的数据，数据查看界面如图 8-29 所示。

图 8-27　测试界面

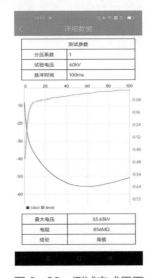
图 8-28　测试完成界面

图 8-29　数据查看界面

5. 结果诊断

（1）100ms 脉冲高压作用下，绝缘电阻值大于等于 500MΩ，且电压信号放电脉冲个数为零，诊断为高值绝缘子。

（2）100ms 脉冲高压作用下，绝缘电阻值大于 50MΩ 小于 500MΩ，且电压信号放电脉冲个数大于 1，诊断为低值绝缘子。

（3）100ms 脉冲高压作用下，绝缘电阻值小于等于 50MΩ，且电压信号放电脉冲个数为零，诊断为零值绝缘子。

绝缘子测量结果对比如图 8-30 所示。

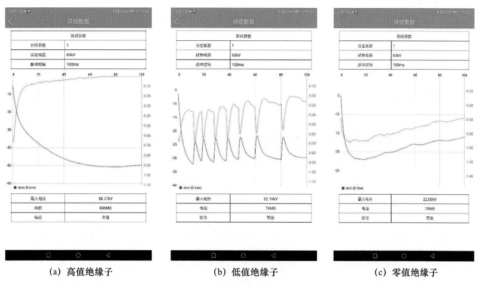

(a) 高值绝缘子   (b) 低值绝缘子   (c) 零值绝缘子

图 8-30   绝缘子测量结果对比

8.2.4   典型方法比对

针对瓷绝缘子零值检测问题，主要的方法有工频耐压法、绝缘电阻法、火花间隙法、红外检测法、高压脉冲法。2023 年 5 月，国网湖北电科院针对某批次 56 串、840 片瓷绝缘子进行了逐片对比验证，结果见表 8-9。

表 8-9   瓷绝缘子零值检测方法对比

项目名称	工频耐压法	绝缘电阻法	火花间隙法	红外检测法	高压脉冲法
劣化串数量	20	17	9	13	20
实际劣化串数量	20	14	5	10	20
劣化串误检率	—	17.65%	44.44%	23.08%	0.00%
劣化串漏检率	—	30.00%	75.00%	50.00%	0.00%
劣化片数量	31	22	10	17	31
实际劣化片	31	18	5	10	31
劣化片误检率	—	18.18%	50.00%	41.18%	0.00%
劣化片漏检率	—	41.94%	83.87%	67.74%	0.00%

注   1. 劣化瓷绝缘子是指不能通过 60kV 工频耐压的瓷绝缘子。

2. 劣化绝缘子串是指有一片及以上劣化绝缘子的绝缘子串。

3. 误检率是指在一个样本中，针对特定方法检测出的劣化绝缘子，实际正常的绝缘子数量与检测出的劣化绝缘子数量的比值。

4. 漏检率是指在一个样本中，针对特定方法检测出的劣化绝缘子，实际确认为劣化绝缘子数量与该样本中实际劣化绝缘子数量的比值。

由表 8-9 可知，绝缘电阻法、火花间隙法、红外检测法、高压脉冲法均存在一定的误检和漏检问题。就停电检测而言，高压脉冲法的准确性明显优于绝缘电阻法；就带电检测而言，红外检测法总体上优于火花间隙法。

8.3　试　验　装　备

8.3.1　无人机红外检测上置云台

1. 装置特点

瓷绝缘子零值红外检测技术主要包括数据采集和数据分析两部分，红外数据采集是红外检测法分析与诊断的基础，传统数据采集方式是人工手持或者无人机下置云台挂载红外热像仪进行红外数据采集。瓷绝缘子零值红外分析的主要依据是铁帽温度特征，瓷绝缘子铁帽不应被瓷盘遮挡，并避免绝缘子串红外图像与复杂背景叠加，宜以天空为背景。人工地面手持红外热像仪一是无法采集到悬垂绝缘子串铁帽红外图谱；二是山区树林、水域杆塔无法到塔下采集。而传统无人机下置云台角度调整有限，易引入地面、塔身复杂背景干扰。无人机上置云台搭载红外热像仪能克服人工地面采集数据视角视距局限性，能获得更好的拍摄角度，以天空为背景，有利于数据处理，如图 8-31 所示。

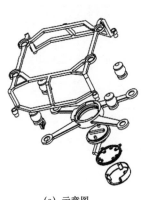

(a) 示意图　　　　　　　　(b) 实物图

图 8-31　无人机上置云台

2. 应用成效

上置云台镜头可位于瓷绝缘子串下方朝上拍摄，拍摄背景为天空，显著提高了瓷绝缘子串逐片钢帽温度的提取效率和质量。上置云台红外采集效果如图 8-32 所示。

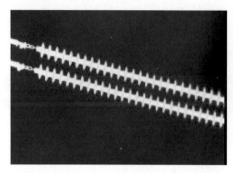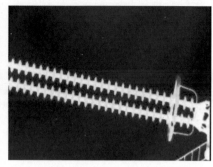

图 8-32　上置云台红外采集效果

8.3.2　便携式瓷绝缘子零值检测仪

1. 装置特点

（1）检测效率高：单片瓷绝缘子电气检测时间仅 100ms，适用于数万片瓷绝缘子规模化检测。

（2）检测可靠性高：超 40kV 的脉冲高压能使存在缺陷的瓷绝缘子被击穿，可靠检测出劣化瓷绝缘子。

（3）检测方式更智能：采用手机 APP 操控和处理检测数据，智能识别检测电压波形特征，并联合绝缘电阻值自动化诊断瓷绝缘子是否存在零值问题。

2. 性能指标

检测仪的规格参数如表 8-10 所示。检测仪如图 8-33 和图 8-34 所示。

表 8-10　　　　　　检 测 仪 的 规 格 参 数

型号	主机质量	技术参数		适用场景
FYXL-60	≤3kg	输出电压	≥50kV	塔下大规模检测
		脉冲宽度	≥100ms	
		测量范围	0~2GΩ	
		单次充电测量次数	5000 次	
FYXL-60E	≤1.5kg	输出电压	≥40kV	塔下小规模检测，以及塔上停电抽检
		脉冲宽度	≥100ms	
		测量范围	0~2GΩ	
		单次充电测量次数	2000 次	

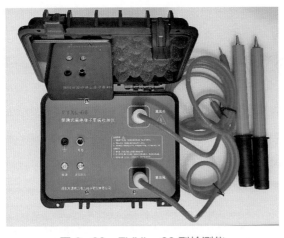

图 8-33 FYXL-60 型检测仪

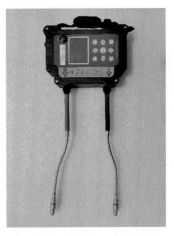

图 8-34 FYXL-60E 检测仪

3. 应用成效

便携式瓷绝缘子零值检测仪因其轻巧、可靠、高效的特点，既可用于红外检测法后的逐片复核，又可用于日常塔下普测或塔上抽检，如图 8-35 和图 8-36 所示。配置后，使班组具备快速完成瓷绝缘子零值检测的能力，提高绝缘子零值检出率，避免瓷绝缘子的绝缘隐患，提高电力系统的运行可靠性。

图 8-35 FYXL-60 型检测仪塔下检测

图 8-36 FYXL-60E 检测仪塔上检测

8.4 标准解读

行业内针对瓷绝缘子零值检测技术的相关标准分别规定了检测周期、检测方法及诊断准则，如表 8-11 所示。梳理如下，供读者使用参考：

（1）DL/T 626—2015《劣化悬式绝缘子检测规程》中 6.1 条规定，瓷绝缘子投运 3 年后应普测一次，并可根据所测劣化率和运行经验适当延长检测周期，但最长不能超过 10 年，如表 8-12 所示；6.4 条规定，运行瓷绝缘子串的劣化片数累计达到表 8-13 中规定值时须立即整串更换；6.5 条规定，对于投运 3 年内年均劣化率大于 0.04%，2 年后检测周期内年均劣化率大于 0.02%，或年劣化率大于 0.1%，或者机电（械）性能明显下降的绝缘子，应分析原因，并采取相应的措施。

表 8-11　　　　　　　　瓷绝缘子检测方法、要求和判定准则

序号	检测项目	诊断准则
1	测量绝缘子电阻	（1）电压等级 500kV 及以上：绝缘子电阻低于 500MΩ，诊断为劣化绝缘子。 （2）电压等级 500kV 以下：绝缘子电阻低于 300MΩ，诊断为劣化绝缘子
2	干工频耐受电压试验	对额定机电破坏负荷为 70～550kN 的瓷绝缘子，施加 60kV 干工频电压耐受 1min；对大盘径防污型绝缘子，施加对应普通型绝缘子干工频闪络电压值，未耐受者诊断为劣化绝缘子
3	机电破坏负荷试验	当机电破坏负荷低于 85%额定机械负荷时，则诊断该只绝缘子为劣化绝缘子
4	测量电压分布（或火花间隙）	（1）被测绝缘子电压值低于 50%标准规定值，诊断为劣化绝缘子。 （2）被测绝缘子电压值高于 50%标准规定值，同时明显低于相邻两侧合格绝缘子的电压值，诊断为劣化绝缘子。 （3）在规定火花间隙距离和放电电压下未放电，诊断为劣化绝缘子

表 8-12　　　　　　　　瓷绝缘子检测周期

年均劣化率	小于 0.005	0.005～0.01	大于 0.001
检测周期（年）	5～6	4～5	3

注　1. 当在第 7 年或第 8 年，所测瓷绝缘子的年均劣化率低于 0.001%时，可将检测周期延长至 10 年。
　　2. 机电破坏负荷试验每 5 年一次。

表 8-13　　　　　　　　运行绝缘子串中累计劣化片数

电压等级（kV）	绝缘子串片数（片）	劣化绝缘子片数（片）
750	37	9
	40	10
	44	11
1000	50	12
	54	13
	59	14
	64	15

（2）《国家电网有限公司关于印发十八项电网重大反事故措施（修订版）》（国家电网设备〔2018〕979 号）7.1.8 条规定，盘型悬式瓷绝缘子安装前现场应逐个进行零值检测。

（3）DL/T 741—2019《架空输电线路运行规程》表 11 规定，参照 DL/T 626—2015《劣化悬式绝缘子检测规程》执行。

（4）DL/T 2390—2021《盘形悬式瓷绝缘子零值红外检测方法》第 7 章规定了瓷绝缘子零值红外检测法诊断准则。

（5）DL/T 2453—2021《盘形悬式瓷绝缘子零值高压冲击检测规范》表 1 中规定了高压冲击法零值绝缘子判定准则。

参 考 文 献

[1] 林福昌. 高电压工程［M］. 北京：中国电力出版社，2006.

第 9 章
特高压电气设备声学成像现场检测技术

9.1　概　　　述

超、特高压变压器和 GIS 等电力设备的异响原因及其检测方法一直是电网检测中的难题，缺乏相应的检测手段，不能做到提前发现及预警，很多时候都是由机械缺陷导致电力设备发生电气或热特性上的变化时，才能从中分析出机械方面的原因。设备常见异响原因如图 9-1 所示。

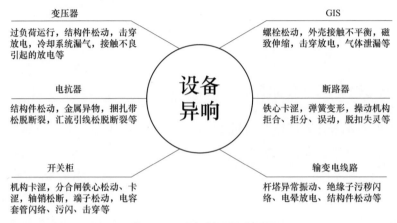

图 9-1　设备常见异响原因

电力设备的机械缺陷检测方法主要集中在利用振动信号分析法对变压器绕组变形、压紧松动进行检测，此外，振动信号分析法还被应用于有载调压开关、GIS、断路器、隔离开关、开关柜等设备的机械缺陷检测中，取得了一定的效果。但振动信号分析法在应用时，需要将传感器粘贴在设备表面，对测点的布置精准度要求很高，否则即使能够诊断出机械缺陷，也很难对其进行定位，若想定位需使用大量传感器，而数量居众的传感器粘贴于设备表面并不切合实际。此外，干式空心电抗器、电容器装置等电力设备，由于强电磁场效应及安全因素，并不适合、也无法在其表面进行振动传感器的安装与振动测试，而使用非接触式的激光测振仪费用偏高，且测量结果又直接受到设备表面散射系数的影响，很难获得准确的结果。所以，亟须寻找一种具有高精度、高可靠性、非接触式的机械缺陷检测手段，以实现对电力设备机械缺陷的快速、精准定位。

高压电气设备在正常运行时其声音一般较为稳定，当设备出现某些缺陷或故障后其声音特征会发生改变，主声源的位置也会随之变化，因此，声信号和声源位置可作为设备状态诊断的重要测试参量。声信号的幅值、时域波形、频谱特性与设备运行电压、电流、机械状态、绝缘状态等密切相关，可及时反映设备运行状态变化。声信号的改变通常预示着设备运行状态出现异常，声学检测是发现早期缺陷的有效手段，通过对设备异响的准确识别分析，可以在设备隐患恶化前提供有效的预警，避免重大安全事故的发生。因此应用声学成像技术对设备异常声音进行检测和定位，结果直观、判据简单、定位明确，在高压电气设备状态检测领域已得到广泛应用，对设备状态检测与故障诊断具有重大意义。

9.2 关 键 技 术

9.2.1 电力设备声源识别技术

对于电力设备异响进行检测和定位，牵扯到声源识别的方法，包括了声学传感阵列的建立及声源定位算法。声源识别的测试方法较多，常见的声源识别方法如下。

1. 近场测量法

近场测量法的基本原理是让传声器至声源表面距离很近，分别靠近各个噪声源进行声压级测量，这种方法适用于在大尺度机器（各个噪声源相互距离较远）上对中、高频率噪声的分析。分析结果对于强噪声源的识别较为有效。但是，当存在多个噪声源相互干扰时，由于最强的声源强度过大，这个方法往往不能对次强的声源进行有效的辨识，而在实际工程中往往同时存在多个噪声源需要辨识。

2. 表面强度法

表面强度法的基本原理是在振动表面布置一个加速度计测量法向振动速度，作为贴近表面的声场中空气质点的振动速度，邻近加速度计处放一个传声器感受声压信号。上述两个信号相乘得表面声强。该方法的优点是能同时获得声强及表面速度信息，便于声辐射效率计算。缺点是工作量大。

3. 声强法

声强法的基本原理是先对变压器的测量面进行定义并建立测试网格，根据 ISO 9614-2-1996《声学 声强法测定噪声源声功率级 第 2 部分：扫描测量法》（扫描法），数据采集系统控制声强探头按照一定顺序在测量网格上对变压器进行扫描测量，并对数据进行存储。分析软件通过对采集到的信号计算得到变压器的辐射声功率及声场分布。但对于变电站的测试环境和变压器设备的尺寸来说，声强法同时测量的点数少，测量时间长，同时声强法不能测量非稳态噪声，且存在近场效应误差、相位不匹配误差等固有缺陷，因此声强法进行声源定位的实现比较困难。

4. 波束形成法

波束形成方法的基本原理是用按特定方式排布的传感器阵列接收噪声源信号，对接收到的信号进行特殊处理后得到噪声源的相关信息。波束形成方法是一种基于声阵列的噪声源识别方法，它通过对各阵元的输出进行加权、延迟、求和，使得阵列的输出在某一聚焦方向上最大，从而得到噪声源的声场分布，叠加可见光图像后可以得到可视化的声源定位结果。与其他噪声源识别方法相比，基于波束形成方法的可视化噪声源识别技术不仅利用了声的强度信息，而且还利用了声的相位信息，结果特别直观，可以很容易地对噪声源进行定位、量化，并能显示噪声的传播路径。结合频谱分析，对结果做进一步处理，还可以显示噪声源的主要频率成分，为噪声控制和声学故障诊断提供可靠的依据。

从上述声源识别方法的基本原理可以看出，波束形成方法是比较适合应用于电力设备异响检测的，这也是机械领域常用的一种声学成像的方法。

9.2.2　声学成像技术

注：本小节内容来源于 T/CSEE 0228—2021《变电站设备声成像测试技术规范》附录 A 相关内容。

声学成像技术主要采用常规波束形成原理进行计算时，其基本原理见图 9-2。声源点位于基准发射面上，传声器阵列位于测试面上。各个传声器与声源点的距离存在差异，因此不同传声器接收到的声信号之间存在时延。将同步采集的各个传声器声信号通过延时求和重构至基准发射面上，叠加所有点后得到基准发射面的声场分布云图。若该点处传声器信号为同相位，叠加后信号幅值明显增加，形成主瓣；若相位错乱无序，叠加后形成旁瓣。在声场分布云图中，主瓣对应声源，旁瓣形成虚像。

已有的声学成像技术能够将异响位置在设备背景上进行成像（类似于红外成像测温），从而实现异响点的定位及诊断。其原理如图 9-3 所示，通过传声器阵列同步接收到多个通道的声音信号，依据相控阵波束形成原理计算得到设备基准发射面上的声场分布云图。测量中同步记录设备的可见光图像，以其为背景，通过几何配准将声场分布云图与可见光图像叠加显示，获得声学成像结果。声学成像结果中直观显示了声源空间位置、强度和频谱等特征。

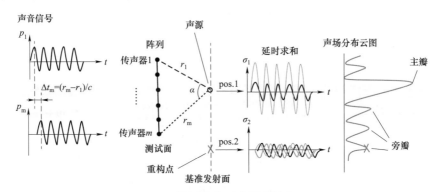

图9-2 常规波束形成算法基本原理

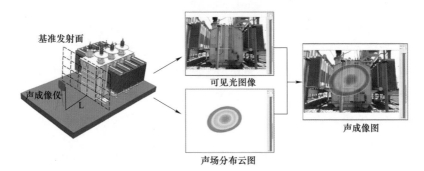

图9-3 声学成像技术测试原理

9.3 试 验 装 备

声学成像测试仪由传声器阵列、可见光摄像头、数据采集系统以及数据处理分析系统等核心部件组成，应具备将声信号和可见光信号分别成像，并自动将同一位置、同一时间拍摄的声场分布云图与可见光图像进行融合配准的能力，同时可集成频谱分析、声压级测量、成像显示、成像显示动态范围调节、成像频段调节、记录和回放等功能。

声压级测量功能应能实时获得声压级大小。成像显示功能应能在日光照射下清晰的实时显示成像结果。成像显示动态范围调节应能够满足在不同测试环境下对结果精度和观测效果进行控制的要求。成像频段调节应能够实时调整成像频率范围或预设多个成像频段，满足在不同特征频率成像的要求。记录和回放功能应能够记录并储存测试结果，以满足随时调取查看的需要。

9.4　标　准　解　读

声学成像技术已在国家电网有限公司、中国南方电网有限责任公司所属变电站的高压电气设备声音定位和分析方面多次成功应用，主要涉及变压器、电抗器、GIS、开关柜等设备。虽已有大量的应用案例，但我国还缺少基于声阵列的声学成像技术在高压电气设备异响识别方面的国家、行业标准。

关于声学成像技术的相关标准仅有中国电机工程学会归口的团体标准 T/CSEE 0228—2021《变电站设备声成像测试技术规范》和中国电力企业联合会归口的团体标准 T/CEC 611—2022《变电站设备声成像测试技术导则》，以上标准对检测时的检测条件、检测方法、检测数据分析方法及检测报告内容做出了规范性指导，对推广应用变电站设备声学成像检测技术提供了通用性的、规范的、科学化的执行依据，对现场声学成像检测具有一定的指导意义。

基于传声器阵列的声学成像技术检测结果受其参数设置的影响较大，不适当的仪器与检测参数选择会产生检测误差甚至得到错误的结果，检测人员操作方式的差异也会对检测结果产生影响。因此，亟须在行业内提升声学成像技术现场检测方法的规范性，以确保检测结果的一致性、准确性。还需尽快制定我国国家、电力行业声学成像技术在高压电气设备声源定位方面的相关标准，对于完善和健全我国电气设备故障诊断标准构架具有重要意义。

9.5　工　程　应　用

9.5.1　特高压GIS典型异常振动检测

1. GIS 隔离开关气室异常振动

2020 年 5 月，检测人员对某特高压 1100kV HGIS 开展局部放电带电检测时发现某间隔 B 相隔离开关气室出现了较大的异常信号，随即进行了超声波检测、声学成像检测等多方法诊断，检测结果如下。

（1）声学成像结果。使用声学成像仪对异响位置进行了定位识别，隔离开关气室正面及反面声源最大点如图 9-4 所示，结合该气室设计图发现，声源最大点位于隔离开关气室动、静侧触头屏蔽处，示意图如图9-5所示。

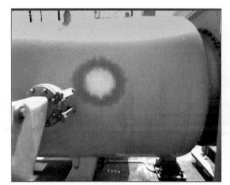 

(a) 隔离开关气室正面   (b) 隔离开关气室反面

图9-4 声学成像定位结果

(a) 最大声源位置外部示意图   (b) 最大声源位置内部示意图

图9-5 隔离开关气室最大声源位置内外部示意图

根据现场检测结果，提取声纹频谱特征，结果如图9-6～图9-8所示，其中，图中横轴代表时间、纵轴代表频率、色度代表声级。

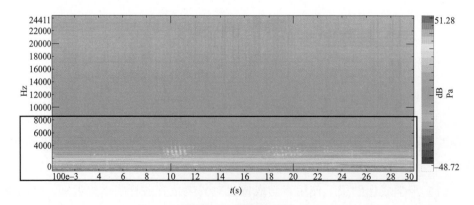

图9-6 频谱特征图

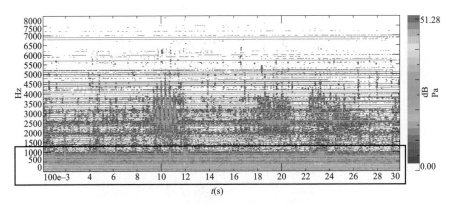

图 9-7　频谱特征图（0～8000Hz）

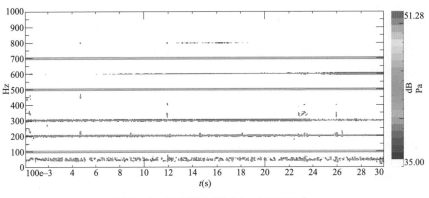

图 9-8　频谱特征图（0～1000Hz）

根据上述频谱特征图可以明显看出，8000Hz 以下能量较为集中，同时 1000Hz 以下存在大量 100Hz 的整数倍谐波，其中 100Hz 下能量最大，500Hz 次之，其次为 700、300、200Hz 等，具有明显的机械振动的声纹频谱特征，根据上述结果判断该气室内部动、静侧触头屏蔽处存在明显的机械振动。

（2）超声波检测结果。现场对该气室不同测点进行超声检测，测点位置如图 9-9 所示，各测点结果如表 9-1 所示。

表 9-1　　　　　　　　　　　超声检测结果统计表　　　　　　　　　　单位：mV

测量位置	有效值	峰值	50Hz 相关性	100Hz 相关性
1	7.9	24	0	1.1
2	7.4	24	0	0.85
3	8.2	35	0	2.3
4	7.8	24.5	0	2.3

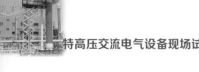

图 9-9　现场超声检测

通过表 9-1 结果可以看出，位置 3 处幅值最大，峰值为 35mV，具有 100Hz 相关性，位置 3 处相位特征如图 9-10 所示，根据 PRPS 图谱可以看出，位置 3 处的超声检测结果具有明显的机械振动特征。

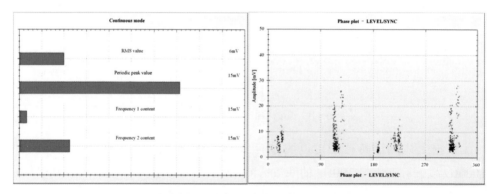

图 9-10　位置 3 超声检测相位特征

根据超声波检测及声学成像检测结果，判断隔离开关气室内部动、静侧触头屏蔽处存在异常振动。为确定振动原因，对该气室进行返厂解体检查，发现隔离开关 B 相动侧铸件屏蔽罩与薄壁类旋压屏蔽罩间存在 2.5mm 的不规则间隙，两者搭接位置局部存在明显的点状痕迹，其余部分检查未见异常。判断动侧旋压屏蔽罩于运行中存在振动及偶发性低能量放电现象，分析推测为气室异响的主要原因，异常现象由该设备厂家早期特高压 GIS 产品对于内部薄壁屏蔽的设计考虑不周造成，其隔离开关动侧触头铸件屏蔽与旋压屏蔽搭接处未黏接聚四氟乙烯环。厂家已对该型隔离开关进行了改进设计，如图 9-11 所示。

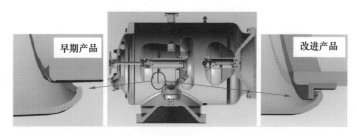

早期产品　　改进产品

图 9-11　隔离开关屏蔽罩改进前后对比

2. GIS 出线套管纵向单元异常振动

2023 年 2 月，检测人员对某特高压站 1100kV HGIS 开展局部放电带电检测时，发现出线套管下方气室存在超声异常信号，且现场可听到该气室存在明显异常声响，随即对该气室进行声学成像复测，以实现对振动信号位置的精确定位，检测结果如下。

首先使用声学成像仪对异响位置进行了定位识别，发现在出线套管下方伸缩节部位存在明显声源，声源处用手摸上去有很明显的震感，检测结果如图 9-12 所示。

对声学成像检测到的声纹进行频谱及声纹特征分析，结果如图 9-13、图 9-14、表 9-2 所示，图 9-13 中峰值出现在 100Hz，峰值为 0.23Pa（声压级 81.21dB，100Hz 峰值正常低于 0.1Pa）。在 1000Hz 以上出现了明显的高频谐波，谐波呈现宽频特征，带宽约为 100Hz，该种特征一般为机械松动后高频的金属撞击造成。

图 9-12　声学成像结果

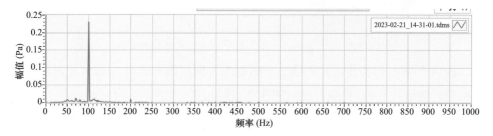

图 9-13　频谱图谱（0～1000Hz）

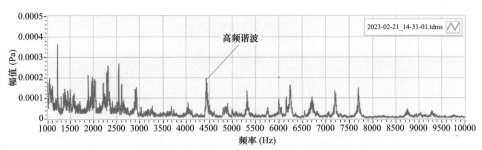

图 9-14　频谱图谱（1000～10000Hz）

表 9-2 为声纹特征值结果，由于样本数据积累有限，无法定量描述其异常，但某些特征值确实与积累的正常数据有所偏离，而偏离原因与其机械特性发生改变相关。

表 9-2　　　　　　　　　　　　伸 缩 节 声 纹 特 征 值

特征值	数值	备注
主频	100Hz	—
主频幅值	0.23Pa	偏高
主频占比	99.7%	—
基频占比	99.7%	偏高
奇偶次谐波占比	0.000 736	偏小
裕度因子	2.86	
频率复杂度	0.013	偏小
低频能占比	99.98%	—

综上所述，伸缩节异响在 1000Hz 以上出现了明显的高频谐波，谐波呈现宽频特征，带宽约为 100Hz，该种特征一般为机械松动后高频的金属撞击造成，因此基本可以判定该伸缩节位置异响是由于其限位螺杆两端螺栓松动导致。

9.5.2　高压电抗器出线套管异响检测

注：本案例来自国网上海市电力公司电力科学研究院现场检测案例。

2018 年 6 月，某变电站运维人员巡视中发现高压电抗器 A 相出线套管上方有明显的间歇性异响，异响持续时间在几秒钟至半分钟不等，间隔时间 5～15min 不等，运维人员用望远镜观察、红外测温、紫外电晕检测等手段对该套管及周边设备进行了检测，均未发现异常，随即对异响部位进行声学成像检测，检测结果如图 9-15 所示，分析如下。

(a) 试验设备现场布置图　　　　　　　　　　　(b) 声源定位图

图 9-15　高压电抗器出线套管声学成像检测结果

由于电抗器 A 相异响出现是无规则的，间歇的出现可能是由于机械上不连续的撞击，而非电气上，如通流部分的电磁力产生连续激振力，上方异常不连续，在现场出现异响后，采用声学成像进行声音录波（不同时刻下声音频率的变化），从图 9-16 中可以看到，在无异响时频率基本在 2000Hz 以下（红线以下），出现异响时，在声音波形中存在一些频率明显增大的峰值，声音频率明显增大，最高达了 10kHz 以上，这与金属之间的撞击频率吻合，综合判断异响原因为高压电抗器 A 相出线套管顶部均压环异常。

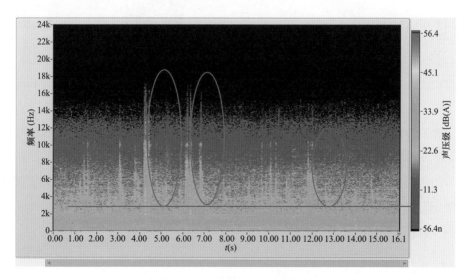

图 9-16　电抗器 A 相声波图

为找到高压电抗器 A 相出线套管的异响原因，对该相高压电抗器出线套管进行解体检查，发现出线套管均压环内部支撑条脱落，均压环最下方一圈（第四圈）中有一条约 22cm 长的支撑条脱落，另外也发现有焊渣等异物，解体情况如图 9-17 所示。

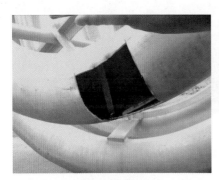

(a) 套管均压环解体图

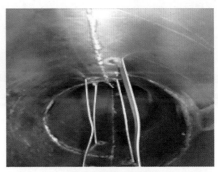

(b) 套管均压环内部图

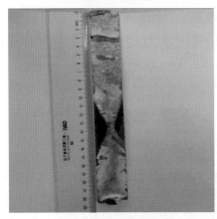

(c) 套管均压环内部支撑条

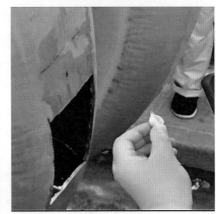

(d) 套管均压环内部异物

图 9-17　高压电抗器套管均压环解体图

同时发现，最下方一圈均压环中存在较多积水，仔细检查发现均压环表面焊接部位存在砂眼，导致长期运行中雨水在均压环中积存,检查结果如图 9-18 所示。

综上分析，高压电抗器 A 相出线套管异响的主要原因为该均压环存在焊接质量不良现象，导致运行中最下方一圈的均压环内部支撑条脱落，在电动力的影响下异常振动。

9.5.3　高压开关柜异常振动检测

2020 年 10 月，巡视人员发现 110kV H 变电站 1 号主变压器 10kV 侧贺 51 开关柜运行时存在明显异常振动现象。开关柜型号为 KYN28-12。接到通知后，相关人员随即赴现场开展开关柜振动及声学成像检测。检测结果分析如下。

(a) 套管均压环内部积水　　　　　　　　(b) 套管均压环表面焊接砂眼

图 9-18　高压电抗器出线套管均压环积水图

1. 声学成像检测结果

首先使用声学成像仪对异响位置进行了定位识别，发现在贺 51 开关柜及其邻近 10kV 5 号母线贺互 05 电压互感器柜背面接触位置存在明显声源，声源处用手摸上去有很明显的震感及发热现象，检测结果如图 9-19 所示。

图 9-19　声学成像结果

对声学成像检测到的结果进行时频域信号波形分析，其特征表现出以 100Hz 为基频的整数倍谐波现象，主频为 200Hz，谐波在整个可听声频段均有分布，谐波能量主要集中在 5KHz 以下，这是典型的机械振动异常缺陷特征，声纹分析结果如图 9-20 所示。

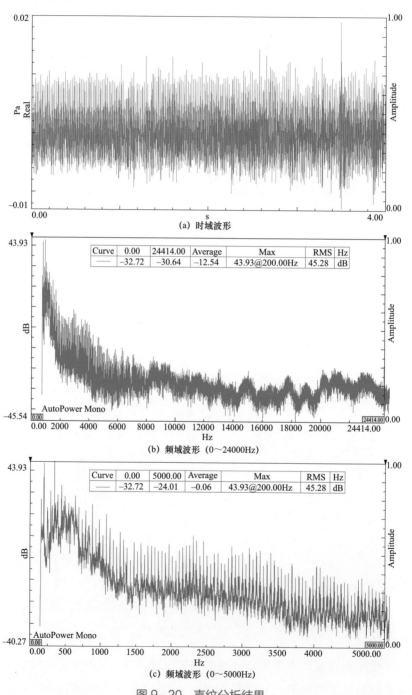

(a) 时域波形

(b) 频域波形（0～24000Hz）

(c) 频域波形（0～5000Hz）

图 9-20　声纹分析结果

2. 振动检测结果分析

使用振动加速度传感器对 H 变电站 1 号主变压器 10kV 侧贺 51 开关柜及其邻近 10kV 5 号母线贺互 05 电压互感器柜进行检测，并选取正常运行无异响的 10kV 分段贺 50 开关柜作为对比，测点位置见图 9-21。

贺 51 开关柜、贺互 05 电压互感器柜及贺 50 开关柜各测点振动频域数据对比分析如图 9-22 所示，其中红色曲线表示贺 51 开关柜表面测点（测点 1、2、3）振动数据，绿色曲线表示贺 51 开关柜靠贺互 05 柜侧边表面测点（测点 4、5、6）振动数据，蓝色曲线表示贺互 05 电压互感器柜表面测点（测点 7、8、9）振动数据，青色曲线表示贺 50 开关柜表面测点（测点 10、11、12）振动数据。

图 9-21　振动检测测点布置图（一）

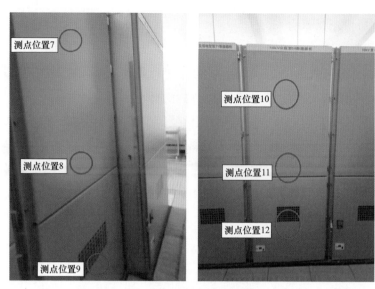

图 9-21　振动检测测点布置图（二）

从图 9-22 中看到，贺 51 开关柜表面测点 1、2、3 有着较密集的高频分量出现，高频分量的频率成分以 100Hz 的高阶谐频为主，并且在靠近贺互 05 电压互感器柜侧边振动量级更大。贺互 05 电压互感器柜仍有较大的振动量级与密集的高频分量出现，但幅值均小于贺 51 开关柜上的振动量级，疑似贺互 05 电压互感器柜上的振动信号由贺 51 开关柜传递而来，对比正常运行的贺 50 开关柜，

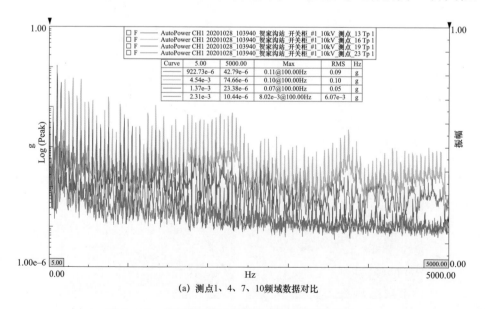

(a) 测点1、4、7、10频域数据对比

图 9-22　各测点振动频域数据对比分析结果（一）

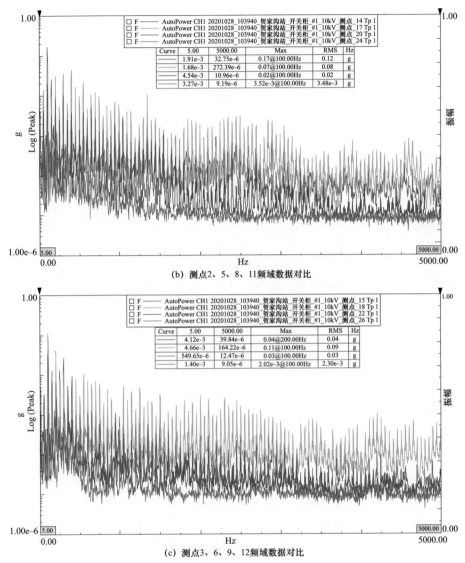

（b）测点2、5、8、11频域数据对比

（c）测点3、6、9、12频域数据对比

图9-22 各测点振动频域数据对比分析结果（二）

可发现正常运行的开关柜无密集的高频分量出现，为确定振动具体位置，以面为单位将各测点振动特征量计算结果如表9-3～表9-6所示。

表9-3 测点1、2、3振动特征量计算

参数	测点1	测点2	测点3
加速度（有效值）	85.739g	100.929g	76.226g
基频幅值（100Hz-mg）	53.875	68.451	40.601

参数	测点 1	测点 2	测点 3
基频比重（%）	45.34	67.82	53.26
主频率（Hz）	200	100	100
主频幅值（mg）	53.875	68.451	40.601
主频比重（%）	62.84	67.82	53.26
频率复杂度	2.507	2.302	2.461

表 9-4 测点 4、5、6 振动特征量计算

参数	测点 4	测点 5	测点 6
加速度（有效值）	123.765g	89.68g	40.254g
基频幅值（100Hz-mg）	79.92	47.416	21.161
基频比重（%）	64.57	52.87	52.57
主频率（Hz）	100	100	200
主频幅值（mg）	79.92	47.416	21.161
主频比重	64.57	52.87	52.57
频率复杂度	2.391	3.144	3.837

表 9-5 测点 7、8、9 振动特征量计算

参数	测点 7	测点 8	测点 9
加速度（有效值）	48.717g	26.566g	19.513g
基频幅值（100Hz-mg）	35.454	19.394	14.395
基频比重（%）	97.41	73.00	73.77
主频率（Hz）	100	100	100
主频幅值（mg）	35.454	19.394	14.395
主频比重（%）	72.78	73.00	73.77
频率复杂度	2.267	0.735	2.160

表 9-6 测点 10、11、12 振动特征量计算

参数	测点 10	测点 11	测点 12
加速度（有效值）	6.085g	2.963g	2.659g
基频幅值（100Hz-mg）	5.755	2.544	2.422
基频比重（%）	94.57	85.86	91.09
主频率（Hz）	100	100	100

续表

参数	测点 10	测点 11	测点 12
主频幅值（mg）	5.755	2.544	2.422
主频比重（%）	94.57	85.86	91.09
频率复杂度	0.168	0.892	1.075

由表 9-3～表 9-6 数据可知，振动量级最大的点为测点 4，即贺 51 开关柜侧边上部，该结果与声学成像检测结果一致，判断该处为振源点。

参 考 文 献

[1] 冯志国. 麦克风阵列优化设计中的算法与理论分析 [M]. 重庆：重庆大学出版社，2015.

第 10 章
特高压设备绝缘频域介电谱诊断技术

10.1 概　　述

10.1.1 试验目的及意义

频域介电谱诊断技术可用于测定油浸变压器、电抗器和套管等设备绝缘纸（板）的平均含水量和老化程度，用于评估设备绝缘的整体状态。以油浸式变压器为例，其主绝缘由绝缘油和油浸纸按照一定的绝缘结构组成，其中绝缘油可以在变压器运行期间再生或更换，而油浸纸绝缘的劣化过程是不可逆的，且油浸纸绝缘不易更换，因此决定变压器运行寿命的是油浸纸的绝缘状态，准确评估油浸纸的绝缘状态有助于评估变压器的绝缘情况，在考虑经济性的同时保障设备的安全稳定运行。

变压器油浸纸绝缘的检测技术主要分为两大类，基于理化参量和基于电气参量。基于理化参量的检测方法由来已久，主要是对油纸系统的化学成分进行检测，具体包括油中糠醛含量、油中溶解气体以及油浸纸聚合度等。油中老化产物不能可靠反映油浸纸的绝缘状态，还受历史滤油影响；油浸纸聚合度的检测需要对变压器吊芯取样，不仅操作复杂，还可能进一步损坏绝缘，因此基于理化参量的绝缘检测方法的准确性和可行性难以满足现场的需求。基于电气参量的检测方法具体包括两种，一种是基于工频介质损耗、击穿电压和最大视在放电量等传统电气参量的检测方法，另一种则是基于绝缘介电响应的新型检测技术。研究表明，传统电气参量携带的绝缘信息较少，不能有效反映油浸纸绝缘的老化程度，并不适合作为评估绝缘状态的依据。相比之下，介电响应法具有操作简便、携带信息丰富等优点，并且大量研究也证实了油浸纸绝缘的老化状态和受潮程度与其介电响应特性具有较强的相关关系，因此，国内外学者和研究机构广泛将介电响应法作为诊断油浸式电力设备绝缘状态的有效手段，尤其是电力变压器的绝缘状态诊断，为此 CIGRE 还专门设立有关变压器绝缘介电测量研究工作组，并推荐介电响应技术作为变压器绝缘状态评估的现场测量方法。介电响应法主要包括时域介电响应法中的极化/去极化电流法（polarization and depolarization current，PDC）、恢复电压法（recovery voltage method，RVM）以及频域介电谱法（frequency domain spectroscopy，FDS）。其中，RVM 未能考虑变压器绝缘结构的影响，只能表征油浸纸绝缘整体的绝缘状态，CIGRE 不推荐使用；PDC 抗干扰能力弱，现场测试误差较大，且因测试仪器响应时间和采样频率的限制，无法反映高频（大于 1Hz）的绝缘介电信息。FDS 具备抗干扰能力强、携带介电信息丰富等优点，能够综合反映绝缘油和油浸纸的绝缘特性，是油浸纸绝缘诊断领域中应用最广泛的介电响应技术。

10.1.2 频域介电响应特点及诊断原理

在外施电场作用下，电介质材料中通常存在着自由电荷的定向移动和束缚电荷的偏移 2 类过程，与之相对应的分别是宏观的电导过程和极化过程，复介电常数被用于表征这一现象，其测试原理如图 10-1 所示。电导过程和极化过程的强弱通常随频率的变化而变化，具有频率依存性。电介质不同频率下的复介电常数称为频域介电谱，绝缘的频域介电谱实部和虚部都与水分、老化等绝缘状态密切相关，实部表征的是绝缘介质束缚电荷的能力，虚部表征的是电场能量变为焦耳热导致介电损耗的程度。

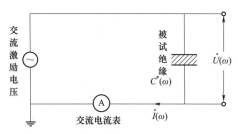

图 10-1 频域介电谱法测试原理图

设绝缘两端的正弦激励电压为 $\dot{U}$，在频率 f 下，流经绝缘的交流稳态电流 $\dot{I}$ 可表示为

$$\dot{I} = \mathrm{j}2\pi f C^* \dot{U} = \mathrm{j}2\pi f C_0 \varepsilon^* \dot{U} \tag{10-1}$$

式中 C_0——绝缘的几何电容；

C^*——绝缘的复电容，由绝缘的介电特性和几何尺寸决定；

ε^*——绝缘的复介电常数。

因此由激励电压 $\dot{U}$、流经绝缘的电流 $\dot{I}$、绝缘几何电容 C_0，根据式（10-1）可以计算出绝缘的复介电常数 ε^*，其定义如式（10-2）所示

$$\varepsilon^* = \frac{\dot{D}}{\varepsilon_0 \dot{E}} = \frac{D_\mathrm{m}}{\varepsilon_0 E_\mathrm{m}} \mathrm{e}^{-\mathrm{j}\delta} = \frac{D_\mathrm{m}}{\varepsilon_0 E_\mathrm{m}} (\cos\delta - \mathrm{j}\sin\delta)$$
$$= \varepsilon' - \mathrm{j}\varepsilon'' \tag{10-2}$$

其中，$\dot{D}$ 为感应强度；$\dot{E}$ 为电场强度；D_m 和 E_m 分别为 $\dot{D}$ 和 $\dot{E}$ 的幅值；δ 为 $\dot{D}$ 由于介质损耗而滞后于 $\dot{E}$ 的相位差，$0 < \delta < 90°$；ε'、ε'' 分别为复介电常数的实部和虚部，$\varepsilon' = \frac{D_\mathrm{m}}{\varepsilon_0 E_\mathrm{m}} \cos\delta$，$\varepsilon'' = \frac{D_\mathrm{m}}{\varepsilon_0 E_\mathrm{m}} \sin\delta$，$\varepsilon'$ 和 ε'' 均为正数。

频域介电谱法（FDS）通过对绝缘施加不同频率的正弦交流激励电压，测量

流经绝缘的交流稳态电流以获得绝缘的频域介电谱，提取其中可以反映油浸纸绝缘特性的相关参量，可以用于判断评估油浸纸绝缘状态。

10.1.3　研究现状

近年来 FDS 技术被广泛应用到变压器油浸纸绝缘的状态评估领域。大量研究表明，绝缘油和绝缘纸的不同状态信息可以分别通过 FDS 曲线的不同频段来反映，其中绝缘油主要影响 FDS 图谱中频段，而低频和高频部分曲线主要取决于绝缘纸/板的状态。此外变压器油浸纸绝缘的 FDS 曲线还会受到水分、老化以及温度等因素的影响。

通过提取介电响应特征参量来反映油浸纸绝缘状态主要包括以下两种研究思路：一是探索直接从变压器介电响应曲线上提取的能够灵敏反映油浸纸绝缘状态的特征参量，构建提取参量与传统老化特征量之间的拟合方程，由于研究工作量较大，难以在实验室实现；二是研究从测得的主绝缘介电谱中提取出其油浸绝缘纸板时频域介电谱的方法，然后建立油浸纸绝缘等效数学或者电路模型，通过模型参数的改变来量化油浸纸绝缘的状态，则在实验室便可以采用油浸绝缘纸板代替变压器进行介电响应评估研究，是主流研究方向。

XY 模型是频域介电谱法在变压器绝缘诊断领域应用最广泛的变压器主绝缘简化模型，可以将主绝缘油纸系统介电特性与油浸纸、绝缘油介电特性以及绝缘结构参数联系起来，现有研究大多是在主绝缘结构参数 X 和 Y 值已知的前提下计算油浸纸频谱，极大地制约了 FDS 在变压器绝缘诊断领域的应用。由于水分和老化对油浸纸频谱的影响规律较为相似，且水分的影响远大于老化，现有文献提出的绝缘状态特征量大多只能单因素地评估水分含量和老化程度，没有考虑水分和老化的综合作用，这对绝缘状态评估结果的准确性有很大的影响。

本书通过制备不同水分含量和老化程度的油浸纸，测量其在不同温度下的频谱，分析水分、老化和温度对油浸纸频谱的影响，并且确定适用于不同温度和绝缘状态的频谱模型；基于 XY 模型分析不同水分、老化和温度条件下，绝缘结构参数 X 和 Y 的误差对油浸纸计算频谱的影响，根据拟合残差的最小值，分析得到油纸系统的 X 和 Y 值，实现未知 X 和 Y 值油纸系统的油浸纸频谱提取，扩展了 FDS 的现场应用场景；制备并测量不同水分、老化以及温度条件下油浸纸的频谱从而建立油浸纸频谱数据库，通过比较待评估油浸纸频谱与数据库中不同绝缘状态油浸纸频谱的相似程度 θ，匹配得到油浸纸的水分含量和聚合度的定量评估结果，考虑水分和老化对油浸纸频谱影响的相似性和相互补偿作用，将 $\theta>0.9$ 对应数据库中油浸纸的绝缘状态范围作为绝缘评估置信区，以指示评估结果的误差范围。

10.2 关 键 技 术

10.2.1 各类设备油纸系统频域介电谱测量方法

DL/T 1980—2019《变压器绝缘纸（板）平均含水量测定法 频域介电谱法》第 6 部分，测量方法中详细介绍了不取样现场设备整体检测方法，试验前需拆除与被测设备套管端部相连的所有引线，清除设备周围的杂物，并将设备充分放电，必要时对设备外绝缘表面进行清洁或干燥处理，依照规范性附录 B 对被测设备进行接线，测量得到被测设备的频域介电谱曲线，同时记录被测设备的顶层油温数据，将被测设备的频域介电谱曲线换算到标准温度（25℃），当频域介电谱曲线出现负值或明显波动时，应检查排除接线是否连接可靠、接地是否良好、套管表面是否脏污受潮等干扰因素后，重新测量。各类设备的测量接线方法具体如下。

1. 单相双绕组变压器

对于单相双绕组变压器高、低压绕组间绝缘的介电响应试验，高压绕组及中性点短接并连接至介电响应测试仪的高压端，低压绕组短接并连接至介电响应测试仪的测量端，屏蔽线接变压器外壳。试验接线如图 10-2 所示。

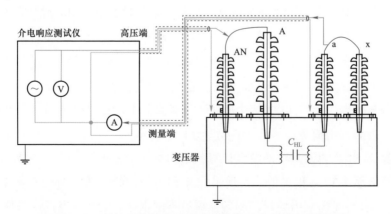

图 10-2 单相双绕组变压器试验接线图（虚线为屏蔽线）

C_{HL}—高压绕组与低压绕组间绝缘的等值电容；a、x—低压绕组端子；

A、AN—高压绕组及中性点端子

2. 单相三绕组变压器

对于单相三绕组变压器高、中、低压绕组间绝缘的介电响应试验，中压绕组及中性点短接并连接至介电响应测试仪的高压端，低压绕组短接并连接至介电响应测试仪的测量端 1，高压绕组及中性点短接并连接至介电响应测试仪的测量端 2，屏蔽线接变压器外壳。试验接线如图 10-3 所示。

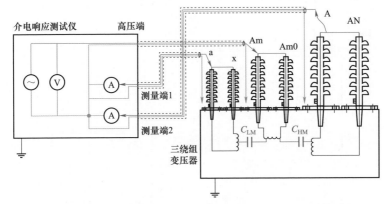

图 10-3　单相三绕组变压器试验接线图（虚线为屏蔽线）

C_{HM}—高压绕组与中压绕组间绝缘的等值电容；C_{LM}—低压绕组与中压绕组间绝缘的等值电容；

a、x—低压绕组端子；Am、Am0—中压绕组端子；A、AN—高压绕组及中性点端子

3. 单相自耦变压器

对于自耦变压器绝缘的介电响应试验，高压绕组、低压绕组及中性点短接并连接至介电响应测试仪的测量端，变压器外壳连接至介电响应测试仪的高压端，屏蔽线悬空。试验接线如图 10-4 所示。

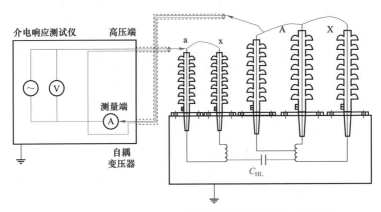

图 10-4　单相自耦变压器试验接线图（虚线为屏蔽线）

4. 三相变压器

对于三相双绕组变压器、三相三绕组变压器、三相自耦变压器，需将 A、B、C 三相各相中压绕组短接在一起后参照单相变压器接线。

5. 电抗器

对于油浸电抗器的介电响应测试接线如图 10-5 所示。共地端（高压端）连接至外壳，绕组短接并连接至测量端，测量线的屏蔽线悬空。

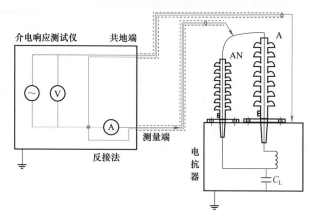

图 10-5 电抗器试验接线图（虚线为同轴屏蔽线）

A、AN—绕组端子；C_L—绕组对地绝缘的等值电容

6. 套管

对于油浸套管的介电响应测试接线如图 10-6 所示。高压端连接至套管导电杆，末屏引线连接至测量端，测量线的屏蔽线接地。

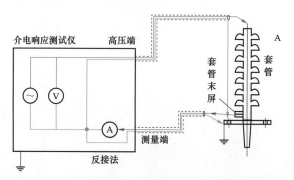

图 10-6 套管试验接线图（虚线为同轴屏蔽线）

10.2.2 从油纸系统频谱中提取油浸纸频谱的方法

首先是实现已知结构参数 X、Y 条件下油浸纸频谱的提取；当现场无法获得

X 和 Y 值时，通过分析不同绝缘结构、水分、老化和温度条件下 X 和 Y 值的选取误差对计算油浸纸频谱造成的影响，提出基于计算所得频谱与频谱模型拟合残差的 X 和 Y 值判定方法，使用不同的 X 和 Y 值计算油浸纸频谱，选取拟合残差最小值对应的 X 和 Y 值作为被试油纸系统的 X 和 Y 值，进而在此基础上实现未知 X 和 Y 值油纸系统的油浸纸频谱提取。

10.2.2.1　已知结构参数 X、Y 条件下油浸纸频谱的提取方法

油纸系统复电容 C_{all}^* 由油隙的复电容 C_{oil}^*、撑条的复电容 C_{spacer}^*、油浸纸对应油隙部分的复电容 C_{p1}^* 和油浸纸对应撑条部分的复电容 C_{p2}^* 组成，其 XY 模型如图 10-7 所示。

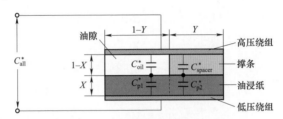

图 10-7　XY 模型复电容分布示意图

根据 XY 模型复电容分布示意图，可以从两个方面分析 XY 模型的等效电路。第一种是"先串后并"，将油隙和油浸纸对应油隙部分看成一个整体，撑条和油浸纸对应撑条部分看成一个整体，再将两者并联，即 C_{oil}^* 和 C_{p1}^* 串联，C_{spacer}^* 和 C_{p2}^* 串联，并将两者串联后的支路并联，如图 10-8（a）所示。第二种是"先并后串"，将油隙和撑条看成一个整体，油浸纸看成一个整体，再将两者串联，即 C_{oil}^* 和 C_{spacer}^* 并联，C_{p1}^* 和 C_{p2}^* 并联，并将两者并联后的支路串联，如图 10-8（b）所示。

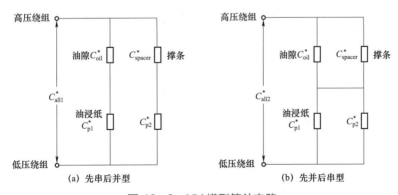

图 10-8　XY 模型等效电路

根据研究，水分和绝缘结构对"先串后并"和"先并后串"型等效电路的相对误差不会起到决定性的影响，最关键的影响因素是油纸系统的宽厚比 b/a。"先串后并"型等效电路将油隙和撑条视为电气隔离的两个部分，忽略了油隙和撑条交界面的法向电流分量；"先并后串"型等效电路将油浸纸视为一个整体，忽略了油浸纸与油隙、撑条交界面的电动势差。油纸系统的宽厚比 b/a（设定 XY 模型厚度为 a，宽度为 b）越大，油隙和撑条交界面的法向电流分量越小，因此"先串后并"型等效电路的误差也越小；油浸纸与油隙、撑条交界面电动势差的影响越大，因此"先并后串"型等效电路的误差也越大。

根据推导的"先串后并"和"先并后串"型等效电路，由油浸纸和绝缘油频谱计算油纸系统频谱，分别为 ε_{all1}^*（"先串后并"）和 ε_{all2}^*（"先并后串"），其与 XY 模型的仿真结果的相对误差分别为 Δ_{all1}^* 和 Δ_{all2}^*。

经计算，随着宽厚比 b/a 的增大，Δ_{all1}^* 减小，Δ_{all2}^* 增大；$b/a>1$ 时，Δ_{all1}^* 小于 Δ_{all2}^*；$b/a>25$ 时，Δ_{all1}^* 在不同频率下均小于 0.3%。对于实际的变压器，宽厚比一般为 30～70，因此"先串后并"型等效电路更适合作为 XY 模型的等效电路。

验证了 XY 模型和"先串后并"型等效电路的准确性，也就确定了油纸系统的等效电路，从而通过将油纸系统、油浸纸和绝缘油复介电常数联系起来，可以用于定量分析油浸纸和绝缘油对油纸系统频谱的影响，也可以由油纸系统和绝缘油的频谱以及绝缘结构参数 X、Y 计算油浸纸频谱。根据油纸系统 XY 模型的等效电路，油纸系统复介电常数 ε_{all}^* 与绝缘油复介电常数 ε_{oil}^*、油浸纸复介电常数 ε_p^*、绝缘结构参数 X 和 Y 的关系为

$$\varepsilon_{all}^* = \frac{1-Y}{\dfrac{1-X}{\varepsilon_{oil}^*} + \dfrac{X}{\varepsilon_p^*}} + Y\varepsilon_p^* \qquad (10-3)$$

将式（10-3）写成以 ε_p^* 为未知量的一元二次方程，如式（10-4）所示。因此可以由 ε_{all}^*、ε_{oil}^*、X、Y 计算得到油浸纸复介电常数，并定义为 ε_{p-cal}^*，如式（10-5）所示。由于 ε_{p-cal}^* 存在两个解，需要对此做进一步讨论，研究两个解的合理性

$$\frac{(1-X)Y}{\varepsilon_{oil}^*}\varepsilon_p^{*2} + \left(1-Y+XY-\frac{1-X}{\varepsilon_{oil}^*}\varepsilon_{all}^*\right)\varepsilon_p^* - X\varepsilon_{all}^* = 0 \qquad (10-4)$$

$$\varepsilon_{p-cal}^* = \{\pm\sqrt{[(1-Y+XY)\varepsilon_{oil}^* - (1-X)\varepsilon_{all}^*]^2 + 4(1-X)YX\varepsilon_{all}^*\varepsilon_{oil}^*} \\ + (1-X)\varepsilon_{all}^* - (1-Y+XY)\varepsilon_{oil}^*\}/[2(1-X)Y] \qquad (10-5)$$

油浸纸作为一种典型的电介质，如式（10-6）所示的复介电常数实部 $\varepsilon'_{\text{p-cal}}$ 和虚部 $\varepsilon''_{\text{p-cal}}$ 均为正数

$$\varepsilon^*_{\text{p-cal}} = \varepsilon'_{\text{p-cal}} - \mathrm{j}\varepsilon''_{\text{p-cal}} \qquad\qquad (10-6)$$

因此定义 $\varepsilon^*_{\text{p-cal}}$ 的实部 $\varepsilon'_{\text{p-cal}}$ 和虚部 $\varepsilon''_{\text{p-cal}}$ 均为正数的解为合理解。由实测油纸系统频谱 $\varepsilon^*_{\text{all}}$、绝缘油频谱 $\varepsilon^*_{\text{oil}}$ 以及实际绝缘结构参数 X 和 Y，根据式（10-5）计算油浸纸频谱的两个解，从中选择合理解，可以得到油浸纸的计算频谱 $\varepsilon^*_{\text{p-cal}}$。

10.2.2.2　不同绝缘结构、水分、老化和温度条件下，X 和 Y 值误差对计算频谱的影响

在实际应用中，用 FDS 评估现场变压器的绝缘状态时，待测变压器主绝缘的 X 和 Y 值可能是未知的，计算油浸纸频谱所用的 X 和 Y 可能不为实际值，因此油浸纸频谱的计算结果也会与实际频谱存在差异，需要分析 X 和 Y 值误差对油浸纸计算频谱的影响。

1. 不同绝缘结构下 X 和 Y 值误差对计算频谱的影响

用不同 X 和 Y 值计算油浸纸频谱 $\varepsilon^*_{\text{p-cal}}$，分析 ΔX 和 ΔY 对 $\varepsilon^*_{\text{p-cal}}$ 的影响，发现 ΔX 和 ΔY 对 $\varepsilon^*_{\text{p-cal}}$ 的影响规律类似，都会影响计算的 $\varepsilon^*_{\text{p-cal}}$ 的形态，特别对于 $\Delta X < 0$ 或 $\Delta Y < 0$ 的情况，$\varepsilon^*_{\text{p-cal}}$ 频谱实部和虚部呈现先下降后上升再下降的形态，与油浸纸实际的频谱有很大的差异。ΔX 和 ΔY 在不同绝缘结构的油纸系统中对 $\varepsilon^*_{\text{p-cal}}$ 的形态也有相似的影响规律。

2. 不同水分含量下 X 和 Y 值误差对计算频谱的影响

油纸系统中油浸纸水分含量小于 3.4% 时，ΔX 会较为显著地影响计算的 $\varepsilon^*_{\text{p-cal}}$ 的形态，与 ε^*_{p} 有很大的差异；而当油浸纸水分含量大于 3.4% 时，ΔX 对 $\varepsilon^*_{\text{p-cal}}$ 形态几乎没有影响。ΔY 对不同水分状态油纸系统中计算的 $\varepsilon^*_{\text{p-cal}}$ 也有类似的影响规律。当水分含量达到一定程度时，ΔX 和 ΔY 对 $\varepsilon^*_{\text{p-cal}}$ 形态几乎没有影响，这是因为油浸纸电导率远大于绝缘油，不同频率下电流主要分布在撑条—油浸纸部分，特别对于 $f < 1\text{Hz}$ 的频段，油隙几乎没有流经的电流，因此油浸纸厚度与油纸系统总厚度的比值 X 几乎不会影响 $\varepsilon^*_{\text{p-cal}}$，撑条宽度与油纸系统总宽度的比值 Y 也只会影响 $\varepsilon^*_{\text{p-cal}}$ 的幅值，不会影响 $\varepsilon^*_{\text{p-cal}}$ 的形态。

3. 不同老化程度下 X 和 Y 值误差对计算频谱的影响

随着老化程度的增大，ΔX 和 ΔY 对 $\varepsilon^*_{\text{p-cal}}$ 的影响减弱了，但影响规律是类似的，即使是最老化的油纸系统（老化 130 天），ΔX 和 ΔY 还是会影响计算的 $\varepsilon^*_{\text{p-cal}}$ 的形

态，$\Delta X < 0$ 或 $\Delta Y < 0$ 时，$\varepsilon_{\text{p-cal}}^{*}$ 频谱实部和虚部呈现先下降后上升再下降的形态，与油浸纸实际的频谱有很大的差异。

4. 不同温度下 X 和 Y 值误差对计算频谱的影响

油浸纸频谱满足随温度左右频移的特性。在达到油纸水分平衡后，绝缘油水分会随温度的升高而增大，在温度和水分的综合作用下，绝缘油频谱也大致呈现随温度的升高或降低而左右频移的规律，且频移的距离与油浸纸相近。因此，在不同温度的油纸系统中相同 X 和 Y 值计算的 $\varepsilon_{\text{p-cal}}^{*}$ 也大致呈现随温度左右频移的规律。在不同温度下，ΔX 和 ΔY 都会影响计算的 $\varepsilon_{\text{p-cal}}^{*}$ 的形态，使其区别于油浸纸实际的频谱。

10.2.2.3 未知结构参数 X、Y 条件下油浸纸频谱的提取方法

经研究，除了水分含量较高的情况，在不同水分、老化和温度条件下，绝缘结构参数误差 ΔX 和 ΔY 会影响计算的油浸纸频谱，甚至可能显著改变频谱的曲线形态，使其区别于油浸纸实际的频谱。计算油浸纸频谱 $\varepsilon_{\text{p-cal}}^{*}$ 所用的绝缘结构参数 X、Y 与油纸系统实际绝缘结构参数 X_0、Y_0 的偏差越大，$\varepsilon_{\text{p-cal}}^{*}$ 的拟合残差也越大，因此可以基于 $\varepsilon_{\text{p-cal}}^{*}$ 拟合残差的最小值，分析得到油纸系统较为准确的绝缘结构参数 X 和 Y，从而实现未知 X 和 Y 值油纸系统的油浸纸频谱提取。

油纸系统绝缘结构参数 X 和 Y 值分析方法的具体步骤如图 10-9 所示。

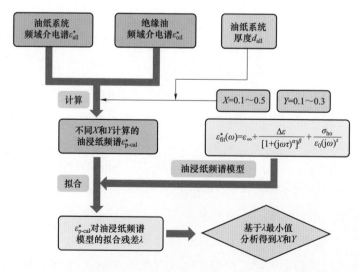

图 10-9 基于油浸纸频谱模型拟合残差的油纸系统 X 和 Y 值分析方法

由实测油纸系统频谱 $\varepsilon_{\text{all}}^*$、不同场强下的绝缘油频谱 $\varepsilon_{\text{oil}}^*$、油纸系统厚度 d_{all}，用不同绝缘结构参数 X 和 Y，计算油浸纸频谱 $\varepsilon_{\text{p-cal}}^*$，其中 X 的范围为 $0.1\sim0.5$，步长为 0.01；Y 的范围为 $0.1\sim0.3$，步长为 0.01。对于不同 X 和 Y 值计算的 $\varepsilon_{\text{p-cal}}^*$，用式（10−7）的油浸纸频谱模型进行拟合，式（10−7）是用于描述油浸纸极化过程的 HN 模型的数学表达，经实验验证，对于不同水分和老化状态的油浸纸频谱，关于包含跳跃电导的 HN 模型（$\varepsilon_{\text{HN}}^*(\omega) + \varepsilon_{\text{ho}}^*(\omega)$）的拟合残差是所有极化和电导过程模型组合 $\varepsilon_{\text{HN}}^*(\omega) + \varepsilon_{\text{ho}}^*(\omega)$、$\varepsilon_{\text{Cole-Cole}}^*(\omega) + \varepsilon_{\text{ho}}^*(\omega)$、$\varepsilon_{\text{DC}}^*(\omega) + \varepsilon_{\text{ho}}^*(\omega)$、$\varepsilon_{\text{Debye}}^*(\omega) + \varepsilon_{\text{ho}}^*(\omega)$、$\varepsilon_{\text{HN}}^*(\omega) + \varepsilon_{\text{dc}}^*(\omega)$ 中最小的

$$
\begin{aligned}
\varepsilon_{\text{dielec}}^*(\omega) &= \varepsilon_{\text{HN}}^*(\omega) + \varepsilon_{\text{ho}}^*(\omega) \\
&= \varepsilon_\infty + \frac{\Delta\varepsilon}{[1+(j\omega\tau)^\alpha]^\beta} + \frac{\sigma_{\text{ho}}}{\varepsilon_0(j\omega)^s}
\end{aligned}
\tag{10−7}
$$

对于不同水分状态的油纸系统，根据频谱模型拟合残差的最小值，可以较为准确地从未知 X 和 Y 值油纸系统频谱中提取出油浸纸频谱。对于不同温度、老化程度和绝缘结构的油纸系统，老化和温度不会影响 X 和 Y 值误差对 $\varepsilon_{\text{p-cal}}^*$ 形态的影响规律，因此同样也可以较为准确地提取出油浸纸频谱。

10.2.3　基于频谱相似度的油浸纸绝缘状态评估技术

对于不同绝缘状态和温度的油浸纸频谱，可以较好地用包含跳跃电导的 HN 模型拟合，其拟合参数也与水分、老化、温度有关。但由于测试频谱的频段为 $10^{-3}\sim10^4\text{Hz}$，特别是在水分含量较低时，并不足以唯一确定频谱模型的拟合参数。此外，由于水分和老化对油浸纸频谱影响规律的相似性，也较难分离水分和老化对频谱模型参数单独的影响。因此，虽然包含跳跃电导的 HN 模型可以很好地概括油浸纸的频谱形态，但频谱模型参数较难用于综合评估油浸纸的水分和老化状态。定义"频谱相似度"这一关键参数，用于反映两条频谱曲线形态之间的相似度。频谱相似度取值 $0\sim1$，取值越接近 1 说明两条频谱特性越相似，可用于定量评估油浸纸的绝缘状态。

1. 频谱相似度的定义及计算方法

通过比较待评估油浸纸与数据库中不同绝缘状态油浸纸频谱的相似程度（即频谱相似度取值大小），将最相近的油浸纸频谱对应的绝缘状态作为水分含量和聚合度的评估结果，原理图如图 10−10 所示。

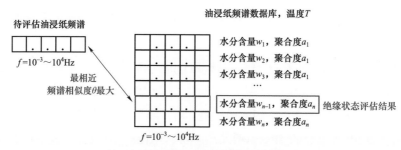

图 10-10　基于频谱相似度的油浸纸绝缘状态评估方法原理图

采用基于对数误差的最小二乘法公式，如式（10-8）所示。并且为了更直观地比较和表征与不同绝缘状态油浸纸频谱的相似程度，对偏差 r 进行归一化，归一化后的值定义为频谱相似度 θ，如式（10-9）所示

$$r = \sqrt{\sum_{k=1}^{n}[(\lg\varepsilon'_{\text{mea},k} - \lg\varepsilon'_{\text{data},k})^2 + (\lg\varepsilon''_{\text{mea},k} - \lg\varepsilon''_{\text{data},k})^2]/2n} \quad (10-8)$$

$$\theta = 1/\left\{1 + \sqrt{\sum_{k=1}^{n}[(\lg\varepsilon'_{\text{mea},k} - \lg\varepsilon'_{\text{data},k})^2 + (\lg\varepsilon''_{\text{mea},k} - \lg\varepsilon''_{\text{data},k})^2]/2n}\right\} \quad (10-9)$$

式中　$\varepsilon'_{\text{mea},k}$ 和 $\varepsilon''_{\text{mea},k}$——待评估油浸纸频谱的实部和虚部；

$\quad\quad\varepsilon'_{\text{data},k}$ 和 $\varepsilon''_{\text{data},k}$——已知绝缘状态油浸纸频谱的实部和虚部；

$\quad\quad k$——频率点序号；

$\quad\quad n$——测量的频率点数量。

频谱相似度 θ 与油浸纸绝缘状态之间的对应关系：θ 范围为 0～1，θ 越大，表示两条频谱曲线越接近，其对应的水分、老化状态越接近；$\theta = 1$ 时表示两条频谱曲线完全相同，其对应的水分、老化状态一致。

2. 建立油浸纸频谱数据库

为了能够定量评估油浸纸的水分含量和聚合度，需要建立油浸纸不同水分含量和聚合度的频谱数据库，其中水分含量的范围为 1%～5.5%，步长为 0.1%；聚合度的范围为 420～1470，步长为 10。

首先制备油浸纸的水分和老化状态各 5 种，获得每种老化程度的油浸纸在 5 种水分含量下的实测频谱，基于三次样条插值，得到水分含量为 1%～5.5%、步长为 0.1% 的油浸纸频谱，如图 10-11 所示；再根据每种水分含量的油浸纸在 5 种老化程度下的频谱，同样基于三次样条插值，得到聚合度为 420～1470、步长为 10 的油浸纸频谱。以水分含量为 2%、聚合度为 870～1170 的油浸纸频谱为例，如图 10-12 所示。

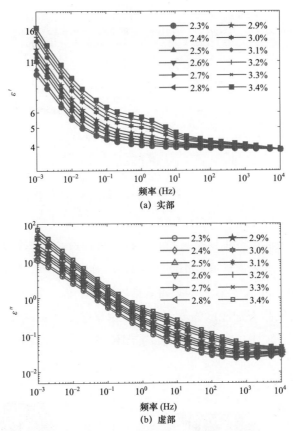

图 10-11 基于三次样条插值的未老化油浸纸水分含量为 2.3%～3.4%的频域介电谱

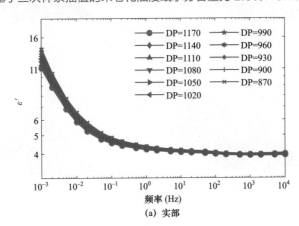

图 10-12 基于三次样条插值的 2%水分含量油浸纸
聚合度为 870～1170 的频域介电谱（一）

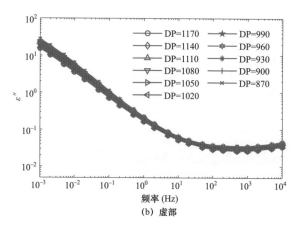

图 10-12　基于三次样条插值的 2%水分含量油浸纸
聚合度为 870~1170 的频域介电谱（二）

基于三次样条插值，可以将实测的 5 种老化程度、5 种水分含量，共 25 种不同绝缘状态油浸纸频谱扩展成不同水分含量（1%~5.5%、步长为 0.1%）和聚合度（420~1470、步长为 10）的频谱数据库，对于每一个测量频率点而言，实测不同水分和老化状态油浸纸的复介电常数由离散的点扩展成了连续的面，以 10^4Hz 和 10^{-3}Hz 下油浸纸复介电常数的实部和虚部为例，如图 10-13 所示。

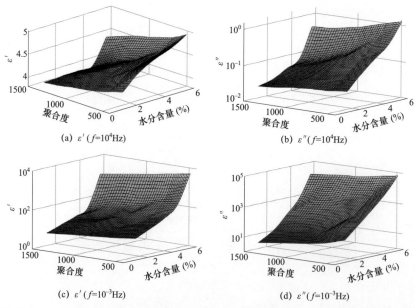

图 10-13　不同频率下油浸纸频谱数据库复介电常数与水分含量、聚合度的关系

由图 10-13 可以直观地看到，随着水分含量的增加和聚合度的下降，油浸纸频谱增大。水分对油浸纸频谱的影响大于聚合度，且对低频段影响较大，高频段影响较小。

3. 基于油浸纸频谱相似度分析方法的验证

用另一种油浸纸作为待评估油浸纸样品，验证油浸纸频谱数据库的适用性，与油浸纸频谱数据库的相似度 θ 如图 10-14 所示。灰度表示 θ，颜色越深，θ 越接近 1。为了只表示与待评估油浸纸绝缘状态相近的情况，只在图上显示了 $\theta >$ 0.9 的绝缘状态。频谱相似度最大值对应的绝缘状态作为分析得到的水分含量和聚合度的评估结果，即为图中评估点；实测水分含量和聚合度对应的绝缘状态为图中实测点。

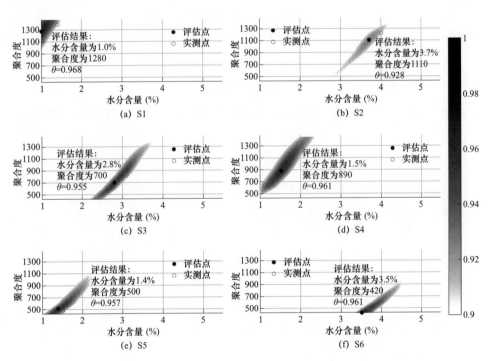

图 10-14 待评估油浸纸 S1~S6 的绝缘状态评估结果和绝缘评估置信区

基于频谱相似度最大值，评估得到的水分含量和聚合度与实测值总体是较为接近的，水分含量的误差在 0.5% 以内，聚合度的误差在 300 以内，这说明基于频谱相似度可以较为准确地评估油浸纸的绝缘状态。比较其他油浸纸频谱，发现水分和老化对油浸纸频谱的影响规律与本油浸纸频谱数据库相似，本油浸纸频谱数据库具有一定普适性，可以近似代表不同种类油浸纸的频谱特性。

此外，图 10-14 中还给出了绝缘评估置信区，指示了绝缘状态评估结果的误差范围。绝缘评估置信区对应 θ 的范围为 0.9～1，如果 θ 的范围过大，那么绝缘评估置信区也会过大，失去了指示评估误差的意义；如果 θ 的范围过小，那么实际绝缘状态并不会被包含在绝缘评估置信区之内，无法起到指示评估误差的作用。

对于图 10-14 中油浸纸 S1～S6 的绝缘状态评估结果和绝缘评估置信区，虽然绝缘状态评估结果与实测结果存在误差，但实际绝缘状态都被包含在指示的误差范围之内。绝缘状态评估的误差主要是由水分和老化对油浸纸频谱影响效果的相似性导致的，两者存在一定的补偿效应。因此绝缘评估置信区的形状是斜向右上的，即如果评估的水分含量偏大，那么评估的老化程度就会偏小，聚合度偏大；又由于水分的影响要远大于老化的影响，置信区包含的水分范围小于聚合度范围，置信区的形状是长条状的。

绝缘评估置信区还可以用于结合其他理化参量或者变压器的运行信息进行分析。例如，通过测量绝缘油水分含量，根据油纸水分平衡曲线，判断变压器的水分含量小于 1.5%；根据油中糠醛、溶解气体等老化产物的含量，判断变压器已经处于寿命的末期，聚合度小于 600；对于一台运行时间不久的变压器，聚合度应在 1400 以上；在较短时间内评估同一台变压器的绝缘状态，聚合度应该不会有太大的变化。这些辅助信息都可以进一步缩小绝缘评估置信区，来得到更为准确的水分含量和聚合度的评估结果。

10.3 试 验 装 备

国外已开发出能应用于现场变压器介电测试的设备，可以对不同电压等级和容量的油浸式电力变压器、电压互感器、电流互感器、旋转电机、充油式电缆以及套管等设备进行离线介电响应的测试。例如瑞士奥菲股份公司生产的 PDC 绝缘状态分析仪、瑞典 Megger 有限公司生产的 IDAX 系列绝缘诊断分析仪，以及奥地利 Omicron 公司结合 PDC 和 FDS 特点所研发的 DIRANA 介电响应分析仪等。这些测试仪器同时还配备有评估数据库，通过对比变压器绝缘实际测量的介电响应曲线和软件自带数据库里的模型曲线进行最优匹配，可以给出绝缘纸板的水分以及油电导率。

结合 PDC 绝缘状态分析仪和 IDAX 系列绝缘诊断分析仪的优点，研制了一套同时具备时域/频域测量模块及时频域转换功能的变压器内部油浸绝缘纸介电特性测量装置，可快速获得油浸绝缘纸在 1mHz～10kHz 频率范围内的频域介电谱，具体包括：① 采用频域测量模块测量油浸绝缘纸在 0.1Hz～10kHz 高频段的频域介电谱；② 采用时域测量模块测量油浸绝缘纸 1000s 内的极化电流；③ 利用时频域转换，将极化电流转换为 1mHz～0.1Hz 低频段的频域介电谱；④ 将实测的 0.1Hz～10kHz 高频段频谱和由极化电流转换得到的 1mHz～0.1Hz 低频段频谱整合为一条完整的 1mHz～10kHz 频谱。

图 10-15 为采用频域测量模块实测油浸绝缘纸样品 1mHz～10kHz 频域介电谱以及通过时频域转换功能获得的 1mHz～10kHz 频域介电谱对比情况，两者吻合度良好。直接采用频域测量模块测量 1mHz～10kHz 频域介电谱所需时间为 39min，而采用时频域转换功能获得 1mHz～10kHz 频谱总计需要 19min，其中高频段频谱（0.1Hz～10kHz）测量时间 2min，极化电流（对应 1mHz～0.1Hz 频段）测量时间 16.7min，时频域转换软件运行时间小于 10s。

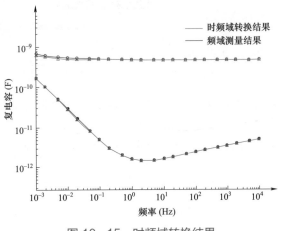

图 10-15　时频域转换结果

10.4　工　程　应　用

根据前述油浸纸频谱提取方法和绝缘状态评估方法，对未知结构参数的 9 组变压器绝缘状态进行了评估，评估方案如图 10-16 所示。首先测量得到各变压器频域介电谱，用不同绝缘结构参数 X、Y 计算油浸纸频谱，然后基于频谱模型拟合残差提取出油浸纸频谱，最后基于频谱相似度这一关键参数评估得到油浸纸的水分含量和聚合度，以及绝缘评估置信区。

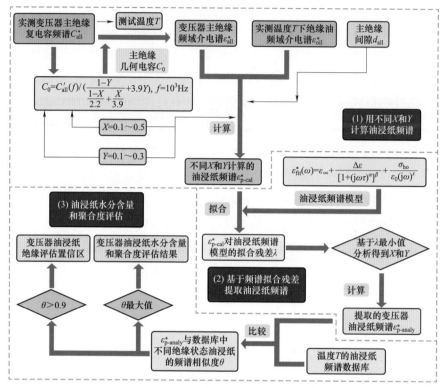

图 10-16　未知结构参数变压器的绝缘状态评估方案

10.4.1　变压器主绝缘频域介电谱及绝缘油频域介电谱测量

现场对不同绝缘状态和电压等级的变压器主绝缘进行频域介电谱测试，具体测试步骤如下：

（1）将变压器停运，断开变压器所有套管与电网的电气连接，以避免电网运行电流对频谱测试结果的影响，外壳保持接地。

（2）将变压器高、中、低压绕组各相的套管相互短接，若绕组为 Y 形连接，绕组中性点对应的套管也需短接，接线方式参照 DL/T 1980—2019《变压器绝缘纸（板）平均含水量测定法　频域介电谱法》规范性附录 B。

（3）测试变压器主绝缘的频域介电谱，测试电压为 140V，测试频率为 $10^{-3}\sim10^{4}$Hz。

（4）变压器主绝缘频域介电谱测试完毕后，记录变压器油温计的温度作为测试温度，并且从取油口中取 25mL 绝缘油，在相同测试温度下测量在不同场强下的频谱，测试电压分别取 1、2、5、10、20、50V。

　　一共对 9 组不同变压器主绝缘进行了频域介电谱测试，变压器参数和测试温度如表 10-1 所示。其中 T1~T6 为在运变压器，T7 为已过运行年限的退运变压器，T8、T9 为故障模拟变压器。T3~T6、T8、T9 所属变压器为三绕组变压器，分别对应高中绕组和中低绕组的主绝缘。

表 10-1　　　　　　　　　　　测试变压器基本参数和测试温度

编号	变压器名称	运行时间（年）	电压等级（kV）	主绝缘类型	容量	测试温度（℃）
T1	JN 变电站 1 号主变压器	21	110	高低	10MVA	23
T2	JN 变电站 2 号主变压器	21	110	高低	10MVA	18
T3	XL 变电站 1 号主变压器	31	220	高中	150MVA	16
T4	XL 变电站 1 号主变压器	31	220	中低	75MVA	16
T5	XL 变电站 2 号主变压器	40	220	高中	150MVA	15
T6	XL 变电站 2 号主变压器	40	220	中低	75MVA	15
T7	HP 变电站退运主变压器	39	220	高中	120MVA	35
T8	ABB 故障模拟变压器	0	110	高中	200kVA	32
T9	ABB 故障模拟变压器	0	110	中低	200kVA	32

　　不同变压器主绝缘测得的复电容频谱如图 10-17 所示。T4~T7 为 220kV 变电站的主变压器，T1、T2 为 110kV 变电站的主变压器，T8、T9 为故障模拟变压器，其容量随电压等级降低依次减小，因此 T4~T7 的复电容实部也是最大的，其次是 T1、T2，最后是 T8、T9。在 10^3~10^4Hz 频段，T1~T7 复电容频谱实部和虚部明显上翘，这是由于测量变压器主绝缘的频域介电谱时，会有一部分绕组电感被串联进测量回路。因此在评估 T1~T7 绝缘状态时，仅分析 10^{-3}~10^3Hz 频段。由 T3~T6 复电容频谱 50Hz 的虚部可知，其受到工频干扰的影响，因此在评估绝缘状态时，也剔除 50Hz 频率点。

10.4.2　从变压器主绝缘频谱中提取油浸纸频谱

　　首先测得 10^3Hz 下变压器主绝缘的复电容实部，将实测主绝缘复电容频谱转换成复介电常数频域介电谱，再由相同测试温度下实测的绝缘油频谱 $\varepsilon_{\text{oil}}^*$、油纸系统厚度 d_{all}，根据 XY 模型计算油浸纸频谱 $\varepsilon_{\text{p-cal}}^*$，由于 X 和 Y 值未知，需使

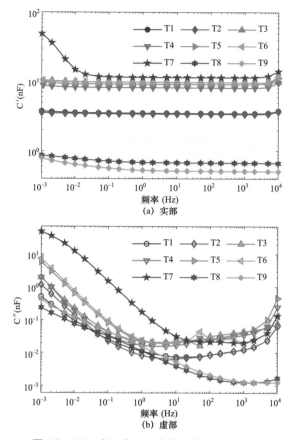

(a) 实部

(b) 虚部

图 10-17 实际变压器主绝缘的复电容频谱

用基于频谱拟合残差提取油浸纸频谱的方法，具体如下：

以 HP 变电站退运主变压器 T7 为例，不同 X 和 Y 值计算的油浸纸频谱如图 10-18 所示，不同 X 和 Y 值计算的油浸纸频谱拟合残差如图 10-19 所示。由图 10-18 可知，不同 X 和 Y 值计算的油浸纸频谱形态存在明显差别，大部分情况下油浸纸计算频谱都明显区别于油浸纸实际的频谱形态。由图 10-19 可知，基于 $\varepsilon_{p\text{-cal}}^{*}$ 拟合残差的最小值，T7 主绝缘的绝缘结构参数 $X=0.29$、$Y=0.13$，对应的几何电容 $C_0=4.192\text{nF}$。

对其他变压器主绝缘的 X 和 Y 值进行分析，结果如表 10-2 所示。根据分析的绝缘结构参数 X、Y 和对应的 C_0，就能从测得的变压器主绝缘 T1～T9 复电容频谱中提取出油浸纸频谱，如图 10-20 所示。其中对于 T1～T7，为了避免绕组电感的影响，仅给出 10^{-3}～10^3Hz 频段；对于 T3～T6，为了避免工频干扰的影响，还剔除了 50Hz 频率点。

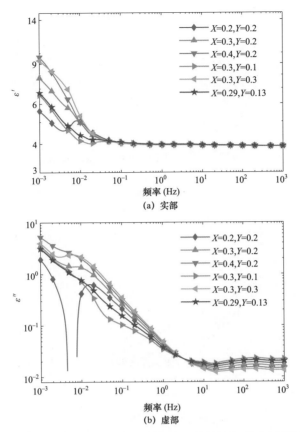

(a) 实部

(b) 虚部

图 10-18 不同 X 和 Y 值计算的变压器主绝缘 T7 的油浸纸频谱

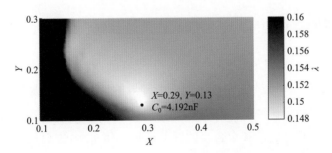

图 10-19 变压器 T7 的油浸纸计算频谱的拟合残差

表 10-2 各变压器主绝缘的绝缘结构参数分析结果

编号	T1	T2	T3	T4	T5	T6	T7	T8	T9
X	0.37	0.37	0.32	0.38	0.5	0.3	0.29	0.21	0.34
Y	0.1	0.1	0.23	0.16	0.25	0.25	0.13	0.42	0.3
C_0（nF）	1.249	1.222	3.381	2.843	2.929	3.373	4.192	0.220	0.172

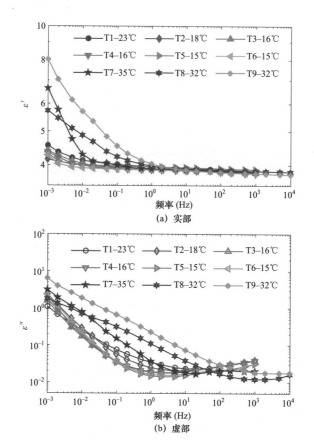

(a) 实部

(b) 虚部

图 10-20　实际变压器主绝缘 T1～T9 的油浸纸计算频谱

10.4.3　基于频谱相似度的油浸纸水分含量和聚合度评估

　　由变压器主绝缘 T1～T9 复电容频谱中提取的油浸纸频谱，以及对应测试温度下建立的油浸纸频谱数据库，计算得到提取的油浸纸频谱与数据库中不同绝缘状态油浸纸的频谱相似度。将 θ 最大值对应数据库中油浸纸的绝缘状态，作为变压器油浸纸的水分含量和聚合度的评估结果；将 θ＞0.9 对应数据库中油浸纸的绝缘状态范围，作为油浸纸的绝缘评估置信区，以指示绝缘状态评估结果的误差范围。变压器主绝缘 T1～T9 的油浸纸水分含量和聚合度的评估结果以及绝缘评估置信区如图 10-21 所示。

　　由图 10-21 可知，在运变压器 T1～T6 平时有较好的维护，水分含量都比较低，其中 T5 和 T6 所属变压器 XL 变电站 2 号主变压器运行时间相比于其他在运变压器长，聚合度也较小。退运变压器 T7 已超过运行年限，且已有一段时

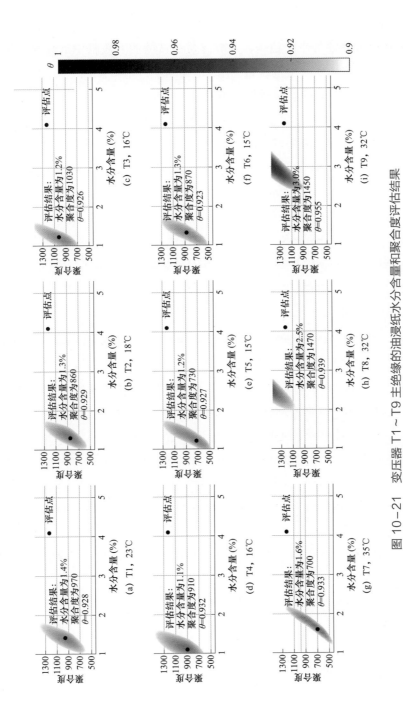

图 10-21 变压器 T1～T9 主绝缘的油浸纸水分含量和聚合度评估结果

间未能得到维护，评估的聚合度比在运变压器都小，水分含量则更高。故障模拟变压器 T8、T9 从未投运过，近似于全新的变压器，因此聚合度是最大的，同时由于未进行过滤油等维护措施，水分含量是试验的变压器中最高的。此外，对于同一变压器的高中和中低绕组主绝缘，如 T3 和 T4、T5 和 T6、T8 和 T9，绝缘状态的评估结果总体也是比较相近的。

对上述 9 组不同变压器主绝缘进行水分含量和聚合度评估，其评估结果基本符合变压器的运行状态和特性。

参 考 文 献

［1］M. Wang, A. Vandermaar, K. D. Srivastava. Review of condition assessment of power transformers in service ［J］. IEEE Electrical Insulation Magazine, 2002, 18(6): 12 – 25.

［2］廖瑞金，杨丽君，郑含博，等. 电力变压器油纸绝缘热老化研究综述 ［J］. 电工技术学报，2012，27（5）：1 – 12.

［3］王世强，魏建林，杨双锁，等. 油纸绝缘加速热老化的频域介电谱特性 ［J］. 中国电机工程学报，2010，30（34）：125 – 131.

［4］K. Pradhan, S. Tenbohlen. Estimation of moisture content in oil-impregnated pressboard through analyzing dielectric response current under switching impulse ［J］. IEEE Transactions on Dielectrics and Electrical Insulation, 2021, 28(3): 938 – 945.

［5］V. Vasovic, J. Lukic, D. Mihajlovic, et al. Aging of transformer insulation—experimental transformers and laboratory models with different moisture contents: Part I—DP and furans aging profiles ［J］. IEEE Transactions on Dielectrics and Electrical Insulation, 2019, 26(6): 1840 – 1846.

［6］董明，王丽，吴雪舟，等. 油纸绝缘介电响应检测技术研究现状与发展 ［J］. 高电压技术，2016，42（4）：1179 – 1189.

［7］刘捷丰. 基于介电特征量分析的变压器油纸绝缘老化状态评估研究 ［D］. 重庆：重庆大学，2015.

［8］简政，郝建，刘清松，等. 典型缺陷油纸绝缘套管的高压频域介电和局部放电特性差异 ［J］. 高电压技术，2022，1：1 – 11.

［9］杨雁，杨丽君，徐积全，等. 用于评估油纸绝缘热老化状态的极化/去极化电流特征参量 ［J］. 高电压技术，2013，39（2）：336 – 341.

［10］廖瑞金，孙会刚，袁泉，等. 采用回复电压法分析油纸绝缘老化特征量［J］. 高电压技术，2011，37（1）：136－142.

［11］廖瑞金，郝建，杨丽君，等. 变压器油纸绝缘频域介电谱特性的仿真与实验研究［J］. 中国电机工程学报，2010，30（22）：113－119.

［12］Y. Xie, J. Ruan. Parameters identification and application of equivalent circuit at low frequency of oil-paper insulation in transformer［J］. IEEE Access, 2020, 8: 86651－86658.

［13］廖瑞金，林元棣，杨丽君，等. 温度、水分、老化对变压器油中糠醛及绝缘纸老化评估的影响和修正［J］. 中国电机工程学报，2017，37（10）：3037－3044.

［14］谢佳成，董明，于泊宁，等. 宽频带油纸绝缘介电响应的全过程谱图提取和定量分析［J］. 中国电机工程学报，2021，41（5）：1547－1557.

［15］文华，马志钦，王耀龙，等. 变压器油纸绝缘频域介电谱特性的 XY 模型仿真及试验研究［J］. 高电压技术，2012，38（8）：1956－1964.

［16］中国电力企业联合会，全国电气化学标准化委员会，西安交通大学，国家能源局. DL/T 1980—2019. 变压器绝缘纸（板）平均含水量测定法 频域介电谱法［S］. 北京：中国电力出版社，2019.

［17］董明，刘媛，任明，等. 水分含量与分布对油纸绝缘频域介电谱影响的有限元仿真与研究［J］. 高电压技术，2014，40（11）：3403－3410.

［18］刘骥，吕佳璐，张明泽，等. 基于低频频温平移的变压器油纸绝缘换油老化寿命预测［J］. 电机与控制学报，2021，25（7）：40－49.

［19］J. Gao, L. Yang, Y. Wang, et al. Condition diagnosis of transformer oil-paper insulation using dielectric response fingerprint characteristics［J］. IEEE Transactions on Dielectrics and Electrical Insulation, 2016, 23(2): 1207－1218.

［20］高竣. 基于介电指纹特征识别的变压器主绝缘老化与受潮状态评估研究［D］. 重庆：重庆大学，2017.

［21］郝建，廖瑞金，杨丽君，等. 应用频域介电谱法的变压器油纸绝缘老化状态评估［J］. 电网技术，2011，35（7）：187－193.

［22］吴广宁，夏国强，粟茂，等. 基于频域介电谱和补偿因子的油纸绝缘水分含量和老化程度评估方法［J］. 高电压技术，2019，45（3）：691－700.

后　记

本书介绍的特高压交流电气设备现场试验新技术、新装备已在特高压交流输电工程中得到广泛应用，极大地提高了高压电气设备现场试验的效率、水平和质量，大大降低了安全风险与工程成本，提高了工作的灵活性和机动性。这些技术很多已形成标准，具有独立的知识产权。这些技术和装备的推广及应用，为特高压电网的安全稳定运行提供了强有力的技术支撑，尤其在基建工程项目的重大设备绝缘缺陷处理以及运行电网的事故抢修等过程中具有重大的应用价值。

在已经取得的成绩基础上展望未来，编写组认为以下方向需要开展持续研究：

第一，大力推广和应用先进的数字技术，提升高压电气设备现场试验检测技术能力。

第二，积极探索和提高现场用试验检测装备的智能化水平。

第三，建设多信息融合并实时反映设备状态的技术手段，为大数据应用奠定基础。

第四，加强高压电气设备现场试验技术标准体系建设，为实现工业化应用提供坚强的技术支撑。

期待全国同行携手再创佳绩，共同推动特高压电气设备现场试验技术的发展。

编　者

2023 年 10 月